Einführung in die Nachrichtentechnik

Herausgeber: Alfons Gottwald

Im Zeitalter der Kommunikation ist die ELEKTRISCHE NACHRICHTENTECHNIK eine vielschichteige Wissenschaft: Ihre rasche Entwicklung und Auffächerung zwingt Studenten, Fachleute und Spezialisten immer wieder, sich erneut mit sehr unterschiedlichen physikalischen Erscheinungen, mathematischen Hilfsmitteln, nachrichtentechnischen Theorien und ihren breiten oder sehr speziellen praktischen Anwendungen zu befassen.

EINFÜHRUNG IN DIE NACHRICHTENTECHNIK ist daher eine ebenso vielfältige Aufgabe. Dieser Vielfalt wollen unsere Autoren gerecht werden: Aus ihrer fachlichen und pädagogischen Erfahrung wollen sie in einer REIHE verschiedenartiger Darstellungen verschiedener Schwierigkeitsgrade EINFÜHRUNG IN DIE NACHRICHTENTECHNIK vermitteln.

FFT
Schnelle Fourier-Transformation

von
E. Oran Brigham

Übersetzt von Seyed Ali Azizi

6., korrigierte Auflage

Mit 107 Bildern, 8 Tabellen
27 Beispielen und 123 Aufgaben

R. Oldenbourg Verlag München Wien 1995

Titel der Originalausgabe: *„The Fast Fourier Transform"*
Original english language edition published by Prentice-Hall Inc.
Copyright © 1974 by Prentice-Hall Inc.
All rights reserved

Die Deutsche Bibliothek - CIP-Einheitsaufnahme

Brigham, Elbert Oran:
FFT : schnelle Fourier-Transformation ; mit 8 Tabellen / von
E. Oran Brigham. Übers. von Seyed Ali Azizi. - 6., korr. Aufl.
- München ; Wien : Oldenbourg, 1995
  (Einführung in die Nachrichtentechnik)
  Einheitssacht.: The fast Fourier transform <dt.>
  ISBN 3-486-23177-4

© 1995 R. Oldenbourg Verlag GmbH, München

Das Werk einschließlich aller Abbildungen ist urheberrechtlich geschützt. Jede Verwertung außerhalb der Grenzen des Urheberrechtsgesetzes ist ohne Zustimmung des Verlages unzulässig und strafbar. Das gilt insbesondere für Vervielfältigungen, Übersetzungen, Mikroverfilmungen und die Einspeicherung und Bearbeitung in elektronischen Systemen.

Gesamtherstellung: Hofmann Druck Augsburg GmbH, Augsburg

ISBN 3-486-23177-4

Inhalt

Vorwort 9

1. Einführung. 13
1.1 Transformations-Analysis 13
1.2 Grundkonzept der FOURIER-Transformation 15
1.3 Die allgegenwärtige FOURIER-Transformation 19
1.4 Rechnergestützte FOURIER-Analyse 21
1.5 Historischer Überblick über die schnelle FOURIER-Transformation (FFT). 21
    Literatur 23

2. Die FOURIER-Transformation 25
2.1 Das FOURIER-Integral. 25
2.2 Die inverse FOURIER-Transformation 27
2.3 Existenz des FOURIER-Integrals 29
2.4 Alternative Definitionen der FOURIER-Transformation 39
2.5 FOURIER-Transformationspaare 40
    Aufgaben. 40
    Literatur 46

3. Eigenschaften der FOURIER-Transformation 47
3.1 Linearität 47
3.2 Symmetrie 49
3.3 Zeitskalierung 49
3.4 Frequenzskalierung 50
3.5 Zeitverschiebung. 53
3.6 Frequenzverschiebung 55
3.7 Alternativformel der inversen Transformation 55
3.8 Gerade Funktionen. 57
3.9 Ungerade Funktionen 58
3.10 Zerlegung einer Funktion 59
3.11 Komplexe Zeitfunktionen. 61
3.12 Zusammenfassung der Eigenschaften 63
    Aufgaben. 63
    Literatur 67

4.	Faltung und Korrelation	68
4.1	Faltungsintegral	68
4.2	Graphische Auswertung des Faltungsintegrals	68
4.3	Alternative Form des Faltungsintegrals	73
4.4	Faltung mit Deltafunktionen	75
4.5	Faltungstheorem	78
4.6	Faltung im Frequenzbereich	82
4.7	Beweis des PARSEVALschen Theorems	82
4.8	Korrelation	84
4.9	Korrelationstheorem	86
	Aufgaben	89
	Literatur	94
5.	FOURIER-Reihe und Abtastsignale	95
5.1	FOURIER-Reihe	95
5.2	FOURIER-Reihe als Spezialfal des FOURIER-Integrals	98
5.3	Signalabtastung	100
5.4	Abtasttheorem	104
5.5	Abtastung im Frequenzbereich	108
	Aufgaben	109
	Literatur	112
6.	Die diskrete FOURIER-Transformation (DFT)	113
6.1	Graphische Beschreibung	113
6.2	Mathematische Herleitung	116
6.3	Inverse diskrete Fourier-Transformation	122
6.4	Zusammenhang zwischen der diskreten und der kontinuierlichen FOURIER-Transformation	123
	Aufgaben	134
	Literatur	135
7.	Diskrete Faltung und Korrelation	136
7.1	Diskrete Faltung	136
7.2	Diskrete Faltung auf graphischem Wege	137
7.3	Beziehung zwischen diskreter und kontinuierlicher Faltung	139
7.4	Theorem der diskreten Faltung	145
7.5	Diskrete Korrelation	146
7.6	Diskrete Korrelation auf graphischem Wege	147
	Aufgaben	147
	Literatur	150

8.	Eigenschaften der diskreten FOURIER-Transformation	151
8.1	Linearität	151
8.2	Symmetrie	151
8.3	Zeitverschiebung	152
8.4	Frequenzverschiebung	152
8.5	Alternative Inversionsbeziehung	152
8.6	Gerade Funktionen	153
8.7	Ungerade Funktionen	154
8.8	Zerlegung einer Funktion	155
8.9	Komplexe Zeitfunktionen	155
8.10	Faltungstheorem für den Frequenzbereich	156
8.11	Theorem der diskreten Korrelation	157
8.12	PARSEVALsches Theorem	158
8.13	Zusammenfassung der Eigenschaften	158
	Aufgaben	160
	Literatur	161
9.	Anwendung der diskreten FOURIER-Transformation	162
9.1	FOURIER-Transformation	162
9.2	Approximation der inversen FOURIER-Transformation	165
9.3	Harmonische Analyse mit FOURIER-Reihen	168
9.4	Harmonische Synthese mit FOURIER-Reihen	170
9.5	Abschwächung des Leckeffekts	172
	Aufgaben	178
	Literatur	180
10.	Die schnelle FOURIER-Transformation (FFT)	181
10.1	Matrixdarstellung	181
10.2	Intuitive Herleitung	182
10.3	Signalflußgraphen	186
10.4	Duale Knoten	189
10.5	Bestimmung von W^p	192
10.6	Umordnung der FFT-Ergebnisse	193
10.7	FFT-Flußdiagramm	193
10.8	FFT-FORTRAN-Programm	198
10.9	FFT-ALGOL-Programm	198
10.10	FFT-Algorithmus für reelle Funktionen	201
	Aufgaben	206
	Literatur	207

11.	Mathematische Herleitung des Basis-2-FFT-Algorithmus	208
11.1	Erklärung der Ausdrucksweise	208
11.2	Faktorisierung von W^p	209
11.3	Herleitung des COOLEY-TUKEY-Algorithmus für $N = 2^\gamma$	212
11.4	Kanonische Formen der FFT	215
	Aufgaben	221
	Literatur	222
12.	FFT-Algorithmus mit beliebigen Basen	223
12.1	FFT-Algorithmus für $N = r_1 r_2$	223
12.2	COOLEY-TUKEY-Algorithmus für $N = r_1 r_2 \ldots r_m$	228
12.3	SANDE-TUKEY-Algorithmus für $N = r_1 r_2 \ldots r_m$	231
12.4	Drehfaktor-FFT-Algorithmus	232
12.5	Rechenaufwand des Basis-2-, Basis-4-, Basis-8- und Basis-16-Algorithmus	235
12.6	Zusammenfassung der FFT-Algorithmen	237
	Aufgaben	238
	Literatur	240
13.	FFT-Faltung und FFT-Korrelation	241
13.1	FFT-Faltung zeitbegrenzter Signale	241
13.2	FFT-Korrelation zeitbegrenzter Signale	247
13.3	FFT-Faltung eines zeitunbegrenzten mit einem zeitbegrenzten Signal	250
13.4	Recheneffiziente FFT-Faltung	264
13.5	Abschließende Bemerkung zur FFT-Anwendung	267
	Aufgaben	268
	Literatur	269
Anhang A : Die Deltafunktion: eine Distribution		270
	A-1 Definitionen der Deltafunktion	270
	A-2 Distributions-Konzepte	272
	A-3 Eigenschaften der Distributionstheorie	274
	Literatur	277
Bibliographie		278
Deutschsprachige Bibliographie (von S.A.Azizi)		294
Sachregister		299

Vorwort

Die FOURIER-Transformation wird seit langem in solch verschiedenen Gebieten wie linearen Systemen, Optik, Wahrscheinlichkeitstheorie, Quantenphysik, Antennen und Signaltheorie als fundamentales analytisches Hilfsmittel verwendet. Eine entsprechende Aussage über die diskrete FOURIER-Transformation trifft nicht zu. Trotz sehr hoher Rechengeschwindigkeiten, die mit modernen elektronischen Rechnern erreichbar sind, fand die diskrete FOURIER-Transformation relativ wenig Anwendung, weil sie außerordentlich lange Rechenzeiten benötigte. Mit der Entwicklung der schnellen FOURIER-Transformation, eines Algorithmus zur schnellen Auswertung der diskreten FOURIER-Transformation, aber ließen sich viele Aspekte der wissenschaftlichen Analyse vollständig revolutionieren.

Wie im Falle jeder Neuentwicklung, die einen bedeutenden technisch-wissenschaftlichen Wandel mit sich bringt, stellt sich das Problem der Vermittlung der wesentlichen Grundkonzepte der schnellen FOURIER-Transformation (FFT). Vonnöten ist eine umfassende Darstellung dieses modernen Verfahrens, die an die formale Ausbildung und praktischen Erfahrungen des Lesers anknüpft. Die zentrale Aufgabe dieses Buches besteht darin, Studenten und praktizierenden Fachleuten eine leicht verständliche und anschauliche Behandlung der FFT bereitzustellen.

Die Kommunikation dieses Buches mit dem Leser wird nicht erreicht durch die bloße Vorstellung wichtiger Themen, sondern vielmehr durch die Art und Weise, in der die Themen behandelt werden. Und zwar wird jedes Hauptthema in drei aufeinanderfolgenden Schritten entwickelt. Zuerst wird das Konzept intuitiv, meistens anhand von Bildern, eingeführt. Zur Untermauerung der intuitiven Argumentation folgt dann eine nicht anspruchsvolle (aber theoretisch exakte) mathematische Behandlung. Schließlich werden praktische Beispiele besprochen, die eigens zur Wiederholung, Reflektion und Weiterentwicklung der behandelten Themen konzipiert sind. Dieses dreischrittige Verfahren verleiht m.E. den grundlegenden Eigenschaften der FFT sowohl *Anschaulichkeit* als auch mathematische Substanz.

Das Buch richtet sich gleichermaßen an Studenten, Wissenschaftler und Ingenieure. Als Lehrbuch betrachtet, läßt sich der behandelte Stoff leicht in einen Lehrplan einführen, der lineare Systeme, Simulation, Nachrichtentechnik, Optik und numerische Mathematik enthält. Dem praktizierenden Ingenieur bietet sich das Buch als leicht verständliche Einführung in die FFT wie auch als umfassendes Nachschlagwerk an. Alle wichtigen Herleitungen und Rechenverfahren sind zur Erleichterung des Nachschlagens in Tabellen zusammengestellt.

Abgesehen von einem Einführungskapitel, welches das Konzept der FOURIER-Transformation erklärt und einen historischen Überblick über die FFT liefert, ist das Buch im wesentlichen in folgende vier Themengebiete aufgegliedert:

1. FOURIER-Transformation

In den Kapiteln 2 bis 5 legen wir das Fundament des ganzen Buches. Wir behandeln die FOURIER-Transformation, ihre inverse Beziehung und ihre wichtigsten Eigenschaften; graphische Erklärungen zu den Ausführungen ermöglichen eine physikalische Einsicht in das besprochene Konzept. Das Faltungsintegral und das Korrelationsintegral werden wegen ihrer außerordentlichen Bedeutung für die Anwendung der FFT ausführlich besprochen; zahlreiche Beispiele erleichtern die Interpretation des Prinzips. Für die Bezugnahme in späteren Kapiteln leiten wir die Konzepte der FOURIER-Reihe und der Signalabtastung aus der Theorie der FOURIER-Transformation her.

2. Diskrete FOURIER-Transformation

In den Kapiteln 6 bis 9 wird die diskrete FOURIER-Transformation beschrieben. Auf graphischem Wege leiten wir die diskrete FOURIER-Transformation aus der kontinuierlichen FOURIER-Transformation her. Die graphische Darstellung wird durch eine theoretische Behandlung untermauert. Der Zusammenhang zwischen der diskreten und der kontinuierlichen FOURIER-Transformation wird ausführlich besprochen; mehrere Signalklassen werden mittels graphischer Beispiele behandelt. Die diskrete Faltung und diskrete Korrelation werden definiert und anhand graphischer Beispiele mit ihren kontinuierlichen Analoga verglichen. Einer Diskussion über die Eigenschaften der diskreten FOURIER-Transformation folgen eine Reihe von Beispielen, die die Anwendungsmethoden der diskreten FOURIER-Transformation veranschaulichen.

3. Schnelle FOURIER-Transformation

In den Kapiteln 10 bis 12 entwickeln wir den FFT-Algorithmus. Der Grund für die Effizienz der FFT wird erörtert. Anschließend folgt die Entwicklung eines Signalflußgraphen zur graphischen Darstellung der FFT. Aus diesem Signalflußgraphen leiten wir einige Regeln für die Erstellung eines Flußdiagramms, eines FORTRAN- und eines ALGOL-Programms ab. Der Rest dieses Themengebiets ist der theoretischen Behandlung des FFT-Algorithmus in seinen verschiedenen Formen gewidmet.

4. Hauptanwendung der FFT

Kapitel 13 untersucht die wichtigste Anwendung der FFT, nämlich die Berechnung des diskreten Faltungs- und Korrelationsintegrals. Im allgemeinen basiert die Anwendung der FFT in den verschiedenen Gebieten (Systemanalyse, digitale Filterung, Simulation, Leistungsspektrumsanalyse, Optik, Nachrichtentechnik, etc.) auf einer spezifischen Ausführungsart des diskreten Faltungs- oder Korrelationsintegrals. Aus diesem Grund beschreiben wir die Anwendungsverfahren der FFT auf diese diskreten Integrale ausführlich.

Allen Kapiteln ist eine Vielzahl speziell ausgesuchter Aufgaben zur Erweiterung und Vertiefung der Ausführungen beigefügt.

Ich möchte diese Gelegenheit nutzen, allen zu danken, die einen Beitrag zur Entstehung dieses Buches geleistet haben. DAVID E. THOUIN, JACK R. GRISHAM, KENNETH W. DANIEL und FRANK W. GROSS lasen verschiedene Teile des Manuskriptes und machten konstruktive Vorschläge. BARRY H. ROSENBERG schrieb die Computerprogramme von Kapitel 10 und W.A.J. SIPPEL war verantwortlich für alle Computer-Ergebnisse. JOANNE SPIESSBACH stellte die Bibliographie zusammen. Ihnen allen gilt meine aufrichtige Anerkennung.

Besondere Dankbarkeit gilt meiner Frau, VANGEE, die das gesamte Manuskript in mehreren Durchgängen getippt hat. Ihre Geduld, ihr Verständnis und ihr Zuspruch ermöglichten die Entstehung dieses Buches.

E.O. BRIGHAM, Jr.

1. Einführung

In diesem Kapitel beschreiben wir kurz und anschaulich das Konzept der Transformations-Analysis. Die FOURIER-Transformation wird auf dieses Grundkonzept zurückgeführt und in Hinblick auf ihre grundlegenden analytischen Eigenschaften untersucht. Es folgt eine Übersicht über wissenschaftliche Disziplinen, in denen die FOURIER-Transformation als analytisches Instrument benutzt wird. Ferner wird auf die Voraussetzungen für die Anwendung der diskreten FOURIER-Transformation eingegangen und die historische Entwicklung der schnellen FOURIER-Transformation dargelegt.

1.1 Transformations-Analysis

Jeder Leser hat bestimmt irgendwann einmal das Konzept der Transformations-Analysis zur Vereinfachung einer Problemlösung benutzt.

Es mag sein, daß der Leser die Gültigkeit des obigen Satzes in Frage stellt, da ihm der Begriff *Transformation* als mathematischer Ausdruck nicht geläufig ist. Aber man sei daran erinnert, daß z.B. der Logarithmus in Wirklichkeit eine Transformation darstellt, die wir alle benutzen.

Zur Erläuterung der Beziehung des Logarithmus zum Konzept der analytischen Transformation betrachte man Bild 1-1. Es zeigt ein Flußdiagramm, das den allgemeinen Zusammenhang zwischen den konventionellen analytischen und den transformationsanalytischen Methoden demonstriert. Im Diagramm zeigen wir ferner ein einfaches Transformationsbeispiel, nämlich die logarithmische Transformation. Mit Hilfe dieser Beispiele wollen wir die Bedeutung des Begriffs *Transformations-Analysis* festigen.

Die in Bild 1-1 gestellte Aufgabe ist die Berechnung des Quotienten $Y = X / Z$. Es sei angenommen, daß hierfür eine extrem hohe

Genauigkeit gefordert werde und kein Rechner zur Verfügung stehe. Nach herkömmlichen Methoden der Analysis erhalten wir Y durch eine Division. Wenn Y allerdings wiederholt zu berechnen ist, erweist sich diese konventionelle analytische Methode der Division als sehr zeitraubend.

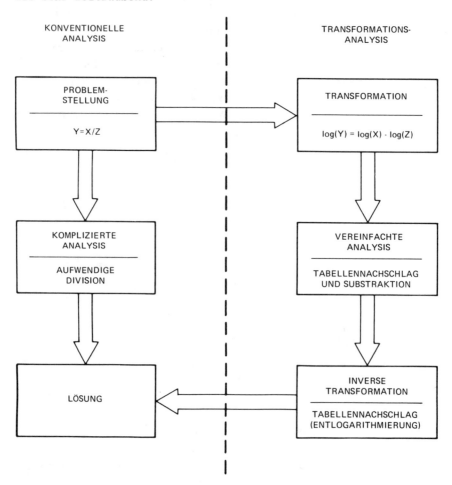

Bild 1-1: Schematische Darstellung des Zusammenhangs zwischen der konventionellen Analysis und der Transformations-Analysis.

Die rechte Seite des Bildes 1-1 veranschaulicht die grundlegenden Schritte der Transformations-Analysis. Wie gezeigt, ist der erste Schritt die Umschreibung bzw. die Transformation der Problemstellung. Im Beispiel wählen wir den Logarithmus zur Transformation der Division in eine Subtraktion.

Aufgrund dieser Vereinfachung erfordert die Transformationsmethode zur Bestimmung von log(Y) lediglich ein Nachschlagen der Werte log(X) und log(Z) in einer Logarithmentafel. Als nächstes ermitteln wir die inverse Transformierte (den Antilogarithmus) von log(Y) aus der Logarithmus-Tabelle und vervollständigen damit die Lösung der gestellten Aufgabe. Wir betonen, daß wir mit Hilfe transformationsanalytischer Methoden die Komplexität der gestellten Aufgabe reduziert haben.

Im allgemeinen führen Transformationen zu einer Vereinfachung der Problemlösung. Eine solche Transformation ist die FOURIER-Transformation. Diese Transformation hat sich zur Problemvereinfachung in vielen wissenschaftlichen Bereichen als sehr effektiv erwiesen. Der FOURIER-Transformation gilt das zentrale Interesse dieses Buches.

1.2 Grundkonzept der FOURIER-Transformation

Die bereits erwähnte Logarithmus-Transformation wird aufgrund ihrer Eindimensionalität leicht verstanden; die Logarithmus-Funktion transformiert nämlich einen einzelnen Wert X in einen einzelnen Wert log(X). Die FOURIER-Transformation kann man nicht in gleich einfacher Weise interpretieren, da wir hierbei mit Funktionen zu tun haben, deren Definitionsbereich sich von $-\infty$ bis $+\infty$ erstreckt. Wir müssen nun, im Gegensatz zu der Logarithmus-Funktion, eine Funktion einer Variable, definiert von $-\infty$ bis $+\infty$, in eine andere Funktion einer anderen Variable, ebenfalls definiert von $-\infty$ bis $+\infty$, transformieren.

Eine direkte Interpretation der FOURIER-Transformation liefert Bild 1-2. Wie gezeigt, besteht die Hauptaufgabe der FOURIER-Transformation eines Signals[*] in der Zerlegung des Signals in eine

---

[*] Die Begriffe Funktion und Signal werden in diesem Buch als Synonyme gebraucht, um neben dem mathematischen auch den physikalisch-technischen Aspekt der FOURIER-Transformation hervorzuheben. Ferner sei angemerkt, daß man die hier gewählte unabhängige Variable t (Zeit) selbstverständlich durch eine andere beliebige (physikalische) Variable ersetzen kann.
Anm. d. Übers.

Summe von Sinusfunktionen unterschiedlicher Frequenzen. Wenn aus diesen Sinusfunktionen durch Überlagerung das ursprüngliche Signal wiedergewonnen werden kann, dann hat man die FOURIER-Transformierte des Signals gefunden. Man stellt die FOURIER-Transformierte in einem Diagramm dar, in welchem Amplituden, Phasen und Frequenzen der sinusförmigen Komponenten des Signals aufgetragen werden.

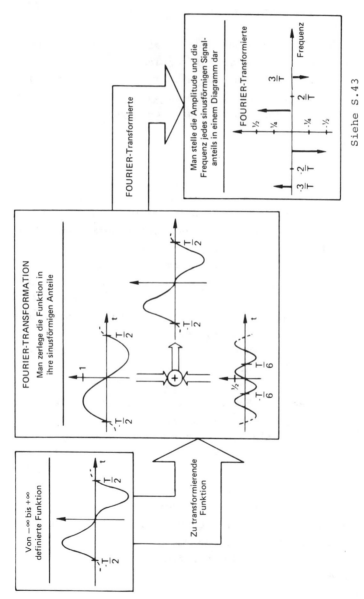

Bild 1-2: Zur Interpretation der FOURIER-Transformation.

Bild 1-2 zeigt ferner als Beispiel die FOURIER-Transformierte eines einfachen Signals. Die FOURIER-Transformierte besteht aus zwei sinusförmigen Signalen, die nach Überlagerung das ursprüngliche Signal wiedergeben. Wie gezeigt, stellt das Diagramm der FOURIER-Transformierten sowohl die Amplitude als auch die Frequenz der einzelnen sinusförmigen Signalkomponenten dar. Der konventionellen Darstellungsweise entsprechend, haben wir jede sinusförmige Signalkomponente durch eine positive und eine negative Frequenz charakterisiert und die zugehörigen Amplituden dementsprechend halbiert. Die FOURIER-Transformation zerlegt das Signal vom vorliegenden Beispiel in seine zwei sinusförmigen Komponenten.

Die FOURIER-Transformation separiert die Sinusfunktion mit verschiedenen Frequenzen und Amplituden, aus denen sich ein beliebiges Signal zusammensetzt. Der mathematische Ausdruck hierfür lautet:

$$(1-1) \qquad S(f) = \int_{-\infty}^{\infty} s(t) e^{-j2\pi ft} dt$$

wobei s(t) das in seine sinusförmigen Komponenten zu zerlegende Signal, S(f) die FOURIER-Transformierte von s(t) und $j = \sqrt{-1}$ bedeuten. Als Beispiel zeigt Bild 1-3a die FOURIER-Transformierte einer Rechteckimpulsfolge. Bild 1-3b liefert eine intuitive Rechtfertigung dafür, daß man eine Rechteckimpulsfolge in eine Menge von Sinusfunktionen zerlegen kann, die sich aus der FOURIER-Transformation ergeben.

Normalerweise analysieren wir periodische Funktionen, wie z.B. eine Rechteckimpulsfolge, mit der FOURIER-Reihenentwicklung und nicht mit der FOURIER-Transformation. Im Kapitel 5 werden wir jedoch zeigen, daß die FOURIER-Reihe lediglich einen Spezialfall der FOURIER-Transformation darstellt.

Wenn das Signal s(t) nicht periodisch ist, ist seine FOURIER-Transformierte eine kontinuierliche Funktion von f, d.h. s(t) wird durch Überlagerung von Sinusfunktionen aller Frequenzen repräsentiert. Zur Erläuterung betrachte man den einmaligen Rechteckimpuls und seine FOURIER-Transformierte von Bild 1-4. In diesem Beispiel ist eine sinusförmige Komponente der FOURIER-Transformierten von ihrer benachbarten nicht zu trennen, und folglich müssen alle Frequenzen in Betracht gezogen werden.

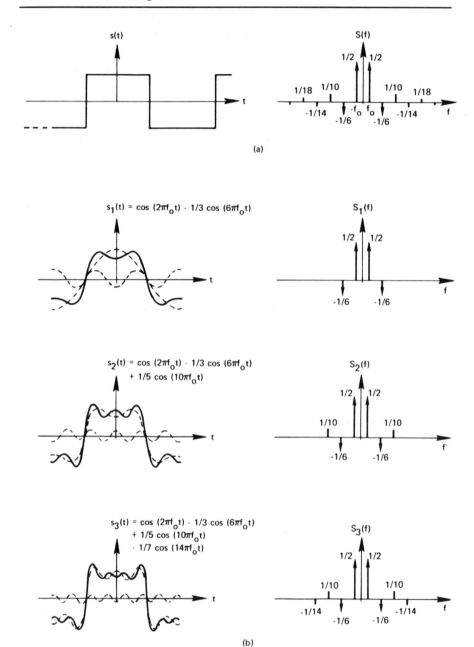

Bild 1-3: FOURIER-Transformation einer periodischen Rechteckfunktion.

Die FOURIER-Transformation ist also eine Frequenzbereich-Repräsentation einer Funktion. Wie in den Bildern 1-3a und 1-4 gezeigt, enthält die FOURIER-Transformierte im Frequenzbereich exakt die gleiche Information wie das zugehörige Signal im Zeitbereich; die beiden unterscheiden sich nur in der Art der Informationsdarstellung. Die FOURIER-Transformation ermöglicht die Betrachtung einer Funktion von einem anderen Gesichtspunkt aus, nämlich im transformierten Bereich. Wie wir in folgenden Diskussionen sehen werden, erweist sich die FOURIER-Transformation, angewendet wie in Bild 1-1 gezeigt, oft als Erfolgsschlüssel zur Lösung vieler Probleme.

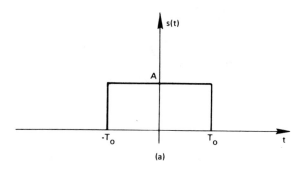

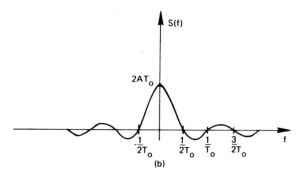

Bild 1-4: Rechteckimpuls und dessen FOURIER-Transformierte.

1.3 Die allgegenwärtige FOURIER-Transformation

Das Wort allgegenwärtig bedeutet, zugleich überall zu sein. Wegen der großen Vielzahl unterschiedlicher und scheinbar voneinander unabhängiger Themenkreise, die mit Hilfe der FOURIER-Transformation bearbeitet werden können, ist die Benutzung des Attributs allgegenwärtig für die FOURIER-Transformation sicherlich angebracht. FOURIER-Analyseverfahren, die in einem Gebiet entwickelt werden, lassen sich leicht auf andere Gebiete übertragen. Typische Anwendungsgebiete der FOURIER-Transformation sind u.a.:

Lineare Systeme: Die FOURIER-Transformierte des Ausgangssignals eines linearen Systems ist gleich dem Produkt der Übertragungsfunktion des Systems und der FOURIER-Transformierten des Eingangssignals [1].

Antennen: Das Strahlungsdiagramm einer Antenne ergibt sich als FOURIER-Transformierte ihrer Flächenstromverteilung [2].

Optik: Optische Systeme haben die Eigenschaft, daß die Amplitudenverteilungen des Lichtes auf der vorderen und der hinteren Brennebene einer konvexen Linse der Beziehung der FOURIER-Transformation folgen [3].

Stochastische Prozesse: Das Leistungsdichtespektrum eines stochastischen Prozesses ist die FOURIER-Transformierte dessen Autokorrelationsfunktion [4].

Wahrscheinlichkeitstheorie: Die charakteristische Funktion einer Zufallsvariable ist die FOURIER-Transformierte derer Verteilungsdichtefunktion [5].

Quantenphysik: Die *Unbestimmtheitsrelation* in der Quantentheorie ist fundamental mit der FOURIER-Transformation verbunden, da der Zusammenhang zwischen dem Impuls und der Position eines Partikels durch die FOURIER-Transformation beschrieben wird [6].

Randwert-Probleme: Partielle Differentialgleichungen lassen sich mit Hilfe der FOURIER-Transformation lösen [7].

Obwohl die genannten Anwendungsgebiete extrem wesensverschieden sind, eint sie letztlich die ihnen allen gemeinsame Theorie der FOURIER-Transformation. In einer Zeit, in der es unmöglich ist, mit der Wissenschaft in ihrer breiten Front Schritt zu halten, ist es motivierend, eine Theorie und ein Verfahren zu haben, mit deren Hilfe sich unbekannte Gebiete mit bekannten Mitteln erforschen lassen.

1.4 Rechnergestützte FOURIER-Analyse

Wegen des breitgefächerten Problemkreises, der mit Hilfe der FOURIER-Transformation bearbeitet werden kann, ist die Ausweitung der FOURIER-Analyse auf den Bereich der Digitalrechner logisch naheliegend. Die numerische Integration der Gleichung 1-1 führt zu der Beziehung

$$(1-2) \quad S(f_k) = \sum_{i=0}^{N-1} s(t_i) e^{-j2\pi f_k t_i} (t_{i+1} - t_i) \quad k=0,1,\ldots,N-1$$

Für solche Probleme, für die es keine geschlossene Lösung der FOURIER-Transformation gibt, bietet sich die diskrete FOURIER-Transformation (1-2) als möglicher Lösungsweg an. Allerdings zeigt eine genauere Betrachtung von (1-2), daß sich die Rechenzeit für die Berechnung der Amplituden von N sinusförmigen Komponenten aus den N Abtastwerten des Signals $s(t_i)$ proportional N^2, der Anzahl der notwendigen Multiplikationen, verhält. Bei größeren Werten von N aber brauchen selbst Computer mit hohen Rechengeschwindigkeiten extrem lange Rechenzeiten für die numerische Auswertung der diskreten FOURIER-Transformation.

Zweifelsohne benötigte man Verfahren zur Reduzierung der Rechenzeit der diskreten FOURIER-Transformation; das Bemühen der Wissenschaft war jedoch wenig erfolgreich, bis schließlich COOLEY und TUKEY 1965 ihren mathematischen Algorithmus [8] veröffentlichten, der als "schnelle FOURIER-Transformation" (fast fourier transform, FFT) bekannt wurde. Die schnelle FOURIER-Transformation (FFT) ist ein Rechenalgorithmus, der die Rechenzeit für die Gl. (1-2) auf eine Rechenzeit proportional $N\log_2 N$ herabsetzt. Dieser Anstieg der Rechengeschwindigkeit hat seitdem viele Aspekte der wissenschaftlichen Forschung vollständig revolutioniert. Ein historischer Rückblick über die Entdeckung der FFT zeigt, daß diese wichtige Entwicklung früher fast ignoriert wurde.

1.5 Historischer Überblick über die schnelle FOURIER-Transformation (FFT)

Während einer Sitzung des wissenschaftlichen Beratungskomitees des US-Präsidenten stellte RICHARD L. GARWIN fest, daß JOHN W. TUKEY sich mit der Erstellung von Programmen für die FOURIER-Transformation beschäftigte [9]. GARWIN, der selbst für seine

Forschungsarbeit hoffnungslos auf der Suche nach einer schnellen
Methode zur Berechnung der FOURIER-Transformation war, fragte
TUKEY nach dessen Kenntnissen über Rechenverfahren für die
FOURIER-Transformation. TUKEY umriß für GARWIN im wesentlichen
das, was später zu dem berühmten COOLEY-TUKEY-Algorithmus führte.

GARWIN ging zum Rechenzentrum des IBM-Forschungszentrums in
Yorktown Heights, um das Verfahren programmieren zu lassen.
JAMES W. COOLEY war ein relativ neuer Mitarbeiter im Stab des
IBM-Forschungszentrums und wurde nach eigenem Bekunden mit der
Bearbeitung der Aufgabe beauftragt, weil er der einzige war, der
nichts Wichtiges zu tun hatte [9]. Auf GARWIN's Drängen stellte
COOLEY schnell ein Computerprogramm auf und kehrte zu seiner ei-
genen Arbeit zurück mit der Hoffnung, daß das Projekt erledigt
sei und bald vergessen werden könne. Da sich jedoch Nachfragen
für Kopien des Programms und dessen schriftliche Dokumentation zu
häufen begannen, wurde COOLEY um eine Veröffentlichung über das
Programm gebeten. 1965 publizierten COOLEY und TUKEY den jetzt
weltberühmten Aufsatz "An Algorithm for the Machine Calculation
of Complex Fourier Series" in *Mathematics of Computation* [8].
Ohne das Beharrungsvermögen von GARWIN wäre die schnelle FOURIER-
Transformation vielleicht heute noch relativ unbekannt geblieben.
Das Wort relativ sei deswegen benutzt, weil, nachdem die Ent-
deckungen von COOLEY-TUKEY publiziert wurden, bald Berichte anderer Personen erschienen, die sich ähnlicher Verfahren bedienten
[10]. P. RUDNICK vom Oceanic Institution in La Jolla, California,
berichtete, daß er eine ähnliche Methode verwende und daß er seine
Idee aus einer Veröffentlichung des Jahres 1942 von DANIELSON und
LANCZOS [12] bekommen habe. Diese Veröffentlichung von 1942 gibt
ihrerseits RUNGE [13], [14] als Urheber für die darin angewen-
deten Methoden an. Letztere zwei Veröffentlichungen, zusammen mit
den Vorlesungsnotizen von RUNGE und KÖNIG [15], beschreiben die
wesentlichen rechnerischen Vorteile des FFT-Algorithmus, so wie
wir ihn heute kennen.

L.H. THOMAS von IBM Watson Laboratory benutzte ebenfalls ein Verfahren [16], das dem von COOLEY und TUKEY sehr ähnlich war. Er berichtete, daß er einfach zur Bibliothek ging und in einem Buch
von STUMPFF [17] ein Verfahren zur Berechnung von FOURIER-Reihen
nachschlug. THOMAS verallgemeinerte das bei STUMPFF präsentierte
Konzept und leitete ein Verfahren ab, das dem sehr ähnlich ist,
was heute als schnelle FOURIER-Transformation bekannt ist.

Eine andere Entwicklungsarbeit führte wiederum zu einem Algorithmus, der dem von THOMAS äquivalent ist. 1937 entwickelte YATES [18] einen Algorithmus zur Berechnung der Wechselwirkung von 2^n faktoriellen Experimenten. GOOD [19] setzte diese Arbeit fort und umriß ein Verfahren zur Berechnung von N-Punkte-FOURIER-Transformationen, das im wesentlichen dem THOMAS-Algorithmus ähnelt.

Die schnelle FOURIER-Transformation hat eine lange und interessante Geschichte. Leider sind die Beiträge derjenigen, die schon viel früher auf diesem Gebiet gearbeitet haben, erst vor kurzem bekannt geworden.

Literatur

[1] GUPTA, S.C., Transform and State Variable Methods in Linear Systems. New York: Wiley, 1966.

[2] KRAUS, J.O., Antennas. New York: McGraw-Hill, 1950.

[3] BORN, M., and E. WOLF, Principles of Optics. New York: Pergamon Press, 1959.

[4] LEE, Y.W., Statistical Theory of Communication. New York: Wiley, 1960.

[5] PAPOULIS, A., Probability, Random Variables, and Stochastic Processes. New York: McGraw-Hill, 1965.

[6] FRENCH, A.P., Principles of Modern Physics. New York: Wiley, 1961.

[7] BRACEWELL, RON, The Fourier Transform and Its Applications. New York: McGraw-Hill, 1965.

[8] COOLEY, J.W., and J.W. TUKEY, "An algorithm for the machine calculation of complex Fourier series," Mathematics of Computation (1965), Vol. 19, No. 90, pp. 297-301.

[9] COOLEY, J.W., R.L. GARWIN, C.M. RADER, B.P. BOGERT, and T.C. STOCKHAM, "The 1968 Arden House Workshop on fast Fourier transform processing," IEEE Trans. on Audio and Electroacoustics (June 1969), Vol. AU-17, No. 2.

[10] COOLEY, J.W., P.W. LEWIS, and P.D. WELCH, "Historical Notes on the fas Fourier transform," IEEE Trans. on Audio and Electroacoustics (June 1967), Vol. AU-15, No. 2, pp. 76-79.

[11] RUDNICK, P., "Notes on the Calculation of Fourier Series," Mathematics of Computation (June 1966), Vol. 20, pp. 429-430.

|12| DANIELSON, G.C., and C. LANCZOS, "Some Improvements in Practical Fourier Analysis and Their Application to X-Ray Scattering from Liquids," J. Franklin Institute (April 1942), Vol. 233, pp. 365-380, 435-452.

|13| RUNGE C., Zeit. für Math. und Physik (1903), Vol. 48, pp. 433.

|14| RUNGE C., Zeit. für Math. und Physik (1905), Vol. 53, pp. 117.

|15| RUNGE C., and H. KÖNIG, "Die Grundlehren der Mathematischen Wissenschaften," Vorlesungen über Numerisches Rechnen, Vol. 11. Berlin: Julius Springer, 1964.

|16| THOMAS, L.H., "Using a Computer to Solve Problems in Physics," Application of Digital Computers. Boston, Mass.: Guin, 1963.

|17| STUMPFF, K., Tafeln und Aufgaben für Harmonischen Analyse und Periodogrammrechnung. Berlin: Julius Springer, 1939.

|18| YATES, F., "The Design and Analysis of Factorial Experiments," Commonwealth Agriculture Bureaux. Burks, England: Farnam Royal, 1937.

|19| GOOD, I.J., "The Interaction Algorithm and Practical Fourier Analysis," J. Royal Statistical Society (1968), Ser. B., Vol. 20, pp. 361-372.

2. Die FOURIER-Transformation

Ein fundamentales analytisches Instrument zur Lösung wissenschaftlicher Probleme ist die FOURIER-Transformation. Ihr bekanntester Anwendungsbereich ist möglicherweise die Analyse linearer und zeitinvarianter Systeme. Wie bereits in Kapitel 1 betont, ist die FOURIER-Transformation ein universelles Lösungsverfahren. Ihre Bedeutung basiert auf der grundlegenden Tatsache, daß man mit ihr einen speziellen Zusammenhang von einem völlig unterschiedlichen Aspekt her untersuchen kann. Das gleichzeitige Betrachten eines Signals und seiner FOURIER-Transformierten ist oft der Schlüssel zur erfolgreichen Problemlösung.

2.1 Das FOURIER-Integral

Das FOURIER-Integral ist definiert durch den Ausdruck

(2-1) $$H(f) = \int_{-\infty}^{\infty} h(t) e^{-j2\pi ft} dt .$$

Wenn das Integral für alle Werte von f existiert, dann definiert Gl. (2-1) die FOURIER-Transformierte $H(f)$ von $h(t)$. $h(t)$ wird normalerweise als Funktion der Variablen Zeit und $H(f)$ als Funktion der Variablen Frequenz betrachtet. Diese Terminologie werden wir durch das gesamte Buch hindurch beibehalten; t steht für Zeit und f für Frequenz. Funktionssymbole mit Kleinbuchstaben repräsentieren Zeitfunktionen. Die FOURIER-Transformierte einer Zeitfunktion wird als Frequenzfunktion durch dasselbe Funktionssymbol wie für die Zeitfunktion, jedoch mit Großbuchstaben dargestellt.

Im allgemeinen ist die FOURIER-Transformierte eine komplexe Größe:

(2-2) $$H(f) = R(f) + jI(f) = |H(f)| e^{j\Theta(f)},$$

wobei $R(f)$ der Realteil und $I(f)$ der Imaginärteil der FOURIER-Transformierten sind. $|H(f)|$ ist das *Amplituden- oder das FOURIER-Spektrum* von $h(t)$ und ist gegeben durch $\sqrt{R^2(f) + I^2(f)}$; $\Theta(f)$ ist das *Phasenspektrum* der FOURIER-Transformierten und ist gleich $\arctan[I(f)/R(f)]$.

Beispiel 2-1

Zur Erläuterung der verschiedenen zur Definition der FOURIER-Transformation verwendeten Begriffe betrachte man die Zeitfunktion

(2-3) $\quad h(t) = \beta e^{-\alpha t}, \quad t > 0$
$\quad\quad\quad\quad = 0, \quad t < 0 \;.$

Aus (2-1) folgt

(2-4) $\quad H(f) = \int_0^\infty \beta e^{-\alpha t} e^{-j2\pi f t} dt = \beta \int_0^\infty e^{-(\alpha + j2\pi f)t} dt$

$\quad\quad\quad = \dfrac{-\beta}{\alpha + j2\pi f} e^{-(\alpha + j2\pi f)t} \Big|_0^\infty = \dfrac{\beta}{\alpha + j2\pi f}$

$\quad\quad\quad = \dfrac{\beta \alpha}{\alpha^2 + (2\pi f)^2} - j \dfrac{2\pi f \beta}{\alpha^2 + (2\pi f)^2}$

$\quad\quad\quad = \dfrac{\beta}{\sqrt{\alpha^2 + (2\pi f)^2}} e^{j \arctan(-2\pi f/\alpha)}$

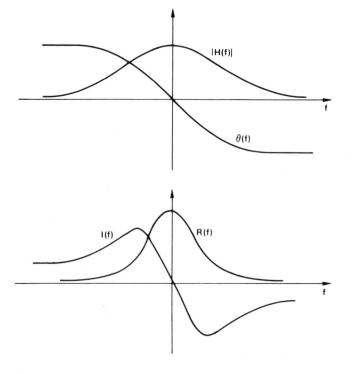

Bild 2-1: Real-Imaginärteil-Darstellung und Betrag-Phasen-Darstellung von FOURIER-Transformierten.

und hieraus

$$R(f) = \frac{\beta\alpha}{\alpha^2+(2\pi f)^2} \quad ,$$

$$I(f) = \frac{-2\pi f\beta}{\alpha^2+(2\pi f)^2} \quad ,$$

$$|H(f)| = \frac{\beta}{\sqrt{\alpha^2+(2\pi f)^2}} \quad ,$$

$$\Theta(f) = \arctan(-2\pi f/\alpha).$$

Zur Verdeutlichung der unterschiedlichen Darstellungsformen der FOURIER-Transformierten sind diese Funktionen in Bild 2-1 dargestellt.

2.2   Die inverse FOURIER-Transformation

Die inverse FOURIER-Transformation ist definiert durch

$$(2-5) \quad h(t) = \int_{-\infty}^{\infty} H(f) e^{j2\pi ft} df \quad .$$

Die inverse Transformation (2-5) ermöglicht die Bestimmung einer Zeitfunktion aus ihrer FOURIER-Transformierten. Stehen $h(t)$ und $H(f)$ nach Gln. (2-1) und (2-5) zueinander in Beziehung, bilden diese beiden Funktionen ein *FOURIER-Transformationspaar*. Wir symbolisieren diese Beziehung durch

$$(2-6) \quad h(t) \; \circ\!\!-\!\!\bullet \; H(f)$$

Beispiel 2-2
Man betrachte die im vorangegangenen Beispiel ermittelte Frequenzfunktion

$$H(f) = \frac{\beta}{\alpha+j2\pi f} = \frac{\beta\alpha}{\alpha^2+(2\pi f)^2} - j\frac{2\pi f\beta}{\alpha^2+(2\pi f)^2} \quad .$$

Aus Gl. (2-5) folgt

$$h(t) = \int_{-\infty}^{\infty} \left[\frac{\beta\alpha}{\alpha^2+(2\pi f)^2} - j\frac{2\pi f\beta}{\alpha^2+(2\pi f)^2} \right] e^{j2\pi ft} df \quad .$$

Mit $e^{j2\pi ft} = \cos(2\pi ft) + j\sin(2\pi ft)$ erhält man hierfür

$$(2-7) \quad h(t) = \int_{-\infty}^{\infty} \left[\frac{\beta\alpha \cos(2\pi ft)}{\alpha^2+(2\pi f)^2} + \frac{2\pi f\beta \sin(2\pi ft)}{\alpha^2+(2\pi f)^2} \right] df$$

$$+ j\int_{-\infty}^{\infty} \left[\frac{\beta\alpha \sin(2\pi ft)}{\alpha^2+(2\pi f)^2} - \frac{2\pi f\beta \cos(2\pi ft)}{\alpha^2+(2\pi f)^2} \right] df \quad .$$

Das zweite Integral der Gl. (2-7) ist gleich Null, da die Terme unter dem Integral ungerade Funktionen sind. Dieser Punkt geht aus Bild 2-2 klar hervor; es zeigt den ersten Term unter dem zweiten Integral. Man sieht, daß die Funktion ungerade ist, d.h. es gilt $g(t) = -g(-t)$. Folglich ist die Fläche unter der Funktion, betrachtet von $-f_o$ bis $+f_o$, gleich Null. Also bleibt das Integral auch für den Grenzübergang f_o gegen unendlich gleich Null; das unendliche Integral jeder ungeraden Funktion ist gleich Null. Gl. (2-7) vereinfacht sich somit zu

$$(2\text{-}8) \quad h(t) = \frac{\beta\alpha}{(2\pi)^2} \int_{-\infty}^{\infty} \frac{\cos(2\pi t f)}{(\alpha/2\pi)^2 + f^2} df + \frac{2\pi\beta}{(2\pi)^2} \int_{-\infty}^{\infty} \frac{f \sin(2\pi t f)}{(\alpha/2\pi)^2 + f^2} df .$$

Aus einer Integral-Standardtabelle entnimmt man

$$\int_{-\infty}^{\infty} \frac{\cos ax}{b^2 + x^2} dx = \frac{\pi}{b} e^{-ab}, \quad a > 0$$

$$\int_{-\infty}^{\infty} \frac{x \sin ax}{b^2 + x^2} dx = \pi e^{-ab}, \quad a > 0 .$$

Damit ergibt sich für Gl. (2-8)

$$h(t) = \frac{\beta\alpha}{(2\pi)^2} \left[\frac{\pi}{(\alpha/2\pi)} e^{-(2\pi t)(\alpha/2\pi)} \right] + \left[\frac{2\pi\beta}{(2\pi)^2} \pi e^{-(2\pi t)(\alpha/2\pi)} \right]$$

$$= \frac{\beta}{2} e^{-\alpha t} + \frac{\beta}{2} e^{-\alpha t} = \beta e^{-\alpha t}, \quad t > 0 \qquad (2\text{-}9)$$

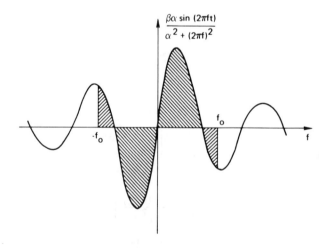

Bild 2-2: Integration einer ungeraden Funktion.

Die Zeitfunktion

$$h(t) = \beta e^{-\alpha t}, \quad t > 0$$

und die Frequenzfunktion

$$H(f) = \frac{\beta}{\alpha + j(2\pi f)}$$

stehen nach beiden Gln. (2-1) und (2-5) miteinander in Zusammenhang und bilden daher ein FOURIER-Transformationspaar:

(2-10) $\quad \beta e^{-\alpha t}, \; t > 0 \quad \circ\!\!-\!\!\bullet \quad \dfrac{\beta}{\alpha + j(2\pi f)}$.

2.3 Existenz des FOURIER-Integrals

Bis jetzt haben wir die Gültigkeit der Gln.(2-1) und (2-5) noch nicht untersucht; die Integrale wurden für alle Funktionen als konvergent angenommen. Im allgemeinen sind die FOURIER-Transformation und ihre inverse Beziehung für die meisten Funktionen aus der wissenschaftlich-analytischen Praxis wohl existent. Wir beabsichtigen hier nicht, auf eine hochtheoretische Diskussion der Existenz der FOURIER-Transformation einzugehen, sondern erwähnen lediglich Bedingungen für ihre Existenz und geben hierfür Beispiele, wobei wir den Darstellungen von PAPOULIS [5] folgen.

Bedingung 1: Wenn h(t) im Sinne

(2-11) $\quad \displaystyle\int_{-\infty}^{\infty} |h(t)|\,dt < \infty$

absolut integrierbar ist, dann existiert die FOURIER-Transformierte von h(t) und erfüllt die Beziehung der inversen FOURIER-Transformation (2-5).

Man sollte beachten, daß die Bedingung 1 hinreichend, aber nicht notwendig ist. Es gibt Funktionen, die die Bedingung 1 nicht erfüllen und trotzdem eine FOURIER-Transformierte besitzen, die (2-5) erfüllt. Diese Funktionsklasse wird von der Bedingung 2 erfaßt.

Beispiel 2-3
Zur Erläuterung der Bedingung 1 betrachte man den im Bild 2-3 dargestellten Rechteckimpuls.

2. Die FOURIER-Transformation

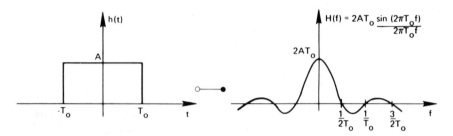

Bild 2-3: Rechteckimpuls und dessen FOURIER-Transformierte.

(2-12) $\quad h(t) = A, \quad |t| < T_o$

$\qquad\qquad = \frac{A}{2}, \quad t = \pm T_o$

$\qquad\qquad = 0, \quad |t| > T_o$.

Diese Funktion erfüllt die Gl. (2-11); folglich existiert ihre FOURIER-Transformierte und ist gegeben durch

$$H(f) = \int_{-T_o}^{T_o} A e^{-j2\pi ft} dt$$

$$= A \int_{-T_o}^{T_o} \cos(2\pi ft) dt - jA \int_{-T_o}^{T_o} \sin(2\pi ft) dt.$$

Das zweite Integral verschwindet, da der Integrand ungerade ist;

(2-13) $\quad H(f) = \frac{A}{2\pi f} \sin(2\pi ft) \Big|_{-T_o}^{T_o}$

$\qquad\qquad = 2AT_o \frac{\sin(2\pi T_o f)}{2\pi T_o f}$.

Die Faktoren, die sich offensichtlich kürzen lassen, wurden beibehalten, um den [sin(af)/af]-Charakter der FOURIER-Transformierten eines Rechteckimpulses hervorzuheben.

Da h(t) in diesem Beispiel die Bedingung 1 erfüllt, muß H(f), gegeben durch (2-13), die Gl. (2-5) erfüllen:

2.3 Existenz des FOURIER-Integrals

$$(2\text{-}14) \qquad h(t) = \int_{-\infty}^{\infty} 2AT_o \frac{\sin(2\pi T_o f)}{2\pi T_o f} e^{j2\pi ft} df$$

$$= 2AT_o \int_{-\infty}^{\infty} \frac{\sin(2\pi T_o f)}{2\pi T_o f} [\cos(2\pi ft) + j\sin(2\pi ft)] df \;.$$

Der imaginäre Integrand ist ungerade; daher folgt

$$(2\text{-}15) \qquad h(t) = \frac{A}{\pi} \int_{-\infty}^{\infty} \frac{\sin(2\pi T_o f)\cos(2\pi ft)}{f} df \;.$$

Mit der trigonometrischen Identitätsgleichung

$$(2\text{-}16) \qquad \sin(x)\cos(y) = \frac{1}{2}[\sin(x+y) + \sin(x-y)]$$

ergibt sich für h(t)

$$h(t) = \frac{A}{2\pi} \int_{-\infty}^{\infty} \frac{\sin[2\pi f(T_o+t)]}{f} df + \frac{A}{2\pi} \int_{-\infty}^{\infty} \frac{\sin[2\pi f(T_o-t)]}{f} df \;.$$

h(t) läßt sich wie folgt umschreiben:

$$(2\text{-}17) \qquad h(t) = A(T_o+t) \int_{-\infty}^{\infty} \frac{\sin[2\pi f(T_o+t)]}{2\pi f(T_o+t)} df$$

$$+ A(T_o-t) \int_{-\infty}^{\infty} \frac{\sin[2\pi f(T_o-t)]}{2\pi f(T_o-t)} df \;.$$

Mit (|| ist das Symbol für den Betrag bzw. den Absolutwert)

$$(2\text{-}18) \qquad \int_{-\infty}^{\infty} \frac{\sin(2\pi ax)}{2\pi ax} dx = \frac{1}{2|a|}$$

erhält man

$$(2\text{-}19) \qquad h(t) = \frac{A}{2} \frac{T_o+t}{|T_o+t|} + \frac{A}{2} \frac{T_o-t}{|T_o-t|} \;.$$

Bild 2-4 zeigt beide Terme der Gl. (2-19); es ist leicht ersichtlich, daß diese Terme sich zu

$$(2\text{-}20) \qquad h(t) = A, \quad |t| < T_o$$

$$= \frac{A}{2}, \quad t = \pm T_o$$

$$= 0, \quad |t| > T_o$$

zusammenfassen lassen.

Die Existenz der FOURIER-Transformation und ihrer inversen Beziehung wurde für eine Funktion nachgewiesen, die die Bedingung

1 erfüllt. Damit erhalten wir das FOURIER-Transformationspaar (Bild 2-3)

$$(2-21) \quad h(t) = A, |t| < T_o \quad \circ\!\!-\!\!\bullet \quad 2AT_o \frac{\sin(2\pi T_o f)}{2\pi T_o f}$$

Bedingung 2: Wenn gilt: $h(t) = \beta(t) \sin(2\pi ft+\alpha)$ (f und α seien beliebige Konstanten), $\beta(t+k) < \beta(t)$ und wenn die Funktion $h(t)/t$ für $|t| > \lambda > 0$ im Sinne der Gl. (2-11) absolut integrierbar ist, dann existiert die FOURIER-Transformierte $H(f)$ und erfüllt die Beziehung der inversen FOURIER-Transformation (2-5).

Ein wichtiges Beispiel ist die Funktion $\sin(af)/af$, die die Bedingung 1 der absoluten Integrierbarkeit nicht erfüllt.

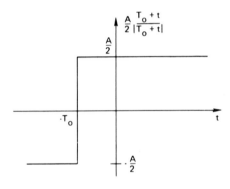

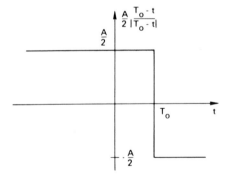

Bild 2-4: Graphische Auswertung der GL.(2-19).

Beispiel 2-4

Man betrachte die Funktion

$$(2-22) \quad h(t) = 2Af_o \frac{\sin(2\pi f_o t)}{2\pi f_o t} ,$$

die in Bild 2-5 dargestellt ist. Sie erfüllt die Bedingung 2; somit existiert ihre FOURIER-Transformierte und sie lautet

$$(2-23) \quad H(f) = \int_{-\infty}^{\infty} 2Af_o \frac{\sin(2\pi f_o t)}{2\pi f_o t} e^{-j2\pi ft} dt$$

$$= \frac{A}{\pi} \int_{-\infty}^{\infty} \frac{\sin(2\pi f_o t)}{t} [\cos(2\pi ft) - j \sin(2\pi ft)] dt$$

$$= \frac{A}{\pi} \int_{-\infty}^{\infty} \frac{\sin(2\pi f_o t) \cos(2\pi ft)}{t} dt .$$

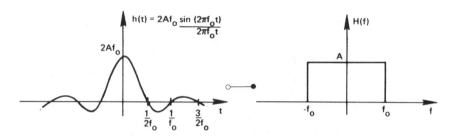

Bild 2-5: Funktion A sin(at)/at und ihre FOURIER-Transformierte.

Der Imaginärteil des Integrals wird Null, da der Integrand eine ungerade Funktion ist. Nach Einsetzen der trigonometrischen Identität (2-16) erhält man

$$(2-24) \quad H(f) = \frac{A}{2\pi} \int_{-\infty}^{\infty} \frac{\sin[2\pi t(f_o+f)]}{t} dt + \frac{A}{2\pi} \int_{-\infty}^{\infty} \frac{\sin[2\pi t(f_o-f)]}{t} dt$$

$$= A(f_o+f) \int_{-\infty}^{\infty} \frac{\sin[2\pi t(f_o+f)]}{2\pi t(f_o+f)} dt$$

$$+ A(f_o-f) \int_{-\infty}^{\infty} \frac{\sin[2\pi t(f_o-f)]}{2\pi t(f_o-f)} dt .$$

Die Gleichung (2-24) hat die gleiche Form wie die Gl. (2-17); eine ähnliche Vorgehensweise ergibt also

$$(2-25) \quad H(f) = A , \quad |f| < f_o$$

$$= \frac{A}{2} , \quad f = \pm f_o$$

$$= 0 , \quad |f| > f_o .$$

Da dieses Beispiel die Bedingung 2 erfüllt, muß H(f) [Gl. (2-25)] die Beziehung der inversen FOURIER-Transformation erfüllen:

2. Die FOURIER-Transformation

$$(2-26) \quad h(t) = \int_{-f_o}^{f_o} A e^{j2\pi ft} df$$

$$= A \int_{-f_o}^{f_o} \cos(2\pi ft) df = A \left. \frac{\sin(2\pi ft)}{2\pi t} \right|_{-f_o}^{f_o}$$

$$= 2A f_o \frac{\sin(2\pi f_o t)}{2\pi f_o t}$$

Mit Hilfe der Bedingung 2 haben wir das FOURIER-Transformationspaar

$$(2-27) \quad 2A f_o \frac{\sin(2\pi f_o t)}{2\pi f_o t} \circ\!\!-\!\!\bullet\ H(f) = A, \quad |f| < f_o$$

erhalten, wie es in Bild 2-5 dargestellt ist.

Bedingung 3: Obwohl nicht explizit gesagt, setzt man für alle Funktionen, die den Bedingungen 1 und 2 genügen, voraus, daß sie die Bedingung der *beschränkten Variation* erfüllen, d.h., daß sie sich in jedem endlichen Zeitintervall durch eine Kurve endlicher Länge darstellen lassen. Mit der Bedingung 3 erweitern wir also die Theorie der FOURIER-Transformation auf singuläre Funktionen (Deltafunktionen).

Ist h(t) eine periodische oder eine Deltafunktion, so besitzt sie eine FOURIER-Transformierte nur dann, wenn man die Distributionstheorie zu Hilfe nimmt. Der Anhang A enthält eine elementare Einführung in die Distributionstheorie. Mit Hilfe der Distributionen lassen sich FOURIER-Transformierte singulärer Funktionen definieren. Die Einführung der FOURIER-Transformation von Deltafunktionen ist deswegen von Bedeutung, weil ihr Gebrauch die Herleitung vieler anderer Transformationspaare wesentlich erleichtert.

Die Deltafunktion $\delta(t)$ ist definiert durch die Beziehung [Gl. (A-8)]

$$(2-28) \quad \int_{-\infty}^{\infty} \delta(t-t_o) x(t) dt = x(t_o) ,$$

wobei x(t) eine beliebige und bei t_o stetige Funktion ist. Durch Anwendung der Definitionsgleichung (2-28) erhält man unmittelbar die FOURIER-Transformierten einer Vielzahl anderer wichtiger Funktionen.

2.3 Existenz des FOURIER-Integrals

Beispiel 2-5
Man betrachte die Funktion

(2-29) $h(t) = K\delta(t)$.

Die FOURIER-Transformierte von h(t) läßt sich leicht mit Hilfe der Definitionsgleichung (2-28) ableiten:

(2-30) $H(f) = \int_{-\infty}^{\infty} K\delta(t)e^{-j2\pi ft}dt = Ke^{0} = K$.

Die inverse FOURIER-Transformierte von H(f) ist gegeben durch

(2-31) $h(t) = \int_{-\infty}^{\infty} K\, e^{j2\pi ft}df = \int_{-\infty}^{\infty} K\cos(2\pi ft)df + j\int_{-\infty}^{\infty} K\sin(2\pi ft)df$.

Da der Integrand des zweiten Integrals ungerade ist, ergibt das Integral Null. Das erste Integral ist bedeutungslos, wenn man es nicht im Sinne der Distributionstheorie interpretiert. Nach Gl. (A-21) existiert Gl. (2-31); sie kann geschrieben werden als

(2-32) $h(t) = K\int_{-\infty}^{\infty} e^{j2\pi ft}df = K\int_{-\infty}^{\infty} \cos(2\pi ft)df = K\delta(t)$.

Somit erhält man das FOURIER-Transformationspaar

(2-33) $K\delta(t)$ o———• $H(f) = K$,

wie es in Bild 2-6 dargestellt ist.

In ähnlicher Weise läßt sich die Existenz des FOURIER-Transformationspaares (Bild 2.7)

(2-34) $h(t) = K$ o———• $K\delta(f)$

nachweisen, wobei die Herleitung in gleicher Weise verläuft, wie im Falle des vorangegangenen Transformationspaares.

Beispiel 2-6
Zur Erläuterung der FOURIER-Transformation periodischer Funktionen betrachte man

(2-35) $h(t) = A\cos(2\pi f_o t)$.

Die FOURIER-Transformierte ist gegeben durch

(2-36) $H(f) = \int_{-\infty}^{\infty} A\cos(2\pi f_o t)e^{-j2\pi ft}dt$

$= \frac{A}{2}\int_{-\infty}^{\infty} [e^{j2\pi f_o t} + e^{-j2\pi f_o t}]e^{-j2\pi ft}dt$

$= \frac{A}{2}\int_{-\infty}^{\infty} [e^{-j2\pi t(f-f_o)} + e^{-j2\pi t(f_o+f)}]dt$

$= \frac{A}{2}\delta(f-f_o) + \frac{A}{2}\delta(f+f_o)$,

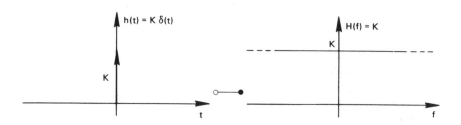

Bild 2-6: Deltafunktion und ihre FOURIER-Transformierte.

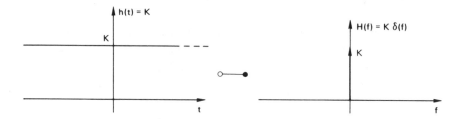

Bild 2-7: Eine Konstante und ihre FOURIER-Transformierte.

wobei ähnliche Argumentationen benutzt werden, die auch zur Gl. (2-32) geführt haben. Die inverse Transformation liefert

$$(2-37) \quad h(t) = \int_{-\infty}^{\infty} \left[\frac{A}{2}\delta(f-f_o) + \frac{A}{2}\delta(f+f_o) \right] e^{j2\pi ft} df$$

$$= \frac{A}{2} e^{j2\pi f_o t} + \frac{A}{2} e^{-j2\pi f_o t}$$

$$= A \cos(2\pi f_o t).$$

Das FOURIER-Transformationspaar

$$(2-38) \quad A \cos(2\pi f_o t) \circ\!\!-\!\!\bullet \frac{A}{2}\delta(f-f_o) + \frac{A}{2}\delta(f+f_o)$$

ist in Bild 2-8 dargestellt. In ähnlicher Weise erhält man das FOURIER-Transformationspaar aus Bild 2-9

$$(2-39) \quad A \sin(2\pi f_o t) \circ\!\!-\!\!\bullet j\frac{A}{2}\delta(f+f_o) - j\frac{A}{2}\delta(f-f_o).$$

Man beachte, daß hier die FOURIER-Transformierte rein imaginär ist.

2.3 Existenz des FOURIER-Integrals

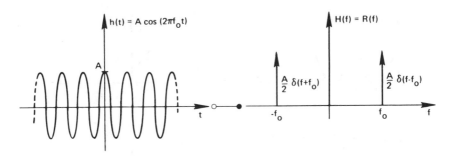

Bild 2-8: Funktion A cos(at) und ihre FOURIER-Transformierte.

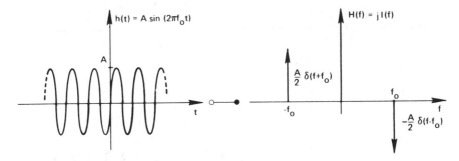

Bild 2-9: Funktion A sin(at) und ihre FOURIER-Transformierte.

Beispiel 2-7

Ohne Beweis sei angegeben[*], daß die FOURIER-Transformierte einer Folge äquidistanter Deltafunktionen im Zeitbereich aus einer Folge äquidistanter Deltafunktionen im Frequenzbereich besteht:

$$(2\text{-}40) \qquad h(t) = \sum_{n=-\infty}^{\infty} \delta(t-nT) \quad \circ\!\!-\!\!\bullet \quad H(f) = \frac{1}{T} \sum_{n=-\infty}^{\infty} \delta\left(f - \frac{n}{T}\right) \; .$$

Bild 2-10 zeigt die graphische Herleitung dieses FOURIER-Transformationspaares. Die Nützlichkeit des Transformationspaares (2-40) wird sich bei der Diskussion über die diskrete FOURIER-Transformation herausstellen.

Beweis der inversen FOURIER-Transformation

Mit Hilfe der Distributionstheorie läßt sich ein einfacher Beweis für die inverse Beziehung (2-5) angeben. Der Einsatz von H(f) [Gl. (2-1)] in die inverse Beziehung (2-5) liefert

---

[*] A.PAPOULIS, *The Fourier Integral and its Applications* (New York: McGraw-Hill, 1962) S.44.

2. Die FOURIER-Transformation

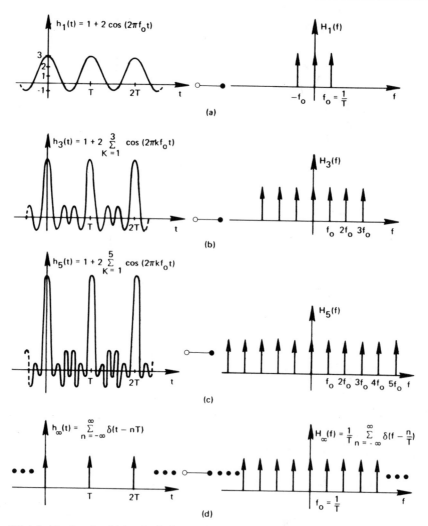

Bild 2-10: Anschauliche Herleitung der FOURIER-Transformierten einer unendlichen Folge äquidistanter Deltafunktionen.

(2-41) $\quad \int_{-\infty}^{\infty} H(f) e^{j2\pi ft} df = \int_{-\infty}^{\infty} e^{j2\pi ft} \left(\int_{-\infty}^{\infty} h(x) e^{-j2\pi fx} dx \right) df .$

Mit [Gl. (A-21)]

$$\int_{-\infty}^{\infty} e^{j2\pi ft} dt = \delta(t)$$

erhält man nach Vertauschung der beiden Integrationen in (2-41)

(2-42) $\quad \int_{-\infty}^{\infty} H(f) e^{j2\pi ft} df = \int_{-\infty}^{\infty} h(x) \left(\int_{-\infty}^{\infty} e^{j2\pi f(t-x)} df \right) dx$

$$= \int_{-\infty}^{\infty} h(x) \delta(t-x) dx .$$

Nach der Definition der Deltafunktion (2-28) ist die rechte Seite der Gl. (2-42) einfach gleich h(t). Dieser Schluß aber gilt nur, wenn h(t) stetig ist[*]. Mit der Annahme

$$(2-43) \qquad h(t) = \frac{h(t^+) + h(t^-)}{2} \; ,$$

d.h. wenn man den Wert von h(t) an jeder Unstetigkeitsstelle als den Mittelwert des Sprungs definiert, gilt stets die inverse Beziehung. Wir haben in den vorangegangenen Beispielen unstetige Funktionen immer nach Gl. (2-43) definiert.

2.4 Alternative Definitionen der FOURIER-Transformation

Es ist eine unbestrittene Tatsache, daß die FOURIER-Transformation ein universelles modernes analytisches Instrument ist. Trotzdem gibt es bis heute noch keine einheitliche Definition des FOURIER-Integrals und ihrer inversen Beziehung. Genauer gesagt, lautet die Definition eines FOURIER-Transformationspaars

$$(2-44) \qquad H(\omega) = a_1 \int_{-\infty}^{\infty} h(t) e^{-j\omega t} dt \; , \quad \omega = 2\pi f \; ,$$

$$(2-45) \qquad h(t) = a_2 \int_{-\infty}^{\infty} H(\omega) e^{j\omega t} d\omega \; ,$$

wobei die Koeffizienten a_1 und a_2 je nach Anwender unterschiedliche Werte annehmen. Manche setzen $a_1 = 1$, $a_2 = 1/2\pi$; manche andere $a_1 = a_2 = 1/\sqrt{2\pi}$ und wiederum andere $a_1 = 1/2\pi$, $a_2 = 1$. Aus den beiden Gln. (2-44) und (2-45) folgt die Bedingung $a_1 a_2 = 1/2\pi$. Verschiedene Anwender spalten das Produkt $a_1 a_2 = 1/2\pi$ jedoch nach Belieben.

Die Wahl a_1 und a_2 hängt davon ab, wie wir einerseits den Zusammenhang zwischen der LAPLACE-Transformation und der FOURIER-Transformation und andererseits den Zusammenhang zwischen der Energie eines Signals im Zeitbereich und seiner Energie im ω-Bereich definieren wollen. Nach PARSEVALschem Theorem gilt für die Signalenergie (Herleitung im Kapitel 4):

---

[*] Siehe Anhang A. Die Definition der Impulsantwort basiert auf der Stetigkeit der Testfunktion h(x).

$$\text{(2-46)} \qquad \int_{-\infty}^{\infty} h^2(t)\,dt = 2\pi a_1^2 \int_{-\infty}^{\infty} |H(\omega)|^2 d\omega \ .$$

Wenn verlangt wird, daß die Energie eines Signals im t-Bereich gleich dessen Energie im ω-Bereich ist, muß $a_1 = 1/\sqrt{2\pi}$ gewählt werden. Wenn aber gefordert wird, daß die LAPLACE-Transformation, allgemein definiert durch

$$\text{(2-47)} \qquad L[h(t)] = \int_{-\infty}^{\infty} h(t) e^{-st} dt = \int_{-\infty}^{\infty} h(t) e^{-(\alpha+j\omega)t} dt \ ,$$

für $s = j\omega$ in die FOURIER-Transformation übergeht, dann verlangt ein Vergleich der Gln. (2-44) und (2-47) die Festlegung $a_1 = 1$ und $a_2 = 1/2\pi$, was im Gegensatz zum vorhergehenden Fall steht.

Ein logischer Ausweg aus diesem Dilemma ist die Definition des Beziehungspaares der FOURIER-Transformation

$$\text{(2-48)} \qquad H(f) = \int_{-\infty}^{\infty} h(t) e^{-j2\pi ft} dt,$$

$$\text{(2-49)} \qquad h(t) = \int_{-\infty}^{\infty} H(f) e^{j2\pi ft} df \ .$$

Mit dieser Definition erhält das PARSEVALsche Theorem die Form

$$\int_{-\infty}^{\infty} h^2(t)\,dt = \int_{-\infty}^{\infty} |H(f)|^2 df \ ,$$

und die Gl. (2-48) ist mit der Definition der LAPLACE-Transformation konsistent. Da die Integration in (2-49) über f geht, taucht der Faktor $1/2\pi$ hier nicht auf. Deswegen wählten wir für dieses Buch die zuletzt angegebene Definition der FOURIER-Transformation.

2.5 FOURIER-Transformationspaare

Bild 2-11 zeigt eine graphische Tabelle von FOURIER-Transformationspaaren. Diese graphische und analytische Nachschlagetabelle ist keineswegs vollständig, sie enthält jedoch die am häufigsten vorkommenden Transformationspaare.

Aufgaben

2-1 Man berechne den Real- und Imaginärteil der FOURIER-Transformierten folgender Funktionen:

    a. $h(t) = e^{-a|t|}, \quad -\infty < t < \infty$

b. $h(t) = \begin{cases} k, & t > 0 \\ \frac{k}{2}, & t = 0 \\ 0, & t < 0 \end{cases}$

c. $h(t) = \begin{cases} -A, & t < 0 \\ 0, & t = 0 \\ A, & t > 0 \end{cases}$

d. $h(t) = \begin{cases} A\cos(2\pi f_o t), & t > 0 \\ \frac{A}{2}, & t = 0 \\ 0, & t < 0 \end{cases}$

e. $h(t) = \begin{cases} A, & a < t < b;\ a,b > 0 \\ \frac{A}{2}, & t = a,\ t = b \\ 0, & \text{sonst} \end{cases}$

f. $h(t) = \begin{cases} Ae^{-\alpha t}\sin(2\pi f_o t), & t \geq 0 \\ 0, & t < 0 \end{cases}$

g. $h(t) = \frac{1}{2}\left[\delta(t+a) + \delta(t-a) + \delta(t+\frac{a}{2}) + \delta(t-\frac{a}{2})\right]$.

2-2 Man berechne das Amplitudenspektrum $|H(f)|$ und Phasenspektrum $\Theta(f)$ der FOURIER-Transformierten von $h(t)$:

a. $h(t) = \dfrac{1}{|t|}$, $\quad -\infty < t < \infty$

b. $h(t) = e^{-\pi t^2}$, $\quad -\infty < t < \infty$

c. $h(t) = A\sin(2\pi f_o t)$, $\quad 0 \leq t < \infty$

d. $h(t) = Ae^{-\alpha t}\cos(2\pi f_o t)$, $\quad 0 \leq t < \infty$.

2-3 Man bestimme die inverse FOURIER-Transformierte folgender Frequenzfunktionen:

a. $H(f) = \dfrac{\alpha^2}{\alpha^2 + (2\pi f)^2}$

b. $H(f) = \dfrac{\sin(2\pi fT)\cos(2\pi fT)}{(2\pi f)}$

c. $H(f) = \dfrac{1}{(j2\pi f + \alpha)^2}$

d. $H(f) = \dfrac{1}{(j2\pi f + \alpha)^3}$

e. $H(f) = \dfrac{\beta}{(\alpha + j2\pi f)^2 + \beta^2}$

42 2. Die FOURIER-Transformation

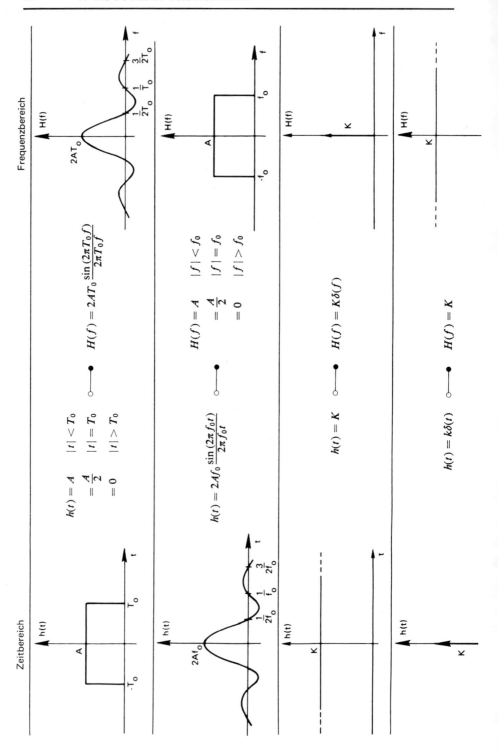

2.5 FOURIER-Transformationspaare

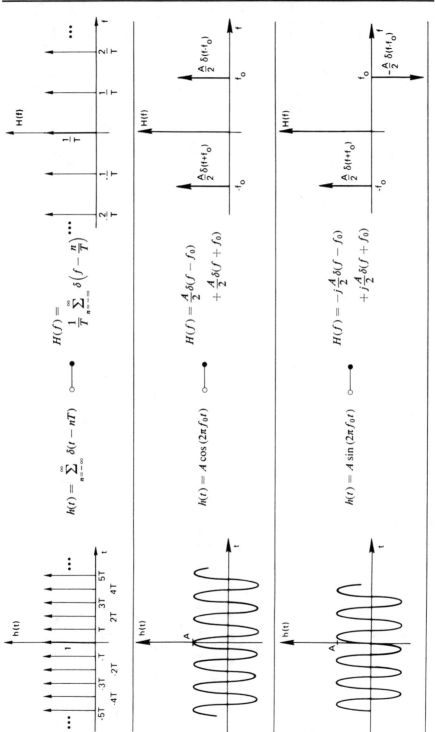

Bild 2-11: FOURIER-Transformationspaare.

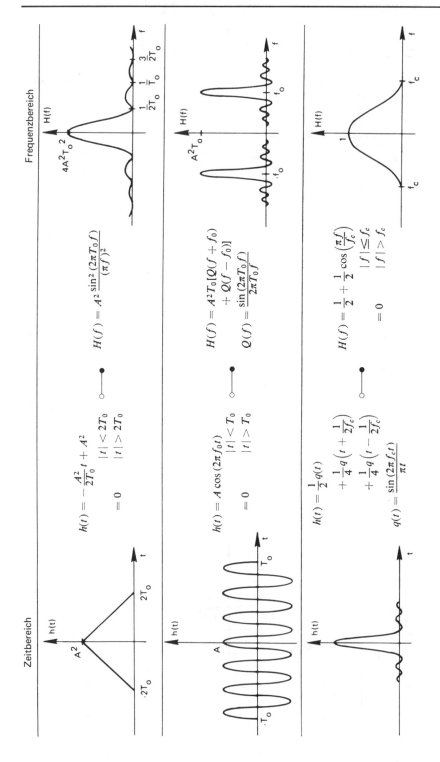

2.5 FOURIER-Transformationspaare

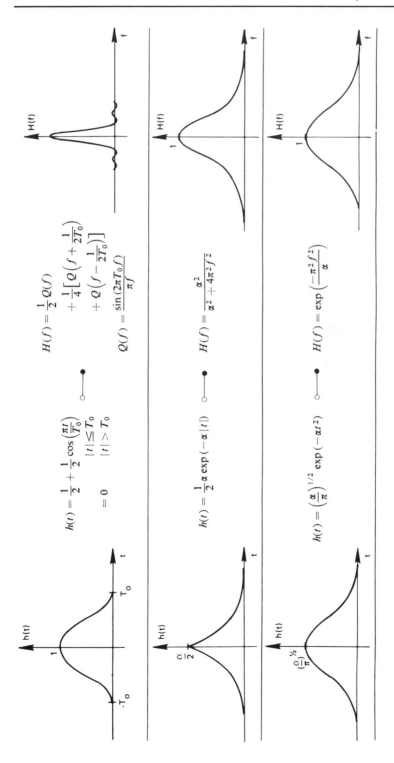

Bild 2-11: FOURIER-Transformationspaare (Fortsetzung).

f. $H(f) = (1-f^2)^2, \quad |f| < 1$
$ = 0 \qquad\qquad \text{sonst}$

g. $H(f) = \dfrac{f^3}{f^4+\alpha}$

h. $H(f) = \dfrac{f^2+\alpha}{f^4+2\alpha}$

i. $H(f) = \dfrac{f}{(f^2+\alpha)(f^2+4\alpha)}$.

Literatur

[1] ARASC, J., Fourier Transforms and the Theory of Distributions. Englewood Cliffs, N.J.: Prentice-Hall, 1966.

[2] BRACEWELL, R., The Fourier Transform and Its Applications. New York: McGraw-Hill, 1965.

[3] CAMPBELL, G.A., and R.M. FOSTER, Fourier Integrals for Practical Applications. New York: Van Nostrand Reinhold, 1948.

[4] ERDILYI, A., Tables of Integral Transforms, Vol. 1. New York: McGraw-Hill, 1954.

[5] PAPOULIS, A., The Fourier Integral and Its Applications. New York: McGraw-Hill, 1962.

3. Eigenschaften der FOURIER-Transformation

Von den Eigenschaften der FOURIER-Transformation sind einige wenige für das vollständige Verständnis der FOURIER-Transformation von grundlegender Bedeutung. Eine anschauliche Interpretation jener fundamentalen Eigenschaften ist genauso wichtig, wie die Kenntnis über ihre mathematischen Zusammenhänge. Das Ziel dieses Kapitels liegt nicht nur in der theoretischen Herleitung wichtiger Konzepte der FOURIER-Transformation, sondern auch in der Herausstellung der *Bedeutung* jener Eigenschaften. Deshalb bringen wir umfangreiche analytische und graphische Beispiele.

3.1 Linearität

Sind $X(f)$ die FOURIER-Transformierte von $x(t)$ und $Y(f)$ die FOURIER-Transformierte von $y(t)$, dann hat die Summe $x(t) + y(t)$ die FOURIER-Transformierte $X(f) + Y(f)$. Diese Eigenschaft läßt sich wie folgt, nachweisen:

$$(3-1) \quad \int_{-\infty}^{\infty} [x(t)+y(t)]e^{-j2\pi ft}dt = \int_{-\infty}^{\infty} x(t)e^{-j2\pi ft}dt + \int_{-\infty}^{\infty} y(t)e^{-j2\pi ft}dt$$
$$= X(f) + Y(f)$$

Die Transformationsbeziehung

$$(3-2) \quad x(t) + y(t) \circ\!\!-\!\!\bullet\ X(f) + Y(f)$$

ist von besonderer Wichtigkeit, da sie die Anwendbarkeit der FOURIER-Transformation zur Analyse linearer Systeme widerspiegelt.

Beispiel 3-1
Zur Erläuterung der Linearitätseigenschaft betrachte man die Transformationspaare

$$(3-3) \quad x(t) = K \circ\!\!-\!\!\bullet\ X(f) = K\delta(f)$$

$$(3-4) \quad y(t) = A \cos(2\pi f_o t) \circ\!\!-\!\!\bullet\ Y(f) = \frac{A}{2}\delta(f-f_o) + \frac{A}{2}\delta(f+f_o)$$

Aus dem Linearitätstheorem folgt:

(3-5) $x(t)+y(t)=K+A\cos(2\pi f_o t)$ ○──● $X(f)+Y(f)=K\delta(f)+\frac{A}{2}\delta(f-f_o)$
$$+ \frac{A}{2}\delta(f+f_o) \ .$$

Die Bilder 3-1a,b,c zeigen der Reihenfolge nach, die angegebenen Transformationspaare.

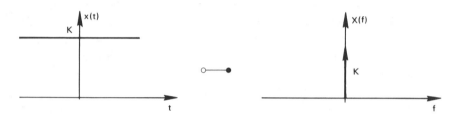

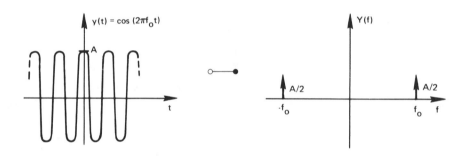

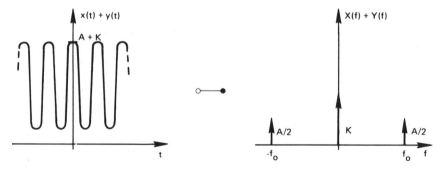

Bild 3-1: Zur Linearitätseigenschaft.

3.2 Symmetrie

Wenn h(t) und H(f) ein FOURIER-Transformationspaar bilden, dann gilt

(3-6) $\quad$ H(t) $\circ\!\!-\!\!\bullet$ h(-f).

Der Beweis für (3-6) erfolgt, indem man die Gl. (2-5) umschreibt in

(3-7) $\quad h(-t) = \int_{-\infty}^{\infty} H(f) e^{-j2\pi ft} df$

und die Parameter t und f miteinander vertauscht

(3-8) $\quad h(-f) = \int_{-\infty}^{\infty} H(t) e^{-j2\pi ft} dt$.

Beispiel 3-2
Zur Erläuterung der Symmetrieeigenschaft betrachte man das Transformationspaar

(3-9) $\quad h(t) = A, \ |t| < T_o \quad \circ\!\!-\!\!\bullet \quad \dfrac{2AT_o \sin(2\pi T_o f)}{2\pi T_o f}$,

wie es zuvor in Bild 2-3 dargestellt wurde. Nach dem Symmetrietheorem folgt hieraus das Transformationspaar

(3-10) $\quad 2AT_o \dfrac{\sin(2\pi T_o t)}{2\pi T_o t} \quad \circ\!\!-\!\!\bullet \quad h(-f) = h(f) = A, \ |f| < T_o$,

das mit dem in Bild 2-5 dargestellten Transformationspaar (2-27) identisch ist. Durch die Anwendung der Symmetrieeigenschaft lassen sich viele komplizierte mathematische Herleitungen vermeiden; ein gutes Beispiel hierfür ist die Herleitung des Transformationspaares (2-27).

3.3 Zeitskalierung

Mit H(f) als FOURIER-Transformierte von h(t) erhält man die FOURIER-Transformierte von h(kt), mit k als einer reellen Konstante größer Null und durch die Substitution t' = kt in das FOURIER-Integral:

(3-11) $\quad \int_{-\infty}^{\infty} h(kt) e^{-j2\pi ft} dt = \int_{-\infty}^{\infty} h(t') e^{-j2\pi t'(f/k)} \dfrac{dt'}{k} = \dfrac{1}{k} H\!\left(\dfrac{f}{k}\right)$.

Für negative Werte von k ändert sich das Vorzeichen der rechten Seite, da die Integrationsgrenzen zu vertauschen sind. Die Zeitskalierung ergibt somit das Transformationspaar

(3-12) $\quad h(kt) \quad \circ\!\!-\!\!\bullet \quad \dfrac{1}{|k|} H\!\left(\dfrac{f}{k}\right)$.

Bei der Zeitskalierung von Deltafunktionen muß man besonders achtgeben; nach Gl.(A-10) gilt:

(3-13) $\delta(at) = \frac{1}{|a|} \delta(t)$.

Beispiel 3-3
Die Zeitskalierungseigenschaft der FOURIER-Transformation ist in vielen wissenschaftlichen Gebieten eine bekannte Tatsache. Wie es Bild 3-2 verdeutlicht, entspricht eine Zeitdehnung einer entsprechenden Frequenzstauchung. Man beachte, daß sich bei einer Zeitdehnung nicht nur die Frequenzachse kontrahiert, sondern auch die Amplitude in der Weise erhöht, daß die Fläche unter der FOURIER-Transformierten konstant bleibt. Dies ist eine bekannte Tatsache aus der Radar- und Antennentheorie.

3.4 Frequenzskalierung

Mit H(f) als die FOURIER-Transformierte von h(t) ist die inverse FOURIER-Transformierte von H(kf), mit k als einer reellen Konstante, gegeben durch das Transformationspaar

(3-14) $\frac{1}{|k|} h\left(\frac{t}{k}\right) \circ\!\!-\!\!\bullet\ H(kf)$.

Der Beweis ergibt sich durch die Substitution f' = kf in die Beziehung der inversen FOURIER-Transformation

(3-15) $\int_{-\infty}^{\infty} H(kf) e^{j2\pi ft} df = \int_{-\infty}^{\infty} H(f') e^{j2\pi f'(t/k)} \frac{df'}{k} = \frac{1}{|k|} h\left(\frac{t}{k}\right)$.

Für die Frequenzskalierung einer Deltafunktion im Frequenz-Bereich erhält man

(3-16) $\delta(af) = \frac{1}{|a|} \delta(f)$

Beispiel 3-4
Analog zur Zeitskalierung hat eine Frequenzdehnung eine Zeitstauchung zur Folge. Bild 3-3 veranschaulicht diesen Effekt. Man beachte, daß mit einer Frequenzdehnung eine Erhöhung der Momentanwerte der zugehörigen Zeitfunktion einhergeht. Dies resultiert auch aus der Symmetrieeigenschaft (3-6) und der Beziehung der Zeitskalierung (3-12).

3.4 Frequenzskalierung

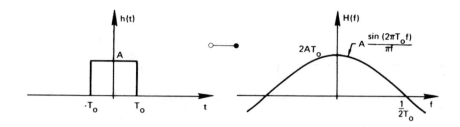

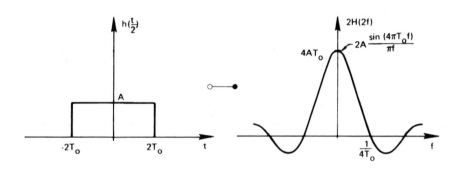

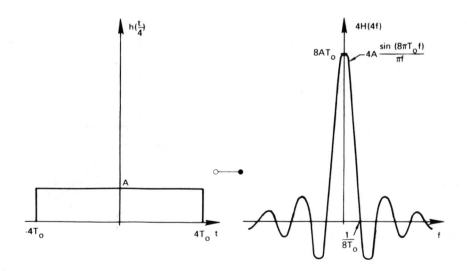

Bild 3-2: Zeitskalierung.

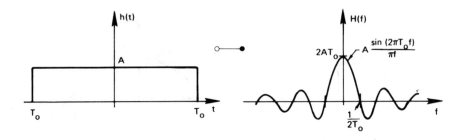

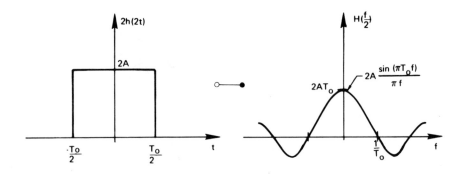

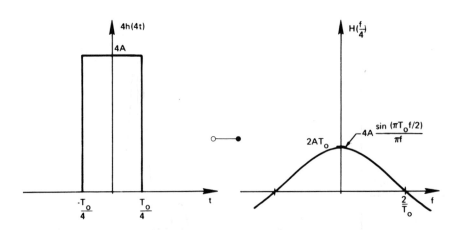

Bild 3-3: Frequenzskalierung.

Beispiel 3-5

In vielen Büchern werden FOURIER-Transformationspaare unter Verwendung der Kreisfrequenz ω angegeben. Beispielsweise gibt PAPOULIS [2, S.44] das Paar

(3-17) $$h(t) = \sum_{n=-\infty}^{\infty} \delta(t-nT) \circ\!\!-\!\!\bullet\; H(\omega) = \frac{2\pi}{T} \sum_{n=-\infty}^{\infty} \delta\left(\omega - \frac{2n\pi}{T}\right)$$

an. Aus der Beziehung der Frequenzskalierung (3-16) folgt für $H(\omega)$

(3-18) $$\frac{2\pi}{T} \sum_{n=-\infty}^{\infty} \delta\left[2\pi\left(f - \frac{n}{T}\right)\right] = \frac{1}{T} \sum_{n=-\infty}^{\infty} \delta\left(f - \frac{n}{T}\right)$$

Somit können wir Gl. (3-17) unter Benutzung der Frequenzvariablen f, wie folgt umschreiben

(3-19) $$h(t) = \sum_{n=-\infty}^{\infty} \delta(t-nT) \circ\!\!-\!\!\bullet\; H(f) = \frac{1}{T} \sum_{n=-\infty}^{\infty} \delta\left(f - \frac{n}{T}\right).$$

Diese Gleichung ist mit der Gl. (2-40) identisch.

3.5 Zeitverschiebung

Wenn man $h(t)$ um die konstante Zeit t_o verschiebt, folgt mit der Substitution $s = t - t_o$ für die FOURIER-Transformierte von $h(t-t_o)$

(3-20) $$\int_{-\infty}^{\infty} h(t-t_o) e^{-j2\pi ft} dt = \int_{-\infty}^{\infty} h(s) e^{-j2\pi f(s+t_o)} ds$$
$$= e^{-j2\pi ft_o} \int_{-\infty}^{\infty} h(s) e^{-j2\pi fs} ds$$
$$= e^{-j2\pi ft_o} H(f) \; .$$

Das Transformationspaar für eine Zeitverschiebung lautet also

(3-21) $$h(t-t_o) \circ\!\!-\!\!\bullet\; H(f) e^{-j2\pi ft_o} \; .$$

Beispiel 3-6
Bild 3-4 veranschaulicht dieses Transformationspaar. Wie gezeigt, hat eine Zeitverschiebung eine Änderung der Phase $\theta(f) = \arctan[I(f)/R(f)]$ zur Folge. Man beachte, daß eine Zeitverschiebung den Betrag der FOURIER-Transformierten nicht verändert, was sich nachweisen läßt, wenn man aus

$$H(f) e^{-j2\pi ft_o} = H(f) [\cos(2\pi ft_o) - j \sin(2\pi ft_o)]$$

den Betrag ermittelt:

(3-22) $$|H(f) e^{-j2\pi ft_o}| = \sqrt{H^2(f)[\cos^2(2\pi ft_o) + \sin^2(2\pi ft_o)]} = \sqrt{H^2(f)},$$

wobei hier $H(f)$ der Einfachheit halber als reell angenommen wurde. Dieses Ergebnis kann man ohne Schwierigkeiten auch dann erhalten, wenn $H(f)$ eine komplexe Funktion ist.

3. Eigenschaften der FOURIER-Transformation

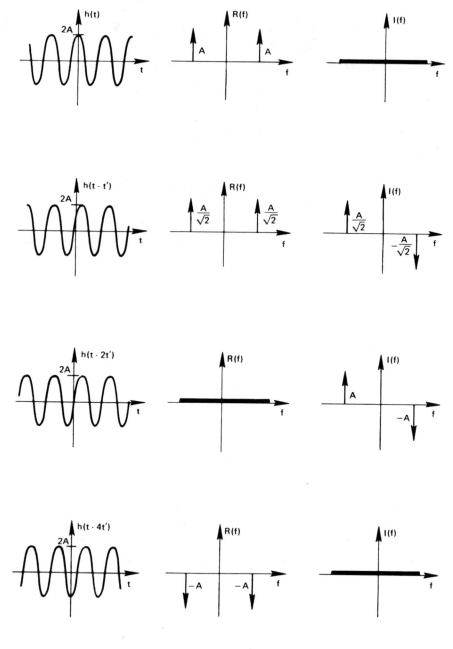

Bild 3-4: Zeitverschiebung.

3.6 Frequenzverschiebung

Wenn man H(f) um die Frequenz f_o verschiebt, so multipliziert sich die inverse Transformierte von H(f) mit $e^{j2\pi f_o t}$:

(3-23) $\qquad h(t)e^{j2\pi f_o t} \;\circ\!\!-\!\!\bullet\; H(f-f_o)$.

Der Beweis erfolgt mit Hilfe der Substituion $s = f-f_o$ in die Beziehung der inversen FOURIER-Transformation:

$$\begin{aligned}
(3-24) \quad \int_{-\infty}^{\infty} H(f-f_o)e^{j2\pi ft} dt \to df &= \int_{-\infty}^{\infty} H(s)e^{j2\pi t(s+f_o)} ds \\
&= e^{j2\pi f_o t} \int_{-\infty}^{\infty} H(s)e^{j2\pi st} ds \\
&= e^{j2\pi f_o t} h(t) .
\end{aligned}$$

Beispiel 3-7

Zur Erläuterung der Auswirkung der Frequenzverschiebung gehen wir, der Einfachheit halber, von einer reellen Frequenzfunktion H(f) mit der inversen Transformierten h(t) aus (Bild 3-5) und verschieben H(f) um $\pm f_o$. Für h'(t), die inverse Transformierte von H'(f) = H(f-f_o) + H(f+f_o), folgt dann aus (3-24)

$$h'(t) = e^{j2\pi f_o t} h(t) + e^{-j2\pi f_o t} h(t) = 2\cos(2\pi f_o t) h(t).$$

Eine Frequenzverschiebung einer Frequenzfunktion um $\pm f_o$ entspricht also einer Multiplikation der zugehörigen Zeitfunktion mit einer Cosinusfunktion der Verschiebungsfrequenz f_o. Dieser Prozeß wird gewöhnlich Modulation genannt.

3.7 Alternativformel der inversen Transformation

Die inverse Beziehung (2-5) läßt sich wie folgt in eine alternative Form umschreiben:

$$(3-25) \qquad h(t) = \left[\int_{-\infty}^{\infty} H^*(f) e^{-j2\pi ft} df \right]^* ,$$

wobei $H^*(f)$ die Konjugiert-Komplexe von H(f) bedeutet, d.h. mit H(f) = R(f) + jI(f) gilt $H^*(f)$ = R(f) - jI(f). Der Beweis für (3-25) erfolgt, wenn man einfach die Konjugiert-Komplexe von H(f) bildet:

3. Eigenschaften der FOURIER-Transformation

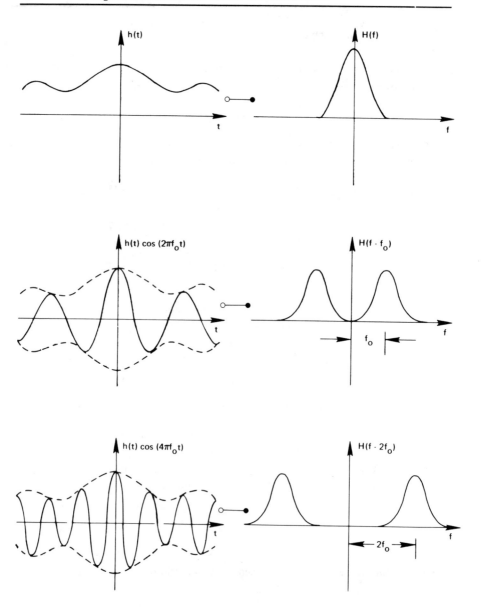

Bild 3-5: Frequenzverschiebung.

$$\text{(3-26)} \quad h(t) = \left[\int_{-\infty}^{\infty} H^*(f) e^{-j2\pi ft} df \right]^*$$

$$= \left[\int_{-\infty}^{\infty} R(f) e^{-j2\pi ft} df - j \int_{-\infty}^{\infty} I(f) e^{-j2\pi ft} df \right]^*$$

$$= \left[\int_{-\infty}^{\infty} [R(f)\cos(2\pi ft) - I(f)\sin(2\pi ft)] df \right.$$

$$\left. - j \int_{-\infty}^{\infty} [R(f)\sin(2\pi ft) + I(f)\cos(2\pi ft)] df \right]^*$$

$$= \int_{-\infty}^{\infty} [R(f)\cos(2\pi ft) - I(f)\sin(2\pi ft)] df$$

$$+ j \int_{-\infty}^{\infty} [R(f)\sin(2\pi ft) + I(f)\cos(2\pi ft)] df$$

$$= \int_{-\infty}^{\infty} [R(f) + jI(f)][\cos(2\pi ft) + j\sin(2\pi ft)] df$$

$$= \int_{-\infty}^{\infty} H(f) e^{j2\pi ft} df .$$

Der besondere Vorteil der alternativen inversen Beziehung liegt darin, daß nun sowohl die FOURIER-Transformation selbst als auch ihre inverse Beziehung den gemeinsamen Term $e^{-j2\pi ft}$ enthalten, was sich für die Erstellung eines Programms für die schnelle FOURIER-Transformation als besonders vorteilhaft erweist.

3.8 Gerade Funktionen

Wenn $h_g(t)$ eine gerade Funktion ist, d.h. wenn $h_g(-t) = h_g(t)$ gilt, ist die FOURIER-Transformierte von $h_g(t)$ eine reelle gerade Funktion von f:

$$\text{(3-27)} \quad h_g(t) \; \circ\!\!-\!\!\bullet \; R_g(f) = \int_{-\infty}^{\infty} h_g(t) \cos(2\pi ft) dt .$$

Der Beweis erfolgt durch einige Umformungen der Definitionsgleichung der FOURIER-Transformation:

$$\text{(3-28)} \quad H(f) = \int_{-\infty}^{\infty} h_g(t) e^{-j2\pi ft} dt$$

$$= \int_{-\infty}^{\infty} h_g(t) \cos(2\pi ft) dt - j \int_{-\infty}^{\infty} h_g(t) \sin(2\pi ft) dt$$

$$= \int_{-\infty}^{\infty} h_g(t) \cos(2\pi ft) dt = R_g(f).$$

Der Imaginärteil ist Null, weil der Integrand eine ungerade Funktion ist. Da $\cos(2\pi ft)$ eine gerade Funktion ist, gilt $h_g(t)\cos(2\pi ft) = h_g(t)\cos[2\pi(-f)t]$ und $H_g(f) = H_g(-f)$; die Frequenzfunktion ist also gerade. Umgekehrt: ist $H(f)$ eine reelle gerade Funktion, folgt aus der inversen Beziehung, daß die zugehörige Zeitfunktion eine gerade Funktion ist.:

$$\text{(3-29)} \quad \begin{aligned} h(t) &= \int_{-\infty}^{\infty} H_g(f) e^{j2\pi ft} dt = \int_{-\infty}^{\infty} R_g(f) e^{j2\pi ft} dt \\ &= \int_{-\infty}^{\infty} R_g(f) \cos(2\pi ft) df + j \int_{-\infty}^{\infty} R_g(f) \sin(2\pi ft) df \\ &= \int_{-\infty}^{\infty} R_g(f) \cos(2\pi ft) df = h_g(t) \ . \end{aligned}$$

Beispiel 3-8

Wie in Bild 3-6 gezeigt, ist die FOURIER-Transformierte einer geraden Zeitfunktion eine reelle gerade Frequenzfunktion; umgekehrt ist die inverse Transformierte einer geraden reellen Frequenzfunktion eine gerade Zeitfunktion.

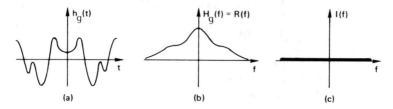

Bild 3-6: Eine gerade Funktion und ihre FOURIER-Transformierte.

3.9 Ungerade Funktionen

Wenn $h_u(t) = -h_u(t)$ gilt, dann ist $h_u(t)$ eine ungerade Funktion und ihre FOURIER-Transformierte ist eine ungerade imaginäre Funktion:

$$\text{(3-30)} \quad \begin{aligned} H(f) &= \int_{-\infty}^{\infty} h_u(t) e^{-j2\pi ft} dt \\ &= \int_{-\infty}^{\infty} h_u(t) \cos(2\pi ft) dt - j \int_{-\infty}^{\infty} h_u(t) \sin(2\pi ft) dt \\ &= -j \int_{-\infty}^{\infty} h_u(t) \sin(2\pi ft) dt = jI_u(f) \end{aligned}$$

Das reelle Integral ist Null, da das Produkt einer ungeraden und einer geraden Funktion eine ungerade Funktion ergibt. Da $\sin(2\pi ft)$ eine ungerade Funktion ist, gilt $h_u(t) \sin(2\pi ft) = -h_u(t) \sin[2\pi(-f)t]$ und $H_u(f) = -H_u(-f)$; die Frequenzfunktion ist ungerade. Umgekehrt: ist eine Frequenzfunktion $H(f)$ ungerade und rein imaginär, gilt

$$\text{(3-31)} \quad \begin{aligned} h(t) &= \int_{-\infty}^{\infty} H(f) e^{j2\pi ft} df = j \int_{-\infty}^{\infty} I_u(f) e^{j2\pi ft} df \\ &= j \int_{-\infty}^{\infty} I_u(f) \cos(2\pi ft) df + j \int_{-\infty}^{\infty} I_u(f) \sin(2\pi ft) df \\ &= j \int_{-\infty}^{\infty} I_u(f) \sin(2\pi ft) df = h_u(t) \ ; \end{aligned}$$

d.h. die zugehörige Zeitfunktion $h_u(t)$ ist ungerade. Somit erhält man das Transformationspaar

(3-32) $\qquad h_u(t) \circ\!\!-\!\!\bullet\; jI_u(f) = -j \int_{-\infty}^{\infty} h_u(t)\sin(2\pi ft)\,dt$.

Beispiel 3-9
Bild 3-7 veranschaulicht dieses Transformationspaar an einem Beispiel. Die dargestellte Funktion h(t) ist ungerade; daher ist die FOURIER-Transformierte eine imaginäre ungerade Frequenzfunktion. Wenn eine Frequenzfunktion ungerade und rein imaginär ist, ist ihre inverse Transformierte eine ungerade Zeitfunktion.

Bild 3-7: Eine ungerade Funktion und ihre FOURIER-Transformierte.

3.10 Zerlegung einer Funktion

Jede beliebige Funktion kann stets in die Summe einer geraden und einer ungeraden Funktion zerlegt werden:

(3-33) $\qquad h(t) = \dfrac{h(t)}{2} + \dfrac{h(t)}{2}$

$\qquad\qquad\quad = \left[\dfrac{h(t)}{2} + \dfrac{h(-t)}{2}\right] + \left[\dfrac{h(t)}{2} - \dfrac{h(-t)}{2}\right]$

$\qquad\qquad\quad = h_g(t) + h_u(t)$.

Die beiden Terme in eckigen Klammern sind, wie leicht nachzuweisen ist, der Reihe nach eine gerade und eine ungerade Funktion. Aus Gln.(3-27) und (3-32) erhält man für die FOURIER-Transformierte von (3-33)

(3-34) $\qquad H(f) = R(f) + jI(f) = H_g(f) + H_u(f)$

mit $H_g(f) = R(f)$ und $H_u(f) = jI(f)$. Wir werden in Kapitel 10 zeigen, daß die Zerlegung einer Zeitfunktion zur Erhöhung der Rechengeschwindigkeit der diskreten FOURIER-Transformation genutzt werden kann.

Beispiel 3-10

Zur Erläuterung des Konzeptes der Funktionszerlegung betrachte man die in Bild 3-8a dargestellte Exponentialfunktion

(3-35) $h(t) = e^{-at}, \quad t \geq 0$.

Den Herleitungsschritten für die Gl.(3-33) folgend, erhalten wir

(3-36) $\quad h(t) = \left[\dfrac{e^{-at}}{2}\right] + \left[\dfrac{e^{-at}}{2}\right]$

$= \left\{\left[\dfrac{e^{-at}}{2}\right]_{t\geq 0} + \left[\dfrac{e^{at}}{2}\right]_{t\leq 0}\right\} + \left\{\left[\dfrac{e^{-at}}{2}\right]_{t\geq 0} - \left[\dfrac{e^{at}}{2}\right]_{t\leq 0}\right\}$

$= \left\{e^{-a|t|}\right\} + \left\{\left[\dfrac{e^{-at}}{2}\right]_{t\geq 0} - \left[\dfrac{e^{at}}{2}\right]_{t\leq 0}\right\}$

$= \left\{h_g(t)\right\} + \left\{h_u(t)\right\}$.

Die Bilder 3-8b,c zeigen nacheinander die Zerlegung von h(t) in eine gerade und in eine ungerade Komponente.

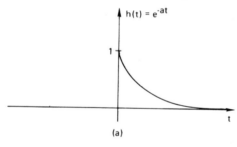

(a)

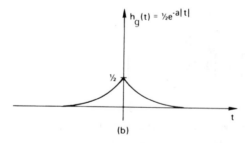

(b)

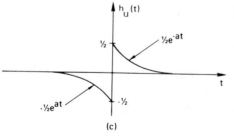

(c)

Bild 3-8: Zerlegung einer Funktion in ihren geraden und ungeraden Anteil.

3.11 Komplexe Zeitfunktionen

Für diese vereinfachte Darstellung haben wir bisher nur reelle Zeitfunktionen in Betracht gezogen. Die FOURIER-Transformation (2-1), ihre inverse Beziehung (2-5) und die Eigenschaften der FOURIER-Transformation gelten aber auch für den Fall, daß h(t) eine komplexe Zeitfunktion ist. Für die FOURIER-Transformierte (2-1) der komplexen Zeitfunktion

$$(3-37) \qquad h(t) = h_r(t) + jh_i(t)$$

mit $h_r(t)$ als Realteil und $h_i(t)$ als Imaginärteil von h(t) erhält man also

$$(3-38) \qquad H(f) = \int_{-\infty}^{\infty} [h_r(t) + jh_i(t)] e^{-j2\pi ft} dt$$

$$= \int_{-\infty}^{\infty} [h_r(t)\cos(2\pi ft) + h_i(t)\sin(2\pi ft)] dt$$

$$- j \int_{-\infty}^{\infty} [h_r(t)\sin(2\pi ft) - h_i(t)\cos(2\pi ft)] dt$$

$$= R(f) + jI(f)$$

und hieraus

$$(3-39) \qquad R(f) = \int_{-\infty}^{\infty} [h_r(t)\cos(2\pi ft) + h_i(t)\sin(2\pi ft)] dt,$$

$$(3-40) \qquad I(f) = - \int_{-\infty}^{\infty} [h_r(t)\sin(2\pi ft) - h_i(t)\cos(2\pi ft)] dt.$$

In entsprechender Weise folgt aus der inversen Beziehung (2-5) für komplexe Zeitfunktionen

$$(3-41) \qquad h_r(t) = \int_{-\infty}^{\infty} [R(f)\cos(2\pi ft) - I(f)\sin(2\pi ft)] df,$$

$$(3-42) \qquad h_i(t) = \int_{-\infty}^{\infty} [R(f)\sin(2\pi ft) + I(f)\cos(2\pi ft)] df .$$

Wenn h(t) reell ist, gilt $h(t) = h_r(t)$, und der Real- und Imaginärteil der FOURIER-Transformierten sind durch die Gl.(3-39) und (3-40) gegeben:

$$(3-43) \qquad R_g(f) = \int_{-\infty}^{\infty} h_r(t)\cos(2\pi ft) dt,$$

$$(3-44) \qquad I_u(f) = - \int_{-\infty}^{\infty} h_r(t)\sin(2\pi ft) dt.$$

$R_g(f)$ ist wegen $R_g(-f) = R_g(f)$ eine gerade und $I_u(f)$ wegen $I_u(-f) = -I_u(f)$ eine ungerade Funktion.

Für eine rein imaginäre Funktion $h(t) = jh_i(t)$ erhält man

$$(3-45) \qquad R_u(f) = \int_{-\infty}^{\infty} h_i(t)\sin(2\pi ft) dt,$$

$$(3-46) \quad I_g(f) = \int_{-\infty}^{\infty} h_i(t)\cos(2\pi ft)\,dt \;,$$

wobei $R_u(f)$ eine ungerade und $I_g(f)$ eine gerade Funktion ist. Tabelle 3-1 enthält verschiedene komplexe Zeitfunktionen und ihre FOURIER-Transformierten.

Tabelle 3-1: Eigenschaften der FOURIER-Transformation komplexer Funktionen.

Zeitbereich $h(t)$	Frequenzbereich $H(f)$
Reell	Realteil gerade, Imaginärteil ungerade
Imaginär	Realteil ungerade, Imaginärteil gerade
Realteil gerade, Imaginärteil ungerade	Reell
Realteil ungerade, Imaginärteil gerade	Imaginär
Reell und gerade	Reell und gerade
Reell und ungerade	Imaginär und ungerade
Imaginär und gerade	Imaginär und gerade
Imaginär und ungerade	Reell und ungerade
Komplex und gerade	Komplex und gerade
Komplex und ungerade	Komplex und ungerade

Beispiel 3-11

Man kann die Beziehungen (3-43), (3-44), (3-45) und (3-46) benutzen, um gleichzeitig die FOURIER-Transformierten zweier reeller Zeitfunktionen zu bestimmen. Zum Verständnis sei an die Linearitätseigenschaft (3-2) erinnert:

$$(3-47) \quad x(t) + y(t) \;\circ\!\!-\!\!\bullet\; X(f) + Y(f) .$$

Wir setzen $x(t) = h(t)$ und $y(t) = jg(t)$, wobei $h(t)$ und $g(t)$ reelle Funktionen sind. Es folgt $X(f) = H(f)$ und $Y(f) = jG(f)$. Da $x(t)$ reell ist, ergibt sich aus (3-43) und (3-44)

$$(3-48) \quad x(t) = h(t) \;\circ\!\!-\!\!\bullet\; X(f) = H(f) = R_g(f) + jI_u(f) .$$

Da $y(t)$ rein imaginär ist, folgt in ähnlicher Weise aus (3-45) und (3-46)

$$(3-49) \quad y(t) = jg(t) \;\circ\!\!-\!\!\bullet\; Y(f) = jG(f) = R_u(f) + jI_g(f) .$$

Damit erhält man das Transformationspaar

$$(3-50) \quad h(t) + jg(t) \;\circ\!\!-\!\!\bullet\; H(f) + jG(f)$$

mit

$$(3-51) \quad H(f) = R_g(f) + jI_u(f) ,$$
$$(3-52) \quad G(f) = I_g(f) - jR_u(f) .$$

Wenn wir

(3-53) $\quad z(t) = h(t) + jg(t)$

setzen, ist die FOURIER-Transformierte von z(t) gegeben durch

(3-54) $\quad Z(f) = R(f) + jI(f)$

$$= \left[\frac{R(f)}{2} + \frac{R(-f)}{2}\right] + \left[\frac{R(f)}{2} - \frac{R(-f)}{2}\right]$$
$$+ j\left[\frac{I(f)}{2} + \frac{I(-f)}{2}\right] + j\left[\frac{I(f)}{2} - \frac{I(-f)}{2}\right],$$

und aus (3-51) und (3-52) folgt dann

(3-55) $\quad H(f) = \left[\frac{R(f)}{2} + \frac{R(-f)}{2}\right] + j\left[\frac{I(f)}{2} - \frac{I(-f)}{2}\right]$,

(3-56) $\quad G(f) = \left[\frac{I(f)}{2} + \frac{I(-f)}{2}\right] - j\left[\frac{R(f)}{2} - \frac{R(-f)}{2}\right]$.

Somit ist es möglich, die Frequenzfunktion Z(f) in die FOURIER-Transformierten von h(t) und g(t) zu zerlegen. Wie in Kapitel 10 gezeigt wird, läßt sich diese Tatsache zur Verkürzung der Rechenzeit der diskreten FOURIER-Transformation vorteilhaft ausnutzen.

3.12 Zusammenfassung der Eigenschaften

Für die weitere Arbeit sind die wichtigsten Eigenschaften der FOURIER-Transformation in der Tabelle 3-2 zusammengefaßt. Diese Beziehungen sind für die nun folgenden Kapitel dieses Buches von besonderer Bedeutung.

Aufgaben

3-1 Gegeben seien

$$h(t) = \begin{cases} A, & |t| < 2 \\ \frac{A}{2}, & t = \pm 2, \\ 0, & |t| > 2 \end{cases}$$

$$x(t) = \begin{cases} -A, & |t| < 1 \\ -\frac{A}{2}, & t = \pm 1 \\ 0, & |t| > 1. \end{cases}$$

Man skizziere h(t), x(t) und h(t) - x(t) und bestimme die FOURIER-Transformierte von h(t) - x(t) unter Benutzung des Transformationspaares (2-21) und der Linearitätseigenschaft der FOURIER-Transformation.

3. Eigenschaften der FOURIER-Transformation

Tabelle 3-2: Eigenschaften der FOURIER-Transformation.

Zeitbereich	Gleichungsnummer	Frequenzbereich
Lineare Addition $x(t) + y(t)$	(3 - 2)	Lineare Addition $X(f) + Y(f)$
Symmetrie $H(t)$	(3 - 6)	Symmetrie $h(-f)$
Zeitskalierung $h(kt)$	(3 - 12)	Reziproke Frequenzskalierung $\frac{1}{|k|} H\left(\frac{f}{k}\right)$
Reziproke Zeitskalierung $\frac{1}{|k|} h\left(\frac{t}{k}\right)$	(3 - 14)	Frequenzskalierung $H(kf)$
Zeitverschiebung $h(t - t_0)$	(3 - 21)	Phasenverschiebung $H(f)e^{-j2\pi f t_0}$
Modulation $h(t)e^{j2\pi t f_0}$	(3 - 23)	Frequenzverschiebung $H(f - f_0)$
Gerade Funktion $h_g(t)$	(3 - 27)	Reelle Funktion $H_g(f) = R_g(f)$
Ungerade Funktion $h_u(t)$	(3 - 30)	Imaginäre Funktion $H_u(f) = jI_u(f)$
Reelle Funktion $h(t) = h_r(t)$	(3 – 43) (3 - 44)	Gerader Realteil, ungerader Imaginärteil $H(f) = R_g(f) + jI_u(f)$
Imaginäre Funktion $h(t) = jh_i(t)$	(3 - 45) (3 - 46)	Ungerader Realteil, gerader Imaginärteil $H(f) = R_u(f) + jI_g(f)$

3-2 Man betrachte die in Bild 3-9 dargestellten Funktionen h(t) und benutze die Linearitätseigenschaft zur Bestimmung ihrer FOURIER-Transformierten.

3-3 Man bestimme die FOURIER-Transformierten folgender Funktionen unter Benutzung der Symmetrieeigenschaft und der Transformationspaare von Bild 2-11.

a. $h(t) = \dfrac{A^2 \sin^2(2\pi T_0 t)}{(\pi t)^2}$

b. $h(t) = \dfrac{\alpha^2}{(\alpha^2 + 4\pi^2 t^2)}$

c. $h(t) = \exp\left(\dfrac{-\pi^2 t^2}{\alpha}\right)$

3-4 Man leite die Eigenschaft der Frequenzskalierung mit Hilfe der Symmetrieeigenschaft aus der Eigenschaft der Zeitskalierung ab.

3.12 Zusammenfassung der Eigenschaften

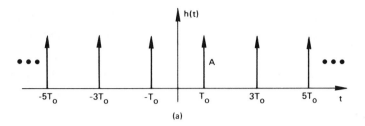

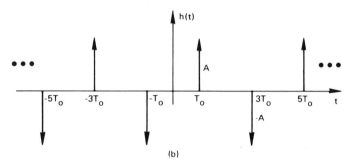

Bild 3-9.

3-5 Gegeben sei

$$h(t) = \begin{cases} A^2 - \dfrac{A^2|t|}{2T_o}, & |t| < 2T_o \\ 0, & |t| > 2T_o . \end{cases}$$

Man skizziere die FOURIER-Transformierte von $h(2t)$, $h(4t)$ und $h(8t)$. (Die FOURIER-Transformierte von $h(t)$ ist in Bild 2-11 dargestellt.)

3-6 Man leite die Eigenschaft der Zeitskalierung für den Fall eines negativen Skalierungsfaktors k ab.

3-7 Man bestimme die FOURIER-Transformierten folgender Funktionen unter Benutzung des Zeitverschiebungs-Theorems:

a. $h(t) = \dfrac{A \sin[2\pi f_o(t-t_o)]}{\pi(t-t_o)}$

b. $h(t) = K\delta(t-t_o)$

c. $h(t) = \begin{cases} A^2 - \dfrac{A^2}{2T_o}|t-t_o|, & |t-t_o| < 2T_o \\ 0, & |t-t_o| > 2T_o . \end{cases}$

3-8 Man beweise das Transformationspaar

$$h(\alpha t - \beta) \circ\!\!-\!\!\bullet \dfrac{1}{|\alpha|} e^{-j2\pi\beta f/\alpha} H(\dfrac{f}{\alpha}).$$

3-9 Man zeige, daß $|H(f)| = |e^{-j2\pi f t_o} H(f)|$ gilt, d.h. der Betrag von $H(f)$ ist zeitverschiebungsunabhängig.

3-10 Man bestimme die inversen Transformierten folgender Funktionen unter Anwendung des Frequenzverschiebungs-Theorems.

a. $H(f) = \dfrac{A \sin[2\pi T_o (f-f_o)]}{\pi(f-f_o)}$

b. $H(f) = \dfrac{\alpha^2}{\alpha^2 + 4\pi^2 (f+f_o)^2}$

c. $H(f) = \dfrac{A^2 \sin^2[2\pi T_o (f-f_o)]}{[\pi(f-f_o)]^2}$.

3-11 Man wiederhole die Herleitung der Gln.(2-9), (2-13), (2-20), (2-25), (2-26) und (2-32). Man beachte, daß die resultierenden mathematischen Operationen für die FOURIER-Transformierte einer geraden Funktion reell sind.

3-12 Man zerlege und skizziere die geraden und ungeraden Komponenten folgender Funktionen:

a. $h(t) = \begin{cases} 1, & 1 < t < 2 \\ 0, & \text{sonst} \end{cases}$

b. $h(t) = \dfrac{1}{2-(t-2)^2}$

c. $h(t) = \begin{cases} -t + 1 & 0 < t \leq 1 \\ 0 & \text{sonst.} \end{cases}$

3-13 Man beweise alle in Tabelle 3-1 aufgeführten Eigenschaften.

3-14 Man zeige, daß $|H(f)|$ für eine reelle Funktion $h(t)$ eine gerade Funktion ist.

3-15 Mit Hilfe einer Variablen-Substitution beweise man die Beziehung

$$\int_{-\infty}^{\infty} x(t)\delta(at - t_o)dt = \dfrac{1}{a} x\left(\dfrac{t_o}{a}\right).$$

3-16 Man beweise folgende Transformationspaare:

a. $\dfrac{dh(t)}{dt} \circ\!\!-\!\!\bullet\ j2\pi f H(f)$

b. $[-j2\pi t]s(t) \circ\!\!-\!\!\bullet\ \dfrac{dH(f)}{df}$.

3-17 Man benutze die Transformationspaare für Ableitung aus Aufgabe 3-16a zur Herleitung der FOURIER-Transformierten eines Rechteckimpulses aus den FOURIER-Transformierten eines Dreieckimpulses.

Literatur

1   BRACEWELL, R., The Fourier Transform and Its Applications.
    New York: McGraw-Hill, 1965.

2   PAPOULIS, A., The Fourier Integral and Its Applications.
    New York: McGraw-Hill, 1962.

4. Faltung und Korrelation

Im letzten Kapitel haben wir die grundlegenden Eigenschaften der FOURIER-Transformation beschrieben. Darüber hinaus aber lassen sich aus der FOURIER-Transformation Beziehungen ableiten, deren Bedeutung die der bereits besprochenen Eigenschaften der FOURIER-Transformation weit übertrifft. Diese Beziehungen sind das Faltungs-Theorem und das Korrelationstheorem, die in diesem Kapitel ausführlich behandelt werden.

4.1 Faltungsintegral

Die Faltung zweier Signale ist ein bedeutendes physikalisches Konzept in vielen verschiedenen wissenschaftlichen Gebieten. Wie bei so manchen wichtigen mathematischen Beziehungen läßt sich jedoch das Faltungsintegral hinsichtlich seiner wirklichen Zusammenhänge nicht so leicht enthüllen. Um dies zu verdeutlichen, betrachten wir die Definition des Faltungsintegrals

$$(4-1) \qquad y(t) = \int_{-\infty}^{\infty} x(\tau) h(t-\tau) d\tau = x(t) * h(t).$$

Die Funktion $y(t)$ wird als Faltungsprodukt der Funktionen $x(t)$ und $h(t)$ bezeichnet. Man beachte, daß es äußerst schwierig ist, sich unmittelbar aus Gl.(4-1) heraus die mathematische Wirkungsweise des Faltungsintegrals vorzustellen. Daher erklären wir im folgenden den eigentlichen Sinn der Faltung auf graphischem Wege.

4.2 Graphische Auswertung des Faltungsintegrals

Gegeben seien zwei in Bildern 4-1a,b dargestellten Zeitfunktionen $x(t)$ und $h(t)$. Zur Auswertung der Gl.(4-1) sind die Funktionen $x(\tau)$ und $h(t-\tau)$ zu bilden. $x(\tau)$ und $h(\tau)$ entstehen aus $x(t)$ und $h(t)$ einfach dadurch, daß man die Variable t durch τ ersetzt. $h(-\tau)$ ist das Spiegelbild bezüglich der Ordinatenachse von $h(\tau)$, und $h(t-\tau)$ entsteht durch eine Verschiebung von $h(-\tau)$ um t. Bild 4-2 zeigt $x(\tau)$, $h(-\tau)$ und $h(t-\tau)$. Zur Auswertung des

4.2 Graphische Auswertung des Faltungsintegrals

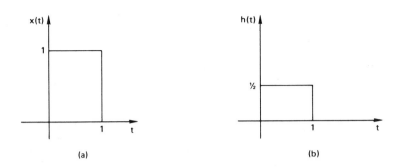

Bild 4-1: Zwei Funktionen für ein Faltungsbeispiel.

Integrals von (4-1) sind die Funktionen $x(\tau)$ (Bild 4-2a) und $h(t-\tau)$ (Bild 4-2c) miteinander zu multiplizieren und das Produkt zu integrieren, und zwar für jeden Wert von t von $-\infty$ bis $+\infty$. Wie aus den Bildern 4-3a,h hervorgeht, ist dieses Produkt für $t= -t_1$ gleich Null. Es bleibt Null, solange t kleiner Null ist. Das Produkt von $x(\tau)$ und $h(t_1-\tau)$ ist eine Funktion von τ, die in den Bildern 4-3c,d,e durch Schraffur gekennzeichnet ist. Das Integral dieser Funktion entspricht der Fläche des schraffierten Bereichs unter der Kurve. Für eine Erhöhung von t auf $2t_1$ und weiter auf $3t_1$ veranschaulichen die Bilder 4-3d,e,h die zu multiplizierenden Funktionen sowie die Integrationsergebnisse. Für $t = 4t_1$ wird das Produkt, wie in den Bildern 4-3f,h gezeigt, wieder Null und bleibt für alle Werte $t > 4t_1$ gleich Null (Bilder 4-3g,h). Bei einer kontinuierlichen Variation von t ergibt sich für das Faltungsprodukt von $x(t)$ und $h(t)$ die in Bild 4-3h dargestellte Dreieckfunktion.

Die beschriebene Prozedur ist ein bequemes graphisches Verfahren zur Auswertung von Faltungsintegralen. Fassen wir die notwendigen Schritte zusammen:

1. *Spiegelung:* Man spiegele $h(\tau)$ an der Ordinatenachse.

2. *Verschiebung:* Man verschiebe $h(-\tau)$ um t.

3. *Multiplikation:* Man multipliziere die verschobene Funktion $h(t-\tau)$ mit $x(\tau)$.

4. *Integration:* Die Fläche unter dem Produkt $h(t-\tau)\,x(\tau)$ ist gleich dem Wert des Faltungsintegrals zum Zeitpunkt t.

4. Faltung und Korrelation

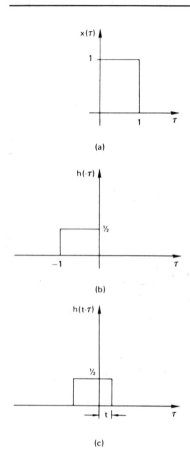

Bild 4-2: Graphische Beschreibung der Spiegelung.

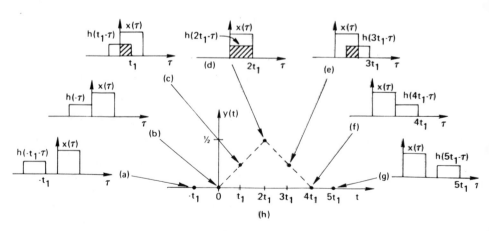

Bild 4-3: Graphisches Beispiel zur Faltung.

4.2 Graphische Auswertung des Faltungsintegrals

Beispiel 4-1

Um die Regeln für die graphische Auswertung des Faltungsintegrals weiter zu verdeutlichen, falte man die in Bilder 4-4a,b angegebenen Funktionen. Zuerst spiegele man $h(\tau)$, wie in Bild 4-4c gezeigt, zur Bildung von $h(-\tau)$. Als nächstes verschiebe man $h(-\tau)$ um t (Bild 4-4d). Man multipliziere dann $h(t-\tau)$ mit $x(\tau)$ (Bild 4-4e), und schließlich integriere man das Produkt zur Bildung des Faltungsprodukts für den Zeitpunkt t=t' (Bild 4-4f).

Das Ergebnis von Bild 4-4f läßt sich auch direkt aus der Gl.(4-1) ermitteln:

$$(4-2) \quad y(t) = \int_{-\infty}^{\infty} x(\tau)h(t-\tau)d\tau = \int_{0}^{t} (1)e^{-(t-\tau)}d\tau$$

$$= e^{-t}\left(e^{\tau}\Big|_{0}^{t}\right) = e^{-t}[e^{t}-1] = 1-e^{-t} .$$

Man beachte, daß sich die Integrationsgrenzen $-\infty$ und $+\infty$ der allgemeinen Faltungsgleichung in Beispiel 4-1 durch 0 und t ersetzen ließen. Es ist daher wünschenswert, eine einfache Regel zu finden, wonach man die jeweiligen Integrationsgrenzen bestimmen kann.

In Beispiel 4-1 liegt die untere Zeitgrenze der nichtverschwindenden Werte von $h(t-\tau) = e^{-(t-\tau)}$ bei $-\infty$ und die untere Zeitgrenze der nichtverschwindenden Werte von $x(\tau)$ bei Null. Für die Integration haben wir die größere der beiden unteren Grenzen als die untere Integrationsgrenze gewählt. Die obere Zeitgrenze der nichtverschwindenden Werte von $h(t-\tau)$ ist t und von $x(\tau)$ ist $+\infty$. Wir haben die kleinere dieser beiden Zeitgrenzen als die obere Integrationsgrenze gewählt

Eine allgemeine Regel zur Bestimmung der Integrationsgrenzen läßt sich wie folgt formulieren:

> Für zwei Funktionen mit L_1 und L_2 als den unteren Grenzen der nichtverschwindenden Werte und U_1 und U_2 als den oberen Grenzen nichtverschwindenden Werte wähle man $\max\{L_1,L_2\}$ als untere und $\min\{U_1,U_2\}$ als obere Integrationsgrenze.

Es sei betont, daß die untere und obere Grenze der nichtverschwindenden Werte der festen Funktion $x(\tau)$ unverändert bleiben, wobei sich die Grenzen für die gleitende Funktion $h(t-\tau)$ mit t ändern. Daher ist es möglich, daß sich für verschiedene Bereiche von t unterschiedliche Integrationsgrenzen ergeben. Eine Skizze wie Bild 4-4 ist daher eine äußerst wertvolle Hilfe zur Bestimmung der korrekten Integrationsgrenzen.

4. Faltung und Korrelation

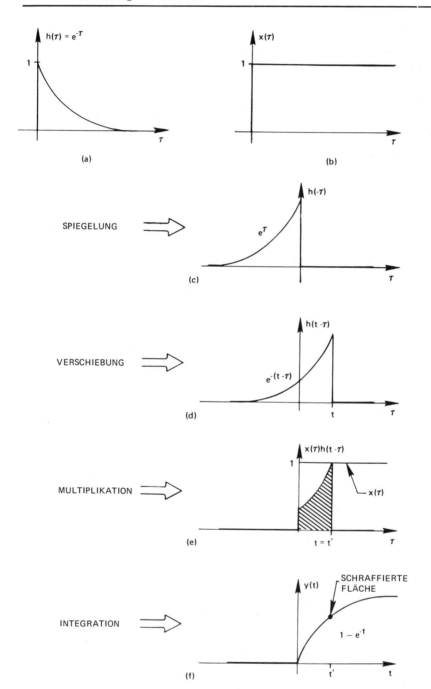

Bild 4-4: Teiloperationen der Faltung: Spiegelung, Verschiebung, Multiplikation und Integration.

4.3 Alternative Form des Faltungsintegrals

Die obige graphische Darstellung ist nur eine Interpretationsmöglichkeit der Faltung. Zu Gl.(4-1) läßt sich folgende äquivalente Beziehung angeben:

(4-3) $\quad y(t) = \int_{-\infty}^{\infty} h(\tau)x(t-\tau)d\tau$.

Dies bedeutet, daß man alternativ $h(\tau)$ oder $x(\tau)$ spiegeln und verschieben kann. Um auf graphischem Wege zu erkennen, daß die beiden Beziehungen (4-1) und (4-3) äquivalent sind, betrachte man die in Bild 4-5a dargestellten Funktionen. Das Faltungsprodukt dieser Funktionen ist zu bilden. Die Bilder auf der linken Seite von Bild 4-5 veranschaulichen die Auswertung der Gl.(4-1) und die Bilder auf der rechten Seite die Auswertung der Gl.(4-3). Die Bilder 4-5b,c,d,e zeigen der Reihe nach die früher angegebenen Schritte der 1) Faltung, 2) Verschiebung, 3) Multiplikation und 4) Integration. Wie in Bild 4-5e verdeutlicht, führt die Faltung von $x(\tau)$ mit $h(\tau)$ zum selben Ergebnis, unabhängig davon, welche der beiden Funktionen zur Spiegelung und Verschiebung gewählt wird.

Beispiel 4-2
Gegeben seien

(4-4) $\quad h(t) = e^{-t}, \quad t \geq 0$
$\qquad\qquad\quad = 0 \quad ; \quad t < 0$

und

(4-5) $\quad x(t) = \sin(t), \quad 0 \leq t \leq \frac{\pi}{2}$
$\qquad\qquad\quad = 0 \quad , \quad \text{sonst.}$

Man bilde $h(t)*x(t)$ nach den Gln.(4-1) und (4-3).

Aus (4-1) folgt

(4-6) $\quad y(t) = \int_{-\infty}^{\infty} x(\tau)h(t-\tau)d\tau$,

$$y(t) = \begin{cases} \int_0^t \sin(\tau)e^{-(t-\tau)}d\tau, & 0 \leq t \leq \frac{\pi}{2} \\ \int_0^{\pi/2} \sin(\tau)e^{-(t-\tau)}d\tau, & t \geq \frac{\pi}{2} \\ 0, & t \leq 0. \end{cases}$$

4. Faltung und Korrelation

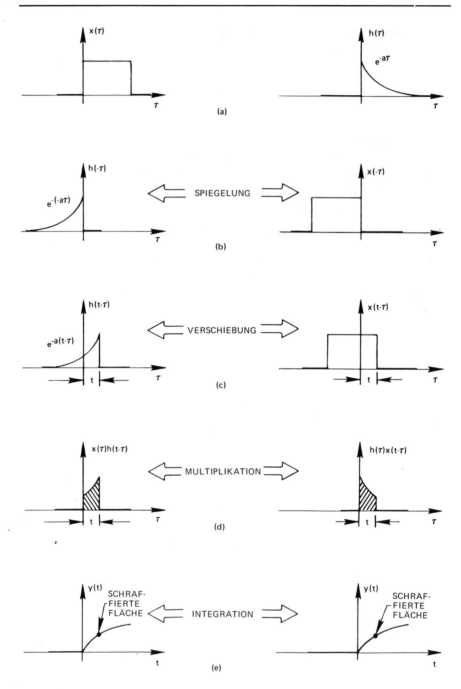

Bild 4-5: Graphisches Beispiel zur Faltung nach den Gln.(4-1) und (4-3).

Die Integrationsgrenzen lassen sich ohne Schwierigkeiten nach der bereits früher beschriebenen Regel bestimmen. Die obere und untere Grenze der nichtverschwindenden Werte von $x(\tau)$ sind 0 und $\pi/2$. Für die Funktion $h(t-\tau) = e^{-(t-\tau)}$ ist $-\infty$ die entsprechende untere Grenze und t die entsprechende obere Grenze. Für die untere Integrationsgrenze wählen wir die größere der beiden unteren Grenzen, i.e. 0. Die obere Integrationsgrenze ist eine Funktion von t. Für $0 \leq t \leq \pi/2$ ist t die kleinere der beiden oberen Grenzen und bildet daher die obere Integrationsgrenze. Für $t \geq \pi/2$ ist $\pi/2$ die kleinere der oberen Grenzen und folglich ist $\pi/2$ für diesen Zeitbereich die obere Integrationsgrenze. Eine graphische Skizze der Faltungsoperation würde ebenfalls die gleichen Integrationsgrenzen ergeben. Nach Auswertung der Gl.(4-6) erhalten wir

$$(4-7) \quad y(t) = \begin{cases} 0 & , t \leq 0 \\ \frac{1}{2}(\sin(t) - \cos(t) + e^{-t}), & 0 < t \leq \frac{\pi}{2} \\ \frac{e^{-t}}{2}(1 + e^{\pi/2}) & , t \geq \frac{\pi}{2} . \end{cases}$$

In ähnlicher Weise erhalten wir aus der Gl.(4-3)

$$(4-8) \quad y(t) = \int_{-\infty}^{\infty} h(\tau) x(t-\tau) d\tau,$$

$$y(t) = \begin{cases} \int_{0}^{t} e^{-\tau} \sin(t-\tau) d\tau, & 0 < t < \frac{\pi}{2} \\ \int_{t-\pi/2}^{t} e^{-\tau} \sin(t-\tau) d\tau, & t \geq \frac{\pi}{2} \\ 0 & , t < 0 . \end{cases}$$

Obwohl die Gln.(4-8) sich von den Gln.(4-6) unterscheiden, führt ihre Auswertung zum gleichen Ergebnis (4-7).

4.4 Faltung mit Deltafunktionen

Der einfachste Typ des Faltungsintegrals ist derjenige, bei dem entweder x(t) oder h(t) eine Deltafunktion ist. Zur Erläuterung setzen wir in Gl.(4-1) für h(t) die in Bild 4-6a dargestellte singuläre Funktion und für x(t) den Rechteckimpuls von Bild 4-6b ein. Damit erhalten wir für Gl.(4-1)

$$(4-9) \quad y(t) = \int_{-\infty}^{\infty} [\delta(\tau-T) + \delta(\tau+T)] x(t-\tau) d\tau.$$

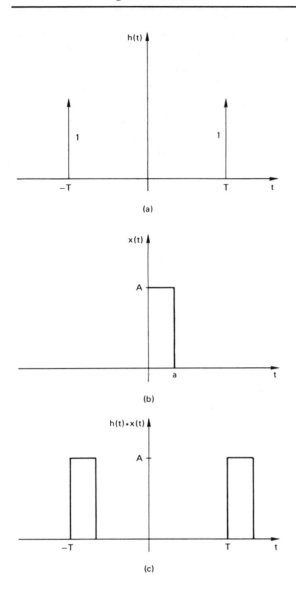

Bild 4-6: Zur Veranschaulichung der Faltung mit Deltafunktionen.

Man erinnere sich an Gl.(2-28), wonach gilt

$$\int_{-\infty}^{\infty} \delta(\tau-T)x(\tau)d\tau = x(T).$$

Damit ergibt sich aus Gl.(4-9)

(4-10) $\quad y(t) = x(t-T) + x(t+T).$

4.4 Faltung mit Deltafunktionen

Bild 4-6c zeigt y(t). Man beachte, daß sich das Faltungsprodukt der Funktion x(t) mit einer Deltafunktion bilden läßt, indem man die Funktion x(t) einfach an der Stelle der Deltafunktion rekonstruiert. Wie wir in folgenden Diskussionen feststellen werden, ist die anschauliche Vorstellung der Faltung mit Deltafunktionen von besonderer Bedeutung.

Beispiel 4-3
Man wähle für h(t) die in Bild 4-7a dargestellte Folge von Deltafunktionen. Das Faltungsprodukt von h(t) mit dem Rechteckimpuls von Bild 4-7b erhalten wir, indem wir den Rechteckimpuls einfach an den Stellen aller Deltafunktionen rekonstruieren. Bild 4-7c zeigt das Ergebnis.

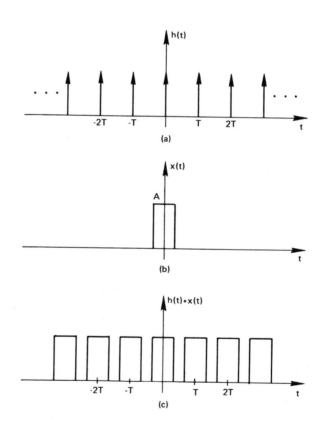

Bild 4-7: Faltung mit einer Deltafunktionsfolge.

4.5   Faltungstheorem

Die Beziehung zwischen dem Faltungsintegral (Gl.(4-1)) und ihrer FOURIER-Transformierten ist wahrscheinlich das wichtigste und leistungsfähigste Instrument der modernen Analysis. Dieser Zusammenhang, als Faltungstheorem bekannt, ermöglicht die freie Wahl, eine Faltung mathematisch (oder graphisch) im Zeitbereich oder durch eine einfache Multiplikation im Frequenzbereich auszuführen. Wenn nämlich H(f) die FOURIER-Transformierte von h(t) und X(f) die FOURIER-Transformierte von x(t) sind, dann ist H(f)X(f) die FOURIER-Transformierte von h(t)*x(t). Das Faltungstheorem läßt sich somit durch das Transformationspaar

(4-11) $h(t) * x(t) \;\circ\!\!-\!\!\bullet\; H(f)X(f)$

zum Ausdruck bringen. Um dieses Theorem zu beweisen, wenden wir die FOURIER-Transformation auf beide Seiten der Gl.(4-1)

(4-12) $\int_{-\infty}^{\infty} y(t) e^{-j2\pi ft} dt = \int_{-\infty}^{\infty} \left[\int_{-\infty}^{\infty} x(\tau) h(t-\tau) d\tau \right] e^{-j2\pi ft} dt$

an. Mit der Annahme, daß die Reihenfolge der Integrale vertauscht werden kann, ist diese Beziehung äquivalent zu

(4-13) $Y(f) = \int_{-\infty}^{\infty} x(\tau) \left[\int_{-\infty}^{\infty} h(t-\tau) e^{-j2\pi ft} dt \right] d\tau .$

Mit der Substitution $\sigma = t-\tau$ folgt für den Term in eckigen Klammern

(4-14) $\int_{-\infty}^{\infty} h(\sigma) e^{-j2\pi f(\sigma+\tau)} d\sigma = e^{-j2\pi f\tau} \int_{-\infty}^{\infty} h(\sigma) e^{-j2\pi f\sigma} d\sigma$
$= e^{-j2\pi f\tau} H(f) .$

Für Gl.(4-13) erhält man somit

(4-15) $Y(f) = \int_{-\infty}^{\infty} x(\tau) e^{-j2\pi f\tau} H(f) d\tau = H(f) X(f) .$

Der Beweis für die Umkehrung des Theorems erfolgt in ähnlicher Weise.

Beispiel 4-4
Zur Veranschaulichung der Anwendung des Faltungstheorems betrachte man die Faltung zweier in den Bildern 4-8a,b dargestellten Rechteckimpulse. Wie wir bereits gesehen haben, ergibt die Faltung zweier Rechteckimpulse, wie in Bild 4-8e gezeigt, einen Dreieckimpuls. Man sei erinnert an das Transformationspaar (2-21), wonach die FOURIER-Transformierte eines Rechteckimpulses, wie in den Bildern 4-8c,d gezeigt, eine sin(f)/f-Funktion ist. Das Fal-

4.5 Faltungstheorem

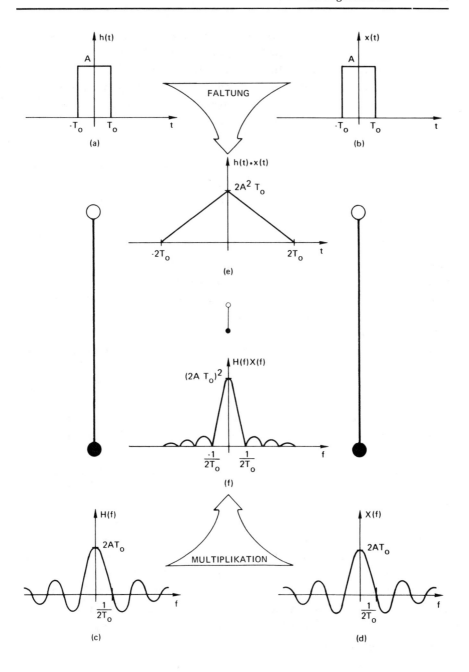

Bild 4-8: Graphisches Beispiel zum Faltungstheorem.

tungstheorem besagt, daß eine Faltung im Zeitbereich einer Multiplikation im Frequenzbereich entspricht; demzufolge bilden der Dreieckimpuls von Bild 4-8e und die $\sin^2(f)/f^2$-Funktion von Bild 4-8f ein Transformationspaar. In ähnlicher Weise können wir das Faltungstheorem als ein bequemes Mittel zur Herleitung weiterer Transformationspaare benutzen.

Beispiel 4-5
Einer der wichtigsten Beiträge der Distributionstheorie ist die Erkenntnis, daß das Produkt einer stetigen Funktion mit einer Deltafunktion wohl definiert ist (Anhang A); wenn h(t) bei $t=t_o$ stetig ist, gilt demnach

(4-16) $\quad h(t)\delta(t-t_o) = h(t_o)\delta(t-t_o)$.

Dieses Ergebnis zusammen mit dem Faltungstheorem kann die mühsame Herleitung vieler Transormationspaare ersparen. Zur Erläuterung betrachte man die beiden in Bilder 4-9a,b gezeigten Funktionen x(t) und h(t). Wie bereits beschrieben, besteht das Faltungsprodukt dieser beiden Funktionen aus der in Bild 4-9e dargestellten unendlichen Impulsfolge. Die FOURIER-Transformierte dieser unendlichen Impulsfolge sei zu bestimmen. Hierzu benützen wir einfach das Faltungstheorem; die FOURIER-Transformierte von h(t) ist nach dem Transformationspaar (2-40), wie in Bild 4-9c gezeigt, eine Deltafunktionsfolge und die FOURIER-Transformierte des Rechteckimpulses die in Bild 4-9d dargestellte sin(f)/f-Funktion. Die Multiplikation dieser beiden Frequenzfunktionen ergibt die gesuchte FOURIER-Transformierte. Wie aus Bild 4-9f hervorgeht, besteht die FOURIER-Transformierte einer Rechteckimpulsfolge aus einer Folge von Deltafunktionen, die mit einer sin(f)/f-Funktion bewertet sind. Dies ist eine wohlbekannte Tatsache aus dem Gebiet der Radar-Systeme. Es sei betont, daß die Multiplikation der beiden Frequenzfunktionen im Sinne der Distributionstheorie interpretiert werden muß; andernfalls ist das Produkt sinnlos. Es ist leicht einzusehen, daß durch den Übergang aus einer Faltung im Zeitbereich zu einer Multiplikation im Frequenzbereich die Lösung vieler komplizierter Probleme wesentlich einfacher wird.

4.5 Faltungstheorem

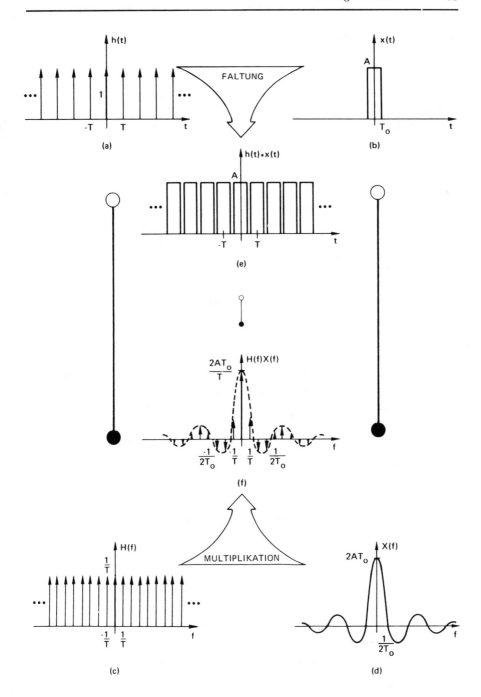

Bild 4-9: Anwendungsbeispiel zum Faltungstheorem.

4.6 Faltung im Frequenzbereich

In analoger Weise können wir unter Anwendung des Faltungstheorems für den Frequenzbereich von einer Faltung im Frequenzbereich ausgehen und zu einer Multiplikation im Zeitbereich gelangen; die FOURIER-Transformierte von h(t)x(t) ist nämlich gleich dem Faltungsprodukt H(f)*X(f). Das Frequenzbereichs-Faltungstheorem lautet

(4-17) $h(t)x(t)$ ○——● $H(f)*X(f)$.

Der Beweis für dieses Transformationspaar folgt in einfacher Weise durch Einsatz des Transformationspaars (4-11) in die Symmetriebeziehung der FOURIER-Transformation (3-6).

Beispiel 4-6
Zur Erläuterung des Frequenzbereichs-Faltungstheorem betrachte man die Cosinusfunktion von Bild 4-10a und den Rechteckimpuls von Bild 4-10b. Gesucht sei die FOURIER-Transformierte des Produkts der beiden Funktionen (Bild 4-10e). Die FOURIER-Transformierten der Cosinusfunktion und des Rechteckimpulses sind in Bilder 4-10c,d dargestellt. Die Faltung dieser beiden Frequenzfunktionen ergibt die in Bild 4-10f gezeigte Funktion. Bilder 4-10e,f bilden somit ein Transformationspaar. Dies ist das wohlbekannte Transformationspaar eines einzelnen frequenzmodulierten Impulses.

4.7 Beweis des PARSEVALschen Theorems

Da das Faltungstheorem oft die Lösung vieler schwieriger Probleme vereinfacht, ist es angebracht, die Diskussion mit einer Anwendung des Theorems zum Beweis des PARSEVALschen Theorems zusammenfassend abzuschließen. Man betrachte die Funktion y(t)=h(t) h(t). Nach dem Faltungstheorem ist die FOURIER-Transformierte dieser Funktion H(f)*H(f); i.e.:

(4-18) $\int_{-\infty}^{\infty} h^2(t) e^{-j2\pi\sigma t} dt = \int_{-\infty}^{\infty} H(f) H(\sigma-f) df$.

Nach dem Einsatz σ = 0 in den obigen Ausdruck erhalten wir

(4-19) $\int_{-\infty}^{\infty} h^2(t) dt = \int_{-\infty}^{\infty} H(f) H(-f) df = \int_{-\infty}^{\infty} |H(f)|^2 df$.

4.7 Beweis des PARSEVALschen Theorems

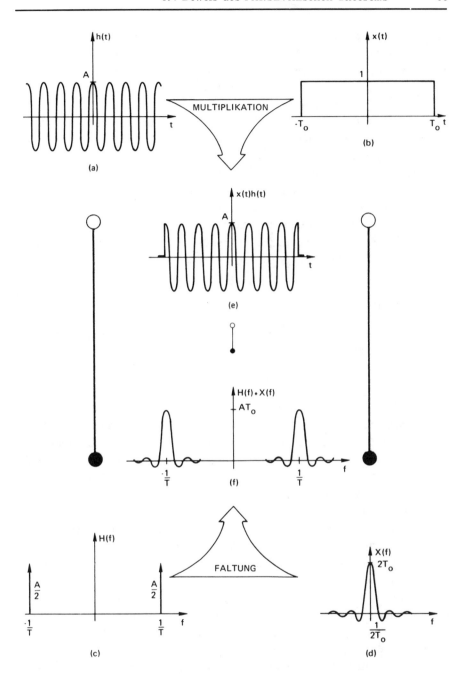

Bild 4-10: Graphisches Beispiel zum Frequenzbereichs-Faltungstheorem.

Die letzte Gleichung gilt wegen $H(f) = R(f) + jI(f)$ und $H(-f) = R(-f) + jI(-f)$. Nach Gln. (3-43) und (3-44) ist $R(f)$ gerade und $I(f)$ ungerade. Folglich gilt $R(-f) = R(f)$, $I(-f) = -I(f)$ und $H(-f) = R(f) - jI(f)$. Das Produkt $H(f)H(-f)$ ist gleich $R^2(f) + I^2(f)$, also gleich dem Quadrat des FOURIER-Spektrums $|H(f)|$, wie es in Gl. (2-2) definiert ist. Gl. (4-19) bringt das PARSEVALsche Theorem zum Ausdruck; es besagt, daß die Energie eines Signals $h(t)$, errechnet im Zeitbereich, der Energie von $H(f)$, errechnet im Frequenzbereich, gleich ist. Man sieht, daß das Faltungstheorem uns erlaubt, eine so wichtige Aussage in einer relativ einfachen Weise zu beweisen. Das Faltungstheorem ist für die verschiedenen Aspekte der FOURIER-Analyse fundamental und, wie wir noch sehen werden, von besonderer Bedeutung für die Anwendung der schnellen FOURIER-Transformation (FFT).

4.8 Korrelation

Eine weitere sowohl für theoretische als auch für praktische Anwendungen besonders wichtige Integralgleichung ist das Korrelationsintegral

$$(4-20) \quad z(t) = \int_{-\infty}^{\infty} x(\tau)h(t+\tau)d\tau.$$

Ein Vergleich dieses Ausdrucks mit dem Faltungsintegral (4-1) zeigt, daß diese beiden Ausdrücke eng miteinander in Zusammenhang stehen. Die Natur dieses Zusammenhangs läßt sich am besten anhand der Darstellungen in Bild 4-11 erklären. Bild 4-11a zeigt zwei Funktionen, die sowohl miteinander zu *falten* als auch miteinander zu *korrelieren* sind. Die Bilder auf der linken Seite zeigen den Prozess der Faltung, wie wir ihn bereits im letzten Abschnitt kennengelernt haben, und die Bilder auf der rechten Seite stellen den Prozess der Korrelation dar. Wie aus Bild 4-11b hervorgeht, besteht der Unterschied der beiden Integrale darin, daß bei der Korrelation keine Spiegelung einer der beiden Integranden notwendig ist. Die früher angegebenen Regeln der Verschiebung, Multiplikation und Integration bleiben für Faltung und Korrelation identisch. Für den speziellen Fall, daß einer der beiden Integranden, $x(t)$ oder $h(t)$ eine gerade Funktion ist, sind Faltung und Korrelation äquivalent; dies gilt, weil eine gerade Funktion ihrem Spiegelbild identisch ist und sich daher der Schritt "Spiegelung" bei der Auswertung der Faltung erübrigt.

4.8 Korrelation

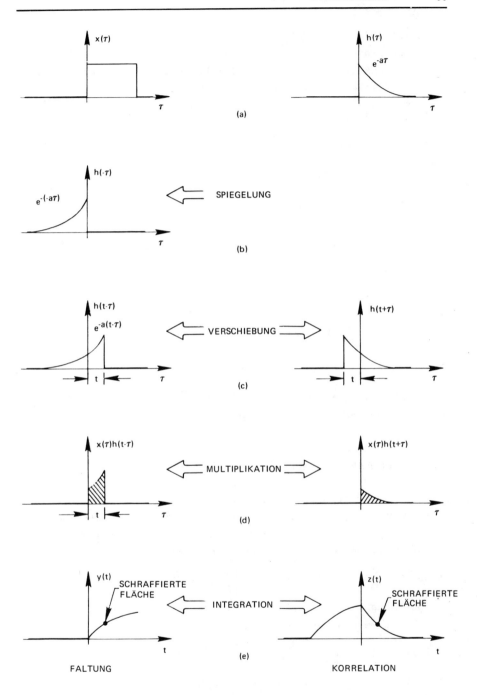

Bild 4-11: Graphischer Vergleich von Faltung und Korrelation.

Beispiel 4-7

Man korreliere graphisch und analytisch die in Bild 4-12a gezeigten Funktionen. Den Regeln für Korrelation folgend und wie in Bilder 4-12b,c,d dargestellt, verschieben wir $h(\tau)$ um t, multiplizieren das Ergebnis mit $x(\tau)$ und integrieren schließlich das Produkt $x(\tau)\,h(t+\tau)$.

Aus Gl.(4-20) erhalten wir für positive Verschiebungen $t > 0$

$$(4-21) \quad z(t) = \int_{-\infty}^{\infty} x(\tau)h(t+\tau)d\tau$$

$$= \int_{0}^{a-t} (1)\frac{Q}{a}\tau\, d\tau$$

$$= \frac{Q}{2a}\tau^2 \Big|_{0}^{a-t} = \frac{Q}{2a}(a-t)^2 \qquad 0 \le t \le a \;.$$

Für negative Verschiebungen - die Integrationsgrenzen entnehme man aus Bild 4-12c - ergibt sich

$$(4-22) \quad z(t) = \int_{t}^{a} (1)\frac{Q}{a}\tau\, d\tau$$

$$= \frac{Q}{2a}(a^2 - t^2) \qquad -a \le t \le 0 \;.$$

Zur Bestimmung der Grenzen des Korrelationsintegrals läßt sich eine allgemeine Regel herleiten (cf. Aufgabe 4-15).

4.9 Korrelationstheorem

Man erinnere sich daran, daß das Paar Faltung-Multiplikation ein Transformationspaar bildet. Ein ähnlicher Satz läßt sich bezüglich der Korrelation formulieren. Zur Herleitung dieser Beziehung wenden wir zunächst die FOURIER-Transformation auf Gl.(4-20)

$$(4-23) \quad \int_{-\infty}^{\infty} z(t)e^{-j2\pi ft}dt = \int_{-\infty}^{\infty}\left[\int_{-\infty}^{\infty} x(\tau)h(t+\tau)d\tau\right]e^{-j2\pi ft}dt$$

an. Der Annahme zufolge, daß die Reihenfolge der Integrationen vertauscht werden kann, erhalten wir

$$(4-24) \quad Z(f) = \int_{-\infty}^{\infty} x(\tau)\left[\int_{-\infty}^{\infty} h(t+\tau)e^{-j2\pi ft}dt\right]d\tau \;.$$

Wir setzen $\sigma = t + \tau$ und schreiben den Term in Klammern um:

$$(4-25) \quad \int_{-\infty}^{\infty} h(\sigma)e^{-j2\pi f(\sigma-\tau)}d\sigma = e^{j2\pi f\tau}\int_{-\infty}^{\infty} h(\sigma)e^{-j2\pi f\sigma}d\sigma$$

$$= e^{j2\pi f\tau}H(f) \;.$$

4.9 Korrelationstheorem

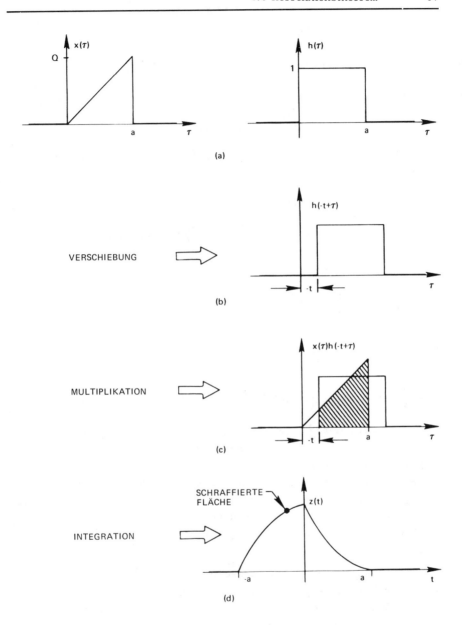

Bild 4-12: Teiloperationen der Korrelation: Verschiebung, Multiplikation und Integration.

Damit erhalten wir für Gl.(4-24)

(4-26) $\quad Z(f) = \int_{-\infty}^{\infty} x(\tau)e^{j2\pi f\tau}H(f)d\tau$

$\quad\quad\quad\quad = H(f)\left[\int_{-\infty}^{\infty} x(\tau)\cos(2\pi f\tau)d\tau + j\int_{-\infty}^{\infty} x(\tau)\sin(2\pi f\tau)d\tau\right]$

$\quad\quad\quad\quad = H(f)[R(f) + jI(f)].$

Die FOURIER-Transformierte von $x(\tau)$ ist andererseits gegeben durch

(4-27) $\quad X(f) = \int_{-\infty}^{\infty} x(\tau)e^{-j2\pi f\tau}d\tau$

$\quad\quad\quad\quad = \int_{-\infty}^{\infty} x(\tau)\cos(2\pi f\tau)d\tau - j\int_{-\infty}^{\infty} x(\tau)\sin(2\pi f\tau)d\tau$

$\quad\quad\quad\quad = R(f) - jI(f).$

Der Term in Klammern aus Gl.(4-26) und der Ausdruck auf der rechten Seite der Gl.(4-27) sind zueinander konjugiert komplex (definiert in Gl.(3-25)). Gl.(4-26) läßt sich umschreiben als

(4-28) $\quad Z(f) = H(f)X^*(f),$

und das FOURIER-Transformationspaar der Korrelation lautet:

(4-29) $\quad \int_{-\infty}^{\infty} x(\tau)h(t+\tau)d\tau \quad \circ\!\!-\!\!\!-\!\!\bullet \quad H(f)X^*(f).$

Wenn $x(t)$ eine gerade Funktion ist, ist $X(f)$ rein reell und es gilt: $X(f) = X^*(f)$. In diesem Fall ist die FOURIER-Transformierte des Korrelationsintegrals gleich $H(f) X(f)$, also der FOURIER-Transformierten des Faltungsintegrals identisch. Die angegebene Bedingung für die Identität der beiden Integrale ist einfach die äquivalente Frequenzbereichs-Bedingung zu der bereits früher angegebenen Zeitbereichs-Bedingung für die Identität der beiden Integrale.

Sind $x(t)$ und $h(t)$ eine und dieselbe Funktion, so wird Gl.(4-20) üblicherweise als *Autokorrelation* bezeichnet; wenn $x(t)$ und $h(t)$ verschiedene Funktionen darstellen, wird hierfür normalerweise der Begriff *Kreuzkorrelation* gebraucht.

Beispiel 4-8

Man bestimme die Autokorrelationsfunktion des Signals

(4-30) $\quad h(t) = e^{-at}, \quad t > 0$

$\quad\quad\quad\quad\, = 0 \quad , \quad t < 0.$

Aus Gl.(4-20) folgt unmittelbar

(4-31) $\quad z(t) = \int_{-\infty}^{\infty} h(\tau)h(t+\tau)d\tau$

$\qquad = \int_{0}^{\infty} e^{-a\tau}e^{-a(t+\tau)}d\tau, \quad t > 0$

$\qquad = \int_{t}^{\infty} e^{-a\tau}e^{-a(t+\tau)}d\tau, \quad t < 0$

$\qquad = \dfrac{e^{-a|t|}}{2a}, \quad -\infty < t < \infty .$

Aufgaben

4-1 Man beweise folgende Eigenschaften der Faltung:

    a) Die Faltung ist kommutativ: $h(t)*x(t) = x(t)*h(t)$.

    b) Die Faltung ist assoziativ: $h(t)*[g(t)*x(t)] = [h(t)*g(t)]*x(t)$.

    c) Die Faltung ist distributiv bezüglich der Addition: $h(t)*[g(t)+x(t)] = h(t)*g(t) + h(t)*x(t)$.

4-2 Man berechne $h(t)*g(t)$ mit

    a. $h(t) = e^{-at}, \quad t \geq 0$
$\qquad\quad = 0, \quad t < 0$
$\qquad g(t) = e^{-bt}, \quad t > 0$
$\qquad\quad = 0, \quad t < 0$

    b. $h(t) = te^{-t}, \quad t \geq 0$
$\qquad\quad = 0, \quad t < 0$
$\qquad g(t) = e^{-t}, \quad t > 0$
$\qquad\quad = 0, \quad t < 0$

    c. $h(t) = te^{-t}, \quad t \geq 0$
$\qquad\quad = 0, \quad t < 0$
$\qquad g(t) = e^{t}, \quad t < -1$
$\qquad\quad = 0, \quad t > -1$

    d. $h(t) = 2e^{3t}, \quad t > 1$
$\qquad\quad = 0, \quad t < 0$
$\qquad g(t) = 2e^{t}, \quad t < 0$
$\qquad\quad = 0, \quad t > 0$

    e. $h(t) = \sin(2\pi t), \quad 0 \leq t \leq \tfrac{1}{2}$
$\qquad\quad = 0, \quad \text{sonst}$
$\qquad g(t) = 1, \quad 0 < t < \tfrac{1}{8}$
$\qquad\quad = 0, \quad t < 0, t > \tfrac{1}{8}$

    f. $h(t) = 1-t, \quad 0 < t < 1$
$\qquad\quad = 0, \quad t < 0, t > 1$

g. $h(t) = (a-|t|)^3$, $\quad -a \leq t \leq a$
$ = 0 \quad , \quad$ sonst
$g(t) = h(t)$

h. $h(t) = e^{-at}$, $\quad t > 0$
$ = 0 \quad , \quad t < 0$
$g(t) = 1-t$, $\quad 0 < t < 1$
$ = 0 \quad , \quad t < 0, t > 1$

4-3 Man skizziere das Faltungsprodukt der in Bild 4-13 angegebenen Funktionen x(t) und h(t).

4-4 Man skizziere das Faltungsprodukt der zwei ungeraden Funktionen x(t) und h(t) aus Bild 4-14 und zeige, daß das Faltungsprodukt zweier ungerader Funktionen eine gerade Funktion ergibt.

4-5 Man benutze das Faltungstheorem zur graphischen Bestimmung der FOURIER-Transformierten der Funktionen von Bild 4-15.

4-6 Man berechne die FOURIER-Transformierte von $e^{-\alpha t^2} * e^{-\beta t^2}$ (Hinweis: Man benutze das Faltungstheorem).

4-7 Man benutze das Frequenzbereichs-Faltungstheorem zur graphischen Bestimmung des Faltungsproduktes der Funktionen x(t) und h(t) von Bild 4-16.

4-8 Man bestimme graphisch das Korrelationsprodukt der Funktionen x(t) und h(t) von Bild 4-13.

4-9 Gegeben sei eine zeitbegrenzte Funktion h(t), die außerhalb
$$\frac{-T_o}{2} \leq t \leq \frac{T_o}{2}$$
identisch Null ist.
Man zeige, daß h(t)*h(t) außerhalb des Bereichs $-T_o \leq t \leq T_o$ identisch Null ist, d.h. h(t)*h(t) hat die doppelte "Breite" wie h(t).

4-10 Man zeige, daß aus h(t) = f(t)*g(t) folgt
$$\frac{dh(t)}{dt} = \frac{df(t)}{dt} * g(t) = f(t) * \frac{dg(t)}{dt}$$

4-11 Wie läßt sich $[x(t)]*^{3/2}$ auswerten, wenn $[x(t)]*^3$ den Ausdruck x(t)*x(t)*x(t) bedeutet?

4-12 Mit Hilfe des Frequenzbereichs-Faltungstheorems bestimme man graphisch die FOURIER-Transformierte des in Bild 4-17a gezeigten halbweggleichgerichteten Signals. Mit Hilfe dieses

4.9 Korrelationstheorem

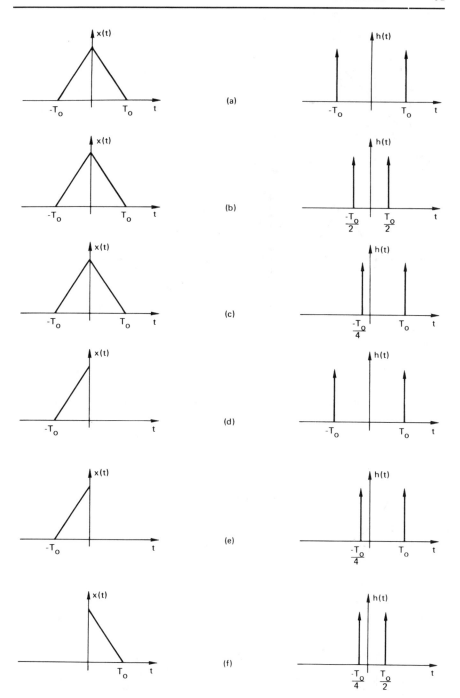

Bild 4-13.

92   4. Faltung und Korrelation

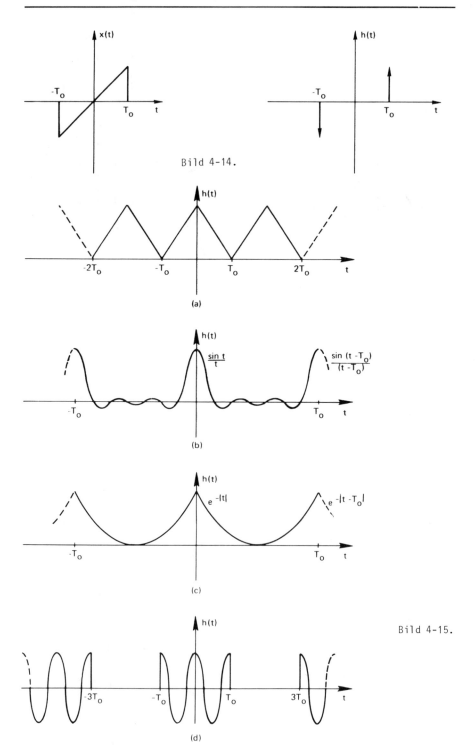

Bild 4-14.

(a)

(b)

(c)

(d)

Bild 4-15.

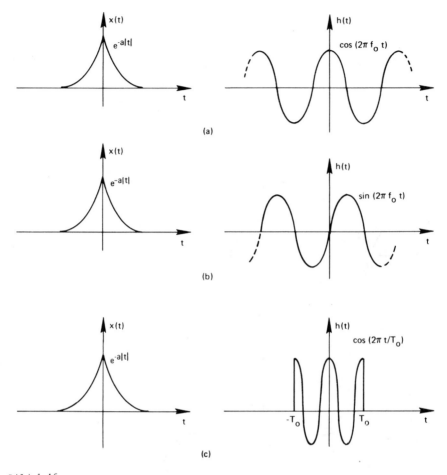

Bild 4-16.

Ergebnisses und unter Benutzung des Verschiebungstheorems bestimme man die FOURIER-Transformierte des vollweggleichgerichteten Signals von 4-17b.

4-13 Man bestimme die FOURIER-Transformierten folgender Funktionen auf graphischem Wege.

a. $h(t) = A \cos^2(2\pi f_o t)$
b. $h(t) = A \sin^2(2\pi f_o t)$
c. $h(t) = A \cos^2(2\pi f_o t) + A \cos^2(\pi f_o t)$

4-14 Man bestimme graphisch die inversen Transformierten folgender Frequenzfunktionen

a. $\left[\dfrac{\sin(2\pi f)}{(2\pi f)}\right]^2$

b. $\dfrac{1}{(1+j2\pi f)^2}$

c. $e^{-|2\pi f|}$

d. $1 - e^{-|f|}$

4-15 Man leite die Regeln zur Bestimmung der Integrationsgrenzen des Korrelationsintegrals ab.

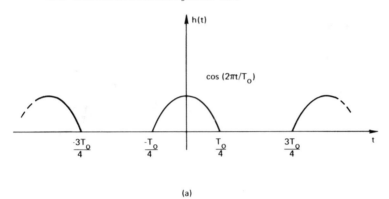

(a)

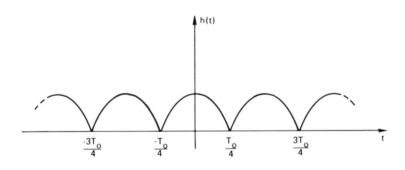

Bild 4-17.   (b)

Literatur

[1] BRACEWELL, R., The Fourier Transform and Its Applications. New York: McGraw-Hill, 1956.

[2] GUPTA, S., Transform and State Variable Methods in Linear Systems. New York: Wiley, 1966.

[3] HEALY, T.J., "Convolution Revisited," IEEE Spectrum (April 1969), Vol. 6, No. 4, pp. 87-93.

[4] PAPOULIS, A., The Fourier Integral and Its Applications. New York: McGraw-Hill, 1962.

5. FOURIER-Reihe und Abtastsignale

In der technischen Literatur wird die FOURIER-Reihe normalerweise unabhängig vom FOURIER-Integral behandelt. Mit Hilfe der Distributionstheorie läßt sich jedoch die FOURIER-Reihe theoretisch als Spezialfall des FOURIER-Integrals herleiten. Der Herleitungsweg über die Distributionstheorie ist insofern bedeutsam, daß er auch für die Betrachtung der diskreten FOURIER-Transformation als Spezialfall des FOURIER-Integrals eine fundamentale Rolle spielt. Allerdings ebenso fundamental für das Verstehen der diskreten FOURIER-Transformation ist die FOURIER-Transformation von Abtastsignalen. In diesem Kapitel diskutieren wir die Beziehung der FOURIER-Reihe zum FOURIER-Integral sowie die FOURIER-Transformation von Abtastsignalen; damit bereiten wir den notwendigen Rahmen für die Herleitung der diskreten FOURIER-Transformation in Kap.6 vor.

5.1 FOURIER-Reihe

Eine periodische Funktion $y(t)$ der Periode T_o läßt sich wie folgt als FOURIER-Reihe darstellen:

$$(5-1) \qquad y(t) = \frac{a_o}{2} + \sum_{n=1}^{\infty} [a_n \cos(2\pi n f_o t) + b_n \sin(2\pi n f_o t)],$$

wobei $f_o = 1/T_o$ die Grundfrequenz von $y(t)$ ist. Die Amplituden der Sinus- und Cosinusfunktionen bzw. die Koeffizienten der Reihe sind gegeben durch die Integrale

$$(5-2) \qquad a_n = \frac{2}{T_o} \int_{-T_o/2}^{T_o/2} y(t) \cos(2\pi n f_o t) dt, \qquad n = 0,1,2,3,\ldots$$

$$(5-3) \qquad b_n = \frac{2}{T_o} \int_{-T_o/2}^{T_o/2} y(t) \sin(2\pi n f_o t) dt, \qquad n = 1,2,3,\ldots \;.$$

Unter Anwendung der Identitäten

$$(5-4) \qquad \cos(2\pi n f_o t) = \frac{1}{2}(e^{j2\pi n f_o t} + e^{-j2\pi n f_o t})$$

und

(5-5) $\sin(2\pi n f_o t) = \frac{1}{2j}(e^{j2\pi n f_o t} - e^{-j2\pi n f_o t})$

schreiben wir den Ausdruck (5-1) um:

(5-6) $y(t) = \frac{a_o}{2} + \frac{1}{2}\sum_{n=1}^{\infty}(a_n - jb_n)e^{j2\pi n f_o t} + \frac{1}{2}\sum_{n=1}^{\infty}(a_n + jb_n)e^{-j2\pi n f_o t}$

Zur Vereinfachung dieses Ausdrucks werden in Gln.(5-2) und (5-3) negative Werte für n eingeführt:

(5-7) $a_{-n} = \frac{2}{T_o}\int_{-T_o/2}^{T_o/2} y(t)\cos(-2\pi n f_o t)\,dt$

$= \frac{2}{T_o}\int_{-T_o/2}^{T_o/2} y(t)\cos(2\pi n f_o t)\,dt$

$= a_n,\quad n = 1,2,3,\ldots$

(5-8) $b_{-n} = \frac{2}{T_o}\int_{-T_o/2}^{T_o/2} y(t)\sin(-2\pi n f_o t)\,dt$

$= -\frac{2}{T_o}\int_{-T_o/2}^{T_o/2} y(t)\sin(2\pi n f_o t)\,dt$

$= -b_n,\quad n = 1,2,3,\ldots$

Somit erhalten wir

(5-9) $\sum_{n=1}^{\infty} a_n e^{-j2\pi n f_o t} = \sum_{n=-1}^{-\infty} a_n e^{j2\pi n f_o t}$

und

(5-10) $\sum_{n=1}^{\infty} jb_n e^{-j2\pi n f_o t} = -\sum_{n=-1}^{-\infty} jb_n e^{j2\pi n f_o t}$.

Der Einsatz von (5-9) und (5-10) in Gl.(5-6) ergibt

(5-11) $y(t) = \frac{a_o}{2} + \frac{1}{2}\sum_{\substack{n=-\infty \\ n\neq 0}}^{\infty}(a_n - jb_n)e^{j2\pi n f_o t}$

$= \sum_{n=-\infty}^{\infty} \alpha_n e^{j2\pi n f_o t}$.

5.1 FOURIER-Reihe

Gl. (5-11) ist die Exponentialform der FOURIER-Reihe, die Koeffizienten α_n sind i.a. komplex. Wegen

$$\alpha_n = \frac{1}{2}(a_n - jb_n), \quad n = 0, \pm 1, \pm 2, \ldots$$

erhalten wir durch Kombinieren der Gln. (5-2), (5-3), (5-7) und (5-8)

(5-12) $$\alpha_n = \frac{1}{T_o} \int_{-T_o/2}^{T_o/2} y(t) e^{-j2\pi n f_o t} dt, \quad n = 0, \pm 1, \pm 2, \ldots .$$

Die Darstellung der FOURIER-Reihe in der Exponentialform (5-11) mit den komplexen Koeffizienten aus (5-12) ist die normalerweise bevorzugte Darstellungsart der FOURIER-Reihe in der Analysis.

Beispiel 5-1
Man entwickle die FOURIER-Reihe der periodischen Funktion von Bild 5-1. Da y(t) eine gerade Funktion ist, folgt aus (5-12)

$$\alpha_n = \begin{cases} \frac{1}{T_o} \int_{-T_o/2}^{T_o/2} y(t)\cos(2\pi n f_o t)dt = \\ \frac{1}{T_o} \int_{-T_o/2}^{0} \left(\frac{2}{T_o} + \frac{4}{T_o^2}t\right)\cos(2\pi n f_o t)dt + \frac{1}{T_o}\int_{0}^{T_o/2}\left(\frac{2}{T_o} - \frac{4}{T_o^2}t\right)\cos(2\pi n f_o t)dt, \\ \hspace{8cm} n = 0,1,3,5,\ldots \\ 0, \quad n = 2,4,6\ldots \end{cases}$$

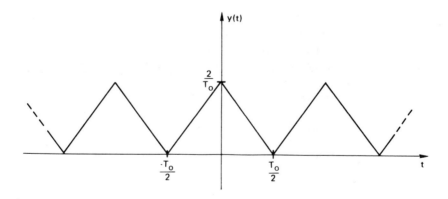

Bild 5-1: Periodische Dreieckfunktion.

$$\alpha_n = \begin{cases} \dfrac{4}{\pi^2 T_o} \dfrac{1}{n^2}, & n = 1,3,5,\ldots \\ \dfrac{1}{T_o}, & n = 0. \end{cases} \quad (5\text{-}13)$$

Damit erhält man

$$(5\text{-}14) \quad y(t) = \frac{1}{T_o} + \frac{8}{\pi^2 T_o}\left[\cos(2\pi f_o t) + \frac{1}{3^2}\cos(6\pi f_o t) + \frac{1}{5^2}\cos(10\pi f_o t) + \ldots\right]$$

mit $f_o = 1/T_o$.

5.2 FOURIER-Reihe als Spezialfall des FOURIER-Integrals

Man betrachte die periodische Dreieckimpulsfolge von Bild 5-2e. Aus Gl.(5-1) wissen wir, daß die FOURIER-Reihe dieser Funktion aus einer unendlichen Folge von Cosinusfunktionen besteht. Wir werden nun zeigen, daß sich das gleiche Ergebnis auch aus dem FOURIER-Integral ergibt.

Für die Herleitung benutzen wir das Faltungstheorem (4-11). Man beachte, daß die periodische Dreieckimpulsfolge der Periode T_o einfach durch Faltung des einmaligen Dreieckimpulses von Bild 5-2a mit der in Bild 5-2b dargestellten unendlichen Folge äquidistanter Deltafunktionen entsteht. Die periodische Funktion $y(t)$ kann also ausgedrückt werden als

$$(5\text{-}15) \quad y(t) = h(t) * x(t).$$

Die FOURIER-Transformierten von $h(t)$ und $x(t)$ wurden bereits früher abgeleitet und sind nacheinander in Bilder 5-2c,d dargestellt. Nach dem Faltungstheorem ist die gesuchte FOURIER-Transformierte gleich dem Produkt dieser beiden Frequenzfunktionen:

$$(5\text{-}16) \quad \begin{aligned} Y(f) &= H(f)X(f) \\ &= H(f)\frac{1}{T_o}\sum_{n=-\infty}^{\infty} \delta\left(f - \frac{n}{T_o}\right) \\ &= \frac{1}{T_o}\sum_{n=-\infty}^{\infty} H\left(\frac{n}{T_o}\right)\delta\left(f - \frac{n}{T_o}\right). \end{aligned}$$

Zur Ableitung von (5-16) wurden Gln.(2-40) und (4-16) benutzt.

5.2 FOURIER-Reihe als Spezialfall des FOURIER-Integrals

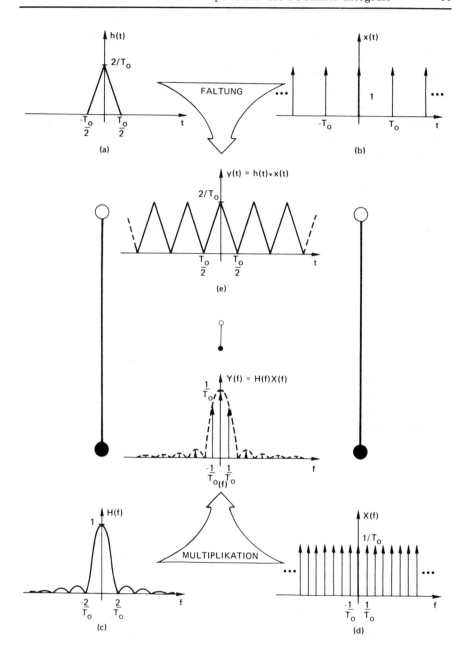

Bild 5-2: Anschauliche Herleitung der FOURIER-Transformierten einer periodischen Dreieckfunktion unter Anwendung des Faltungstheorems.

Die FOURIER-Transformierte der periodischen Funktion setzt sich zusammen aus den FOURIER-Transformierten unendlich vieler Cosinusfunktionen mit den Amplituden $H(n/T_o)$; sie besteht also aus einer unendlichen Folge äquidistanter Deltafunktionen. Man erinnere sich daran, daß die FOURIER-Reihe einer periodischen Funktion aus der Summe unendlich vieler Cosinusfunktionen mit den Amplituden α_n (Gl.5-12) besteht. Da jedoch das Integrationsintervall in (5-12) sich von $-T_o/2$ bis $T_o/2$ erstreckt und da

(5-17) $h(t) = y(t)$, $\quad -\dfrac{T_o}{2} < t < \dfrac{T_o}{2}$

gilt, kann man $y(t)$ durch $h(t)$ ersetzen und Gl.(5-12) in die Form

$$(5-18) \quad \alpha_n = \frac{1}{T_o} \int_{-T_o/2}^{T_o/2} h(t) e^{-j2\pi n f_o t} dt$$

$$= \frac{1}{T_o} H(nf_o) = \frac{1}{T_o} H\left(\frac{n}{T_o}\right)$$

umschreiben. Somit sind die Koeffizienten, die sich aus dem FOURIER-Integral ergeben, und die Koeffizienten der herkömmlichen FOURIER-Reihe für eine periodische Funktion identisch. Ferner zeigt ein Vergleich der Bilder 5-2c,f, daß die Koeffizienten α_n der FOURIER-Reihenentwicklung von $y(t)$, bis auf den Faktor $1/T_o$, den Werten der FOURIER-Transformierten $H(f)$ bei $f_n = n/T_o$ entsprechen.

Zusammenfassend betonen wir noch einmal, daß der Schlüssel zu den gewonnenen Ergebnissen in der Einbeziehung der Distributionstheorie in die Theorie der FOURIER-Integrale liegt. Wie sich in folgenden Diskussionen herausstellen wird, ist dieses vereinheitlichende Konzept für ein vollständiges Verständnis der diskreten FOURIER-Transformation und damit auch der schnellen FOURIER-Transformation von fundamentaler Bedeutung.

5.3   Signalabtastung

In den vorangegangenen Kapiteln haben wir eine Theorie der FOURIER-Transformation entwickelt, die sowohl kontinuierliche Funktionen als auch Deltafunktionen umfaßt. Ausgehend von den gewonnenen Ergebnissen, ist der nächste naheliegende Schritt die Erweiterung der Theorie auf *Abtastsignale*, die für dieses

Buch von besonderem Interesse sind. Wir haben genügend Hilfsmittel entwickelt, mit deren Hilfe wir Abtastsignale sowohl theoretisch als auch anschaulich im Detail untersuchen können. Wenn h(t) bei t = T stetig ist, läßt sich ein Abtastwert von h(t) im Zeitpunkt T ausdrücken als

(5-19) $\hat{h}(t) = h(t)\delta(t-T) = h(T)\delta(t-T)$,

wobei das Produkt im Sinne der Distributionstheorie zu interpretieren ist (Gl.A-12)). Die Deltafunktion, die zur Zeit T auftritt, besitzt ein Gewicht (Beiwert), das gleich dem Funktionswert bei t = T ist. Wenn h(t) an den Stellen t = nT mit n = 0, $\pm 1, \pm 2, \ldots$ stetig ist, wird die Funktion

(5-20) $\hat{h}(t) = \sum_{n=-\infty}^{\infty} h(nT)\delta(t-nT)$

als Abtastsignal $\hat{h}(t)$ und T als Abtastperiode bezeichnet. Das Abtastsignal $\hat{h}(t)$ besteht also aus einer unendlichen Folge äquidistanter Deltafunktionen, deren Gewichte den Funktionswerten von h(t) an den Auftrittsstellen der Deltafunktionen entsprechen. Bild 5-3 veranschaulicht graphisch das Konzept der Abtastung. Da Gl.(5-20) die Multiplikation der kontinuierlichen Funktion h(t) mit der Deltafunktionsfolge zum Ausdruck bringt, können wir zur Herleitung der FOURIER-Transformierten des Abtastsignals $\hat{h}(t)$ das Frequenzbereichs-Faltungstheorem heranziehen. Wie in Bild 5-3 gezeigt, entsteht das Abtastsignal von Bild 5-3e durch Multiplikation des Signals h(t) von Bild 5-3a mit der Deltafunktionsfolge $\Delta(t)$ von Bild 5-3b. Wir bezeichnen $\Delta(t)$ als Abtastfunktion; das Symbol $\Delta(t)$ steht stets für eine unendliche Folge von Deltafunktionen im Abstand T voneinander. Die FOURIER-Transformierten von h(t) und $\Delta(t)$ sind in den Bildern 5-3c,d dargestellt. Man beachte, daß sich die FOURIER-Transformierte von $\Delta(t)$ sich als $\Delta(f)$ ergibt; diese Funktion $\Delta(f)$ wird als Frequenzabtastfunktion bezeichnet. Nach dem Frequenzbereichs-Faltungstheorem erhält man die gesuchte FOURIER-Transformierte durch Faltung der in den Bildern 5-3c,d dargestellten Frequenzfunktionen. Die FOURIER-Transformierte des Abtastsignals ist somit eine periodische Funktion, die bis auf einen konstanten Faktor innerhalb einer jeden Periode gleich der FOURIER-Transformierten der kontinuierlichen Funktion h(t) ist. Diese Aussage gilt, wenn T genügend klein ist. Wenn T zu groß gewählt wird, erhält man die in Bild 5-4 angegebenen Ergebnisse. Man sieht, daß mit einer

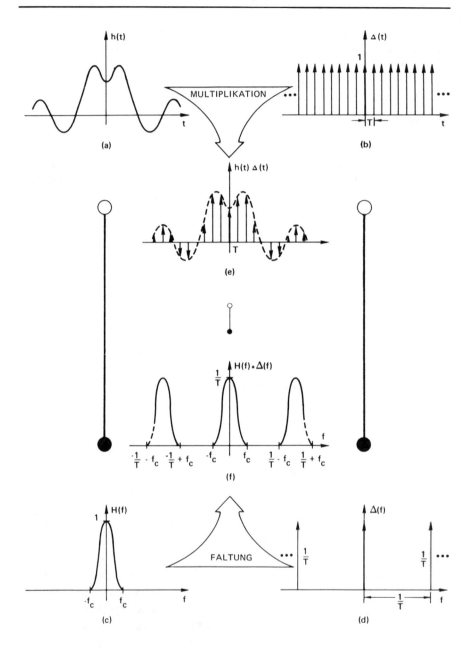

Bild 5-3: Anschauliche Herleitung der FOURIER-Transformierten eines Abtastsignals unter Anwendung des Frequenzbereichs-Faltungstheorems.

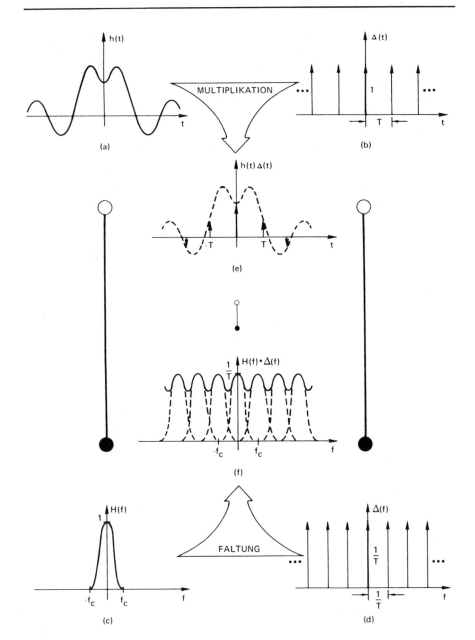

Bild 5-4: Bandüberlappte FOURIER-Transformierte eines mit einer zu geringen Abtastfrequenz abgetasteten Signals.

Vergrößerung des Abtastintervalls T (Bild 5-3b und Bild 5-4b) der Abstand der äquidistanten Deltafunktionen von $\Delta(f)$ kleiner wird (Bild 5-3d und Bild 5-4d). Wegen des verringerten Abstands der Frequenzbereichs-Deltafunktionen führt ihre Faltung mit der Frequenzfunktion H(f) (Bild 5-4c) zu der in Bild 5-4f dargestellten überlappten Funktion. Diese Verzerrung der FOURIER-Transformierten des Abtastsignals wird als *Bandüberlappung (aliasing)* bezeichnet. Wie beschrieben, entsteht die Bandüberlappung, wenn die Zeitfunktion nicht mit einer ausreichend hohen Abtastfrequenz abgetastet wird bzw. das Abtastintervall T zu groß ist. Somit stellt sich die naheliegende Frage, wie man verhindern kann, daß bei der FOURIER-Transformierten eines Abtastsignals keine Bandüberlappung auftritt. Eine genaue Betrachtung der Bilder 5-4c,d macht deutlich, daß eine Bandüberlappung dann nicht entsteht, wenn der Abstand der Deltafunktionen von $\Delta(f)$, d.h. 1/T größer ist als $2f_c$, wobei f_c die höchste Frequenz der FOURIER-Transformierten der kontinuierlichen Funktion h(t) ist. Mit anderen Worten, eine Bandüberlappung kommt nicht zustande, wenn die Abtastperiode T gleich oder größer als das halbe Reziproke der höchsten vorkommenden Frequenz gewählt wird. Dies ist ein extrem wichtiges Resultat für viele wissenschaftliche Anwendungsgebiete; der Grund liegt darin, daß man hiernach aus einem kontinuierlichen Signal lediglich Abtastwerte zu entnehmen braucht, um zu einem Abbild der FOURIER-Transformierten des kontinuierlichen Signals zu gelangen. Ferner lassen sich die Abtastwerte eines kontinuierlichen Signals in geeigneter Weise auch zu einer exakten Rekonstruktion des Signals kombinieren, vorausgesetzt, daß das Signal mit einer solch hohen Abtastfrequenz abgetastet wird, daß keine Bandüberlappung auftritt. Dies entspricht dem Inhalt des Abtasttheorems, das wir im folgenden behandeln wollen.

5.4 Abtasttheorem

Das Abtasttheorem besagt, daß sich eine kontinuierliche Funktion h(t) aus ihren Abtastwerten

$$(5-21) \quad \hat{h}(t) = \sum_{n=-\infty}^{\infty} h(nT)\delta(t-nT)$$

mit $T = 1/2f_c$ eindeutig rekonstruieren läßt, wenn die FOURIER-

Transformierte der Funktion für alle Frequenzen größer als die Frequenz f_c identisch Null ist. In diesem Fall ist h(t) gegeben durch

$$(5\text{-}22) \qquad h(t) = T \sum_{n=-\infty}^{\infty} h(nT) \; \frac{\sin[2\pi f_c(t-nT)]}{\pi(t-nT)} \; .$$

Bild 5-5 veranschaulicht die Bedingungen für die Gültigkeit des Theorems. Die erste Bedingung ist, daß die FOURIER-Transformierte von h(t) für $|f| > f_c$ identisch Null ist. Wie aus Bild 5-5c hervorgeht, ist die Frequenzfunktion dieses Beispiels bei der Frequenz f_c *bandbegrenzt*. Der Ausdruck bandbegrenzt bedeutet, daß die FOURIER-Transformierte für $|f| > f_c$ identisch Null ist. Die zweite Bedingung verlangt, daß als Abtastintervall $T = 1/2f_c$ gewählt werden muß, d.h. die Deltafunktionen aus Bild 5-5d müssen im Abstand $1/T = 2f_c$ voneinander entfernt liegen. Dieser Abstand stellt sicher, daß bei der Faltung von $\Delta(f)$ und $H(f)$ keine Bandüberlappung entsteht. Anders ausgedrückt, die Funktionen H(f) und $H(f)*\Delta(f)$ sind, wie in Bildern 5-5c,f gezeigt, im Intervall $|f| < f_c$ bis auf den Faktor T einander identisch. Wenn $T > 1/f_c$ ist, entsteht eine Bandüberlappung; für $T < 1/2f_c$ gilt das Abtasttheorem stets. Die Bedingung $T = 1/2f_c$ entspricht dem maximal möglichen Abstand zwischen den Abtastwerten, für den das Theorem noch gilt. Die Frequenz $1/T = 2f_c$ ist als *NYQUIST-Abtastrate* bekannt. Wenn die zwei genannten Bedingungen erfüllt sind, läßt sich h(t) (Bild 5-5a) nach dem Abtasttheorem aus der Kenntnis über die Deltafunktionen von Bild 5-5e rekonstruieren.

Zum Beweis des Abtasttheorems erinnern wir uns an die Ausführungen über die Bedingungen des Theorems, wonach die FOURIER-Transformierte des Abtastsignals, abgesehen von der Konstanten T, der FOURIER-Transformierten des ursprünglichen nicht abgetasteten Signals im Frequenzbereich $-f_c \leq f \leq f_c$ identisch ist. Nach Bild 5-5f ist die FOURIER-Transformierte des Abtastsignals durch $H(f)*\Delta(f)$ gegeben. Somit ergibt sich, wie in Bilder 5-6a, b, e gezeigt, die FOURIER-Transformierte H(f) als Produkt der FOURIER-Transformierten des Abtastsignals mit einer rechteckförmigen Frequenzfunktion der Höhe T:

$$(5\text{-}23) \qquad H(f) = [H(f)*\Delta(f)]Q(f)$$

Die inverse Transformierte von H(f) ist, wie in Bild 5-6f gezeigt, die Originalfunktion h(t). Nach dem Faltungstheorem ist h(t) jedoch gleich dem Faltungsprodukt der inversen Transformierten

5. FOURIER-Reihe und Abtastsignale

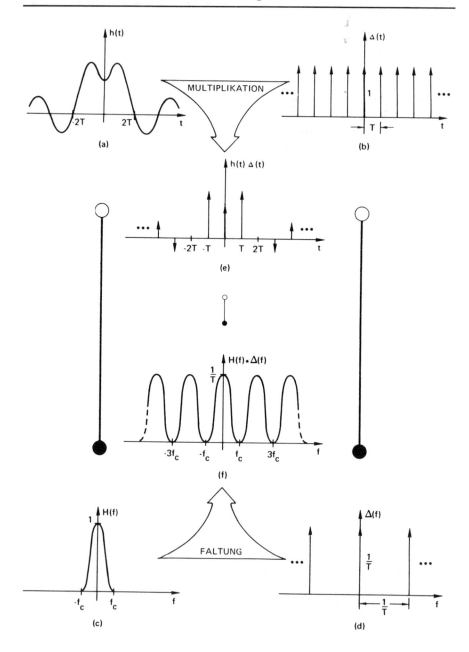

Bild 5-5: FOURIER-Transformierte eines mit der NYQUIST-Abtastrate abgetasteten Signals.

5.4 Abtasttheorem

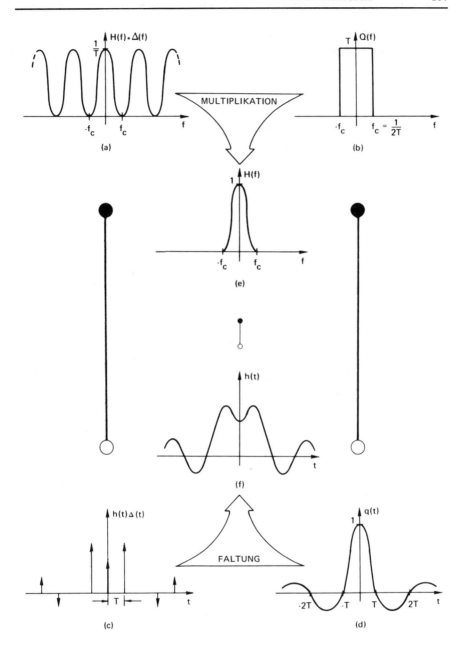

Bild 5-6: Anschauliche Herleitung des Abtasttheorems.

von $H(f)*\Delta(f)$ und der rechteckförmigen Frequenzfunktion. Demnach erhält man h(t) durch Faltung von h(t) Δ(t) (Bild 5-6c) mit q(t) (Bild 5-6d):

$$(5-24) \quad h(t) = [h(t)\Delta(t)]*q(t)$$

$$= \sum_{n=-\infty}^{\infty} [h(nT)\delta(t-nT)]*q(t)$$

$$= \sum_{n=-\infty}^{\infty} h(nT)q(t-nT)$$

$$= T \sum_{n=-\infty}^{\infty} h(nT) \frac{\sin[2\pi f_c(t-nT)]}{\pi(t-nT)} \quad .$$

Die Funktion q(t) erhält man aus dem Transformationspaar (2-27). Gl.(5-24) beschreibt die Rekonstruktion von h(t) aus ihren Abtastwerten.

Wir betonen nachdrücklich, daß die Rekonstruktion eines abgetasteten Signals nur dann möglich ist, wenn das Signal bandbegrenzt ist. In der Praxis ist diese Bedingung jedoch kaum erfüllt. Der Ausweg liegt darin, mit einer solch hohen Abtastfrequenz abzutasten, daß der Bandüberlappungseffekt vernachläßigt werden kann. Oft ist es notwendig, das Signal vor der Abtastung mit einem Tiefpaßfilter zu filtern, damit die Bedingung der Bandbegrenztheit so gut wie möglich erfüllt ist.

5.5 Abtastung im Frequenzbereich

In Analogie zum Abtasttheorem für den Zeitbereich läßt sich auch ein Abtasttheorem für den Frequenzbereich formulieren. Wenn h(t) zeitbegrenzt ist, d.h. wenn

$$(5-25) \quad h(t) = 0, \quad |t| > T_c$$

gilt, läßt sich ihre FOURIER-Transformierte H(f) eindeutig aus äquidistanten Abtastwerten von H(f) rekonstruieren, und zwar mit Hilfe des Ausdrucks

$$(5-26) \quad H(f) = \frac{1}{2T_c} \sum_{n=-\infty}^{\infty} H\left(\frac{n}{2T_c}\right) \frac{\sin[2\pi T_c(f-n/2T_c)]}{\pi(f-n/2T_c)} \quad .$$

Die Beweisführung verläuft in ähnlicher Weise wie für das Zeitbereichs-Abtasttheorem.

5.5 Abtasttheorem für den Frequenzbereich

Aufgaben

5-1 Man stelle die periodischen Funktionen aus Bild 5-7 als FOURIER-Reihen dar.

5-2 Man bestimme die FOURIER-Transformierten der Funktionen von Bild 5-7 und vergleiche die Ergebnisse mit denen aus Aufgabe 5-1.

5-3 Mit Hilfe ähnlicher graphischer Überlegungen wie in Bild 5-4 bestimme man die NYQUIST-Abtastrate für Zeitfunktionen mit Betragsfunktionen der FOURIER-Transformierten aus Bild 5-8. Gibt es hierbei Fälle, bei denen der Bandüberlappungseffekt vorteilhaft ausgenutzt werden kann?

5-4 Man gebe eine graphische Plausibilitätserklärung für das Bandpaß-Abtasttheorem, das besagt

$$\text{kritische Abtastfrequenz} = \frac{2f_o}{\text{größte ganze Zahl} < f_o/(f_o-f_u)}$$

mit f_o als obere und f_u als untere Bandpaß-Durchlaßgrenzfrequenzen.

5-5 Die Funktion $h(t) = \cos(2\pi t)$ werde an den Stellen $t = n/4$; $n = 0, \pm 1, \pm 2$ abgetastet. Man skizziere $h(t)$ und kennzeichne die Abtastwerte. Man werte sowohl graphisch als auch analytisch die Gl.(5-24) für $h(t = 7/8)$ aus, wobei die Summation sich nur über $n = 2,3,4,5$ erstreckt.

5-6 Eine Frequenzfunktion (e.g. die Übertragungsfunktion eines Filters) sei experimentell ermittelt und als Kurvenzug angegeben. Dieser Verlauf sei zum Zwecke der Abspeicherung und späteren Rechner-Verarbeitung abzutasten. Wie groß ist das kleinste notwendige Frequenzabtastintervall zu wählen, um die Frequenzfunktion später exakt rekonstruieren zu können. Man gebe alle Bedingungen an.

110   5. FOURIER-Reihe und Abtastsignale

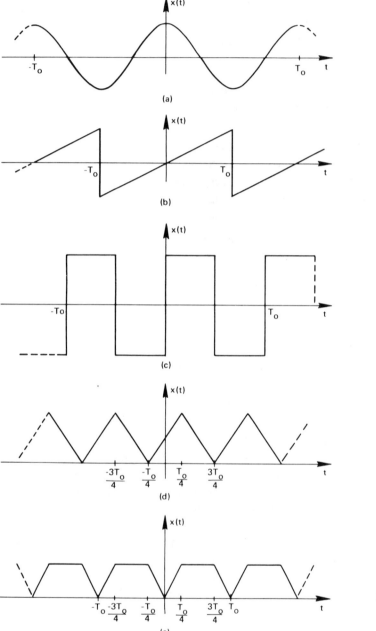

Bild 5-7.

5.5 Abtasttheorem für den Frequenzbereich

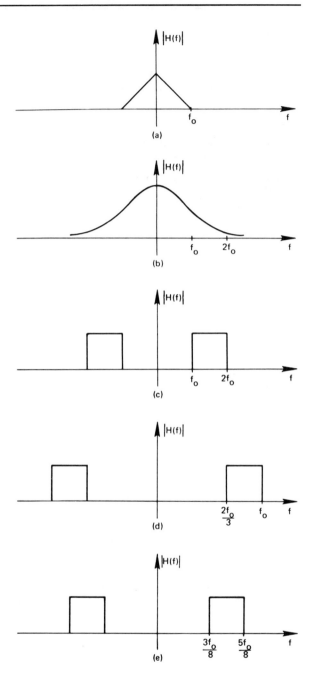

Bild 5-8.

Literatur

[1] BRACEWELL, R., The Fourier Transform and Its Applications. New York: McGraw-Hill, 1965.

[2] LEE, Y.W., Statistical Theorey of Communication. New York: Wiley, 1964.

[3] PANTER, P.F., Modulation, Noise, and Spectral Analysis. New York: McGraw-Hill, 1965.

[4] PAPOULIS, A., The Fourier Integral and Its Application. New York: McGraw-Hill, 1962.

6. Die diskrete FOURIER-Transformation

Bei Beschreibungen der diskreten FOURIER-Transformation wird üblicherweise von einer selbständigen Definition der FOURIER-Transformation diskreter Signale endlicher Dauer ausgegangen. Aus dieser axiomatischen Definition werden dann die entsprechenden Eigenschaften der diskreten Transformation abgeleitet. Dieser Beschreibungsweg ist jedoch wenig lohnend, da am Ende immer die wichtige Frage unbeantwortet bleibt, welcher Zusammenhang zwischen der diskreten und der kontinuierlichen FOURIER-Transformation besteht. Um diese Frage zu beantworten, ziehen wir es vor, die diskrete FOURIER-Transformation als Spezialfall der kontinuierlichen FOURIER-Transformation herzuleiten.

In diesem Kapitel führen wir eine Spezialisierung der kontinuierlichen FOURIER-Transformation ein, die sich zur Computer-Auswertung als besonders geeignet erweist. Wir werden die diskrete FOURIER-Transformation auf graphischem Wege aus der Theorie der kontinuierlichen FOURIER-Transformation herleiten. Die auf graphischem Wege gewonnenen Ergebnisse werden dann durch eine mathematische Argumentation untermauert. Beide Beschreibungsweisen, die graphische wie auch die mathematische, betonen die Modifikationen der Theorie der kontinuierlichen FOURIER-Transformation, die zur Herleitung von an Computer-Auswertung orientierten Transformationspaaren notwendig sind.

6.1 Graphische Beschreibung

Man betrachte als Beispiel die Funktion h(t) und ihre FOURIER-Transformierte H(f) aus Bild 6-1a. Dieses Transformationspaar sei nun derart zu modifizieren, daß dessen Auswertung mit Hilfe eines Digitalrechners möglich wird. Das modifizierte Transformationspaar, bezeichnet als diskrete FOURIER-Transformation, soll die kontinuierliche FOURIER-Transformierte so gut wie möglich approximieren.

Um die FOURIER-Transformierte von h(t) mit Methoden der digitalen Signalverarbeitung ermitteln zu können, ist es notwendig, h(t), wie in Kapitel 5 geschildert, abzutasten. Die Abtastung entspricht einer Multiplikation von h(t) mit der Abtastfunktion von Bild 6-1b. Das Abtastintervall sei T. Bild 6-1c zeigt das Abtastsignal $\hat{h}(t)$ und seine FOURIER-Transformierte. Dieses Transformationspaar demonstriert den ersten Modifikationsschritt des ursprünglichen Paares, der zur Bildung eines diskreten Transformationspaares notwendig ist. Man beachte, daß sich das modifizierte Transformationspaar bisher von dem ursprünglichen Transformationspaar nur aufgrund des durch die Abtastung entstandenen Bandüberlappungseffektes unterscheidet. Wie in Abschnitt 5-3 erwähnt, entstehen hierbei keinerlei Informationsverluste, wenn die Funktion h(t) mit einer Abtastfrequenz abgetastet wird, die mindestens doppelt so groß ist wie die höchste in h(t) enthaltene Frequenz. Wenn h(t) nicht bandbegrenzt ist, d.h. wenn $H(f) \neq 0$ für $|f| > f_c$ gilt mit f_c als einer beliebigen Frequenz, dann verursacht die Abtastung, wie in Bild 6-1c veranschaulicht, den Bandüberlappungseffekt. Um den resultierenden Fehler zu reduzieren, bleibt uns nur eine einzige Möglichkeit, nämlich, die Abtastfrequenz zu erhöhen bzw. T zu verkleinern.

Das Transformationspaar von Bild 6-1c ist für die numerische Auswertung nicht geeignet, da hierbei unendlich viele Abtastwerte von h(t) zu berücksichtigen sind; es ist daher erforderlich, das Abtastsignal $\hat{h}(t)$ zeitlich zu begrenzen, so daß man nur mit einer endlichen Anzahl (e.g. N) von Abtastwerten zu tun hat. Bild 6-1d zeigt die rechteckförmige Begrenzungsfunktion (Fensterfunktion) und ihre FOURIER-Transformierte. Das Produkt der unendlichen Folge der Deltafunktionen, die $\hat{h}(t)$ repräsentieren, und der Begrenzungsfunktion liefert die in Bild 6-1e gezeigte zeitbegrenzte Funktion. Die Zeitbegrenzung bildet die zweite Modifikation des ursprünglichen FOURIER-Transformationspaares. Sie führt zu Faltung der bandüberlappten Frequenzfunktion von Bild 6-1c mit der in Bild 6-1d dargestellten FOURIER-Transformierten der Begrenzungsfunktion. Wie in Bild 6-1e gezeigt, hat die FOURIER-Transformierte nun *Welligkeiten* in ihrem Verlauf; zur Verdeutlichung wurde dieser Effekt übertrieben dargestellt. Zur Abschwächung dieses Effektes sei an die reziprok-proportionale Beziehung zwischen der *Breite* einer Zeitfunktion und der Breite ihrer FOURIER-Transformierten erinnert (Abschnitt 3.3). Demnach strebt die sin(f)/f-Funktion (Bild 6-1d) mit einer Verbreiterung der (rechteckförmigen) Begrenzungsfunktion gegen eine Deltafunktion; je mehr sich die sin(f)/f-Funktion einer Deltafunktion nähert, umso geringer ist die Welligkeit bzw. umso kleiner der Fehler,

6.1 Graphische Beschreibung

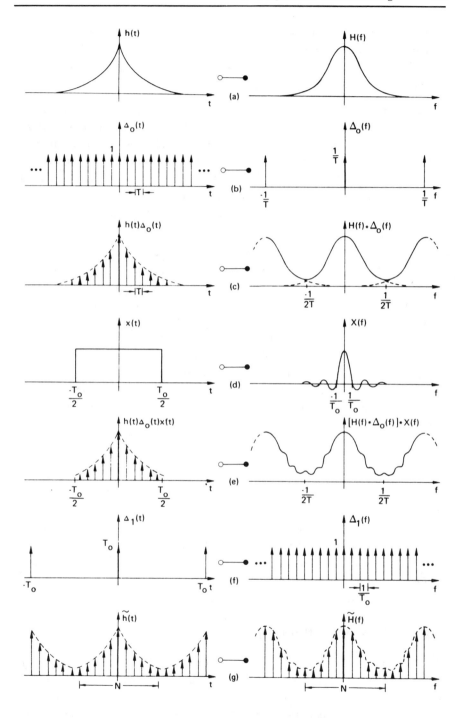

Bild 6-1: Zur anschaulichen Herleitung der diskreten FOURIER-Transformation.

der durch die Zeitbegrenzung verursacht wird. Daher ist es wünschenswert, die Breite der Begrenzungsfunktion so groß wie möglich zu wählen. Wir werden die Auswirkungen der Zeitbegrenzung in Abschnitt 6-4 ausführlich untersuchen.

Das modifizierte Transformationspaar von Bild 6-1e ist immer noch nicht das gewünschte diskrete FOURIER-Transformationspaar, weil die FOURIER-Transformierte eine kontinuierliche Frequenzfunktion ist. Bei der Computer-Auswertung können jedoch nur Abtastwerte der Frequenzfunktion berechnet werden. Es ist also notwendig, die FOURIER-Transformierte mit Hilfe der Frequenzabtastfunktion von Bild 6-1f zu modifizieren. Das Frequenzabtastintervall beträgt $1/T_o$.

Das diskrete FOURIER-Transformationspaar von Bild 6-1g eignet sich für eine Computer-Auswertung, da sowohl die Zeit- als auch die Frequenzfunktion als diskrete Abtastwerte erscheinen. Wie in Bild 6-1g gezeigt, wird die ursprüngliche Zeitfunktion durch N Abtastwerte approximiert; die ursprüngliche FOURIER-Transformierte H(f) wird ebenfalls durch N Abtastwerte angenähert. Diese zwei Folgen von je N Abtastwerten bilden ein diskretes FOURIER-Transformationspaar und approximieren das ursprüngliche kontinuierliche Transformationspaar. Man beachte, daß eine Abtastung im Zeitbereich zu einer periodischen Frequenzfunktion und eine Abtastung im Frequenzbereich zu einer periodischen Zeitfunktion führt. Demnach verlangt die diskrete FOURIER-Transformation, daß sowohl die ursprüngliche Zeitfunktion als auch die ursprüngliche Frequenzfunktion in der Weise modifiziert werden, daß aus ihnen periodische Funktionen hervorgehen. N Zeitabtastwerte repräsentieren dann eine Zeitperiode und N Frequenzabtastwerte eine Frequenzperiode. Da die 2N Werte aus dem Zeit- und aus dem Frequenzbereich durch die kontinuierliche FOURIER-Transformation miteinander in Zusammenhang stehen, läßt sich hierfür eine konkrete Beziehung herleiten.

6.2 Mathematische Herleitung

Die vorausgegangenen graphischen Überlegungen haben gezeigt, daß man ein kontinuierliches FOURIER-Transformationspaar mittels einiger Modifikationen in die Form eines Transformationspaares bringen kann, das sich für die Auswertung mit einem Digitalrechner eignet. Zur Beschreibung dieses diskreten FOURIER-Trans-

6.2 Mathematische Herleitung

formationspaares ist es lediglich notwendig, die mathematischen Beziehungen herzuleiten, die den erforderlichen Modifikationen zugrunde liegen, nämlich die Zeitbereichs-Abtastung, die Zeitbegrenzung und die Frequenzbereichs-Abtastung.

Man betrachte das in Bild 6-2a angegebene Transformationspaar. Um dieses Transformationspaar zu diskretisieren, ist es zunächst notwendig, das Signal h(t) abzutasten; das Abtastsignal läßt sich ausdrücken als h(t) $\Delta_o(t)$, wobei $\Delta_o(t)$ die in Bild 6-2b dargestellte Zeitbereichs-Abtastfunktion ist. Das Abtastintervall ist T. Gemäß Gl.(5-20) schreiben wir für das Abtastsignal

$$(6-1) \quad h(t)\Delta_o(t) = h(t) \sum_{k=-\infty}^{\infty} \delta(t-kT)$$

$$= \sum_{k=-\infty}^{\infty} h(kT)\delta(t-kT).$$

Bild 6-2c zeigt das Ergebnis dieser Multiplikation. Man achte auf den Bandüberlappungseffekt, der aus der speziellen Wahl von T resultiert.

Als nächstes wird das Abtastsignal zeitbegrenzt durch eine Multiplikation mit der in Bild 6-2d angegebenen Rechteckfunktion:

$$(6-2) \quad x(t) = 1, \quad -\frac{T}{2} < t < T_o - \frac{T}{2}$$

$$= 0, \quad \text{sonst,}$$

wobei T_o die Dauer der Begrenzungsfunktion (Beobachtungszeit) ist. Die Frage liegt nahe, warum der Mittelpunkt der Rechteckfunktion x(t) nicht bei t = 0 oder bei t = $T_o/2$ liegt. Die Rechteckfunktion x(t) wurde nicht bei t = 0 zentriert, um die Beschreibung nicht zu erschweren, und der Grund dafür, daß sie nicht bei t = $T_o/2$ zentriert ist, wird sich später in diesem Abschnitt herausstellen. Die Zeitbegrenzung liefert

$$(6-3) \quad h(t)\Delta_o(t)x(t) = \left[\sum_{k=-\infty}^{\infty} h(kT)\delta(t-kT)\right]x(t)$$

$$= \sum_{k=0}^{N-1} h(kT)\delta(t-kT)$$

wobei angenommen wurde, daß N äquidistante Deltafunktionen innerhalb des Begrenzungsintervalls (Beobachtungszeit) liegen; i.e.

$N = T_o/T$. Bild 6-2e zeigt das zeitbegrenzte Abtastsignal und seine FOURIER-Transformierte. Wie im letzten Beispiel führt auch hier eine Begrenzung im Zeitbereich zu *Welligkeiten* im Frequenzbereich.

Der letzte Schritt der Modifizierung des ursprünglichen kontinuierlichen FOURIER-Transformationspaares zu einem diskreten FOURIER-Transformationspaar ist die Abtastung der FOURIER-Transformierten der Gl.(6-3). Im Zeitbereich entspricht diese Abtastung (Multiplikation) der Faltung des zeitbegrenzten Abtastsignals (Gl.(6-3)) mit der Zeitfunktion $\Delta_1(t)$ aus Bild 6-2f. Die Funktion $\Delta_1(t)$ ist gemäß dem FOURIER-Transformationspaar (2-40) gegeben durch:

$$(6-4) \quad \Delta_1(t) = T_o \sum_{r=-\infty}^{\infty} \delta(t-rT_o).$$

Die gesuchte Beziehung ist $[h(t) \cdot \Delta_o(t) \cdot x(t)] * \Delta_1(t)$; hierfür erhält man

$$[h(t)\Delta_o(t)x(t)]*\Delta_1(t) = \left[\sum_{k=0}^{N-1} h(kT)\delta(t-kT)\right] * \left[T_o \sum_{r=-\infty}^{\infty} \delta(t-rT_o)\right]$$

$$(6-5) \quad = \ldots + T_o \sum_{k=0}^{N-1} h(kT)\delta(t+T_o-kT)$$

$$+ T_o \sum_{k=0}^{N-1} h(kT)\delta(t-kT)$$

$$+ T_o \sum_{k=0}^{N-1} h(kT)\delta(t-T_o-kT) + \ldots \quad .$$

Man beachte, daß die Gl.(6-5) eine periodische Funktion der Periode T_o beschreibt; in der Kurzschreibweise lautet sie

$$(6-6) \quad \tilde{h}(t) = T_o \sum_{r=-\infty}^{\infty} \left[\sum_{k=0}^{N-1} h(kT)\delta(t-kT-rT_o)\right].$$

Wir benutzen das Symbol $\tilde{h}(t)$, um anzudeuten, daß $\tilde{h}(t)$ nur eine Approximation zu $h(t)$ darstellt.

Die Wahl der durch Gl.(6-2) beschriebenen Rechteckfunktion $x(t)$ läßt sich nun erklären. Wir erinnern uns daran, daß das Faltungsprodukt aus Gl.(6-6) eine periodische Funktion der Periode T_o ist, die innerhalb einer Periode N Abtastwerte enthält. Wenn die Rechteckfunktion derart gewählt wäre, daß jeweils eine ihrer Endpunkte mit einem Abtastwert zusammenfiele, dann würde die

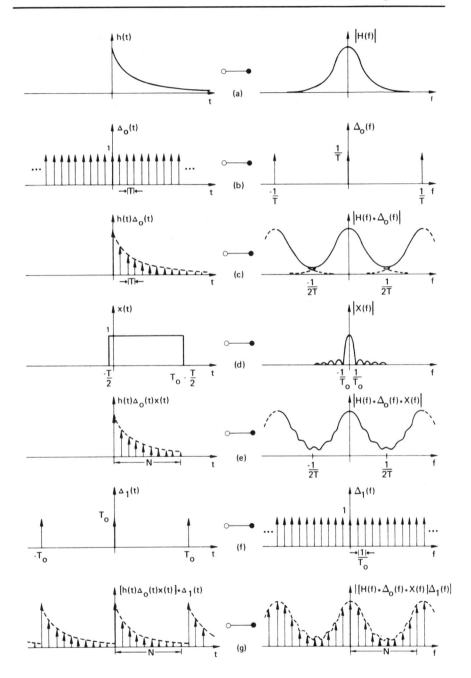

Bild 6-2: Anschauliche Herleitung eines diskreten FOURIER-Transformationspaares.

6. Die diskrete FOURIER-Transformation

Faltung der Rechteckfunktion mit den Deltafunktionen im Abstand T_o voneinander eine Überlappung im Zeitbereich zur Folge haben, d.h. der N-te Abtastwert einer jeden Periode fiele mit dem ersten Abtastwert der darauffolgenden Periode zusammen (und addierte sich auf). Um diese Zeitbereichs-Überlappung zu vermeiden, ist es notwendig, das Begrenzungsintervall wie in Bild 6-2d zu wählen. (Man kann die Begrenzungsfunktion auch wie in Bild 6-1d wählen, muß aber dann darauf achten, daß die beiden Endpunkte der Begrenzungsfunktion zur Vermeidung der Zeitbereichsüberlappung jeweils im Mittelpunkt zwischen zwei benachbarten Abtastwerten liegen). Zur Bestimmung der FOURIER-Transformation der Gl.(6-6) erinnern wir uns daran, daß - cf. die Ausführungen von Abschnitt 5-1 über FOURIER-Reihen - die FOURIER-Transformierte einer periodischen Funktion h(t) aus einer Folge äquidistanter Deltafunktionen besteht:

(6-7) $$H(f) = \sum_{n=-\infty}^{\infty} \alpha_n \delta(f-nf_o), \quad f_o = \frac{1}{T_o}$$

mit

(6-8) $$\alpha_n = \frac{1}{T_o} \int_{-T/2}^{T_o-T/2} \tilde{h}(t) e^{-j2\pi nt/T_o} dt, \quad n = 0, \pm1, \pm2, \ldots$$

Der Einsatz von Gl.(6-6) in Gl.(6-8) ergibt

$$\alpha_n = \frac{1}{T_o} \int_{-T/2}^{T_o-T/2} T_o \sum_{r=-\infty}^{\infty} \sum_{k=0}^{N-1} h(kT) \delta(t-kT-rT_o) e^{-j2\pi nt/T_o} dt.$$

Da die Integration sich nur über eine Periode erstreckt, erhält man hieraus

(6-9) $$\alpha_n = \int_{-T/2}^{T_o-T/2} \sum_{k=0}^{N-1} h(kT) \delta(t-kT) e^{-j2\pi nt/T_o} dt$$

$$= \sum_{k=0}^{N-1} h(kT) \int_{-T/2}^{T_o-T/2} e^{-j2\pi nt/T_o} \delta(t-kT) dt$$

$$= \sum_{k=0}^{N-1} h(kT) e^{-j2\pi knT/T_o}.$$

Wegen $T_o = NT$ folgt aus Gl.(6-9)

(6-10) $$\alpha_n = \sum_{k=0}^{N-1} h(kT) e^{-j2\pi kn/N} \quad n = 0, \pm1, \pm2, \ldots$$

und die FOURIER-Transformation der Gl.(6-6) ergibt

(6-11) $$H(f) = \sum_{n=-\infty}^{\infty} \tilde{H}(\frac{n}{NT}) \delta(f-nf_o)$$

mit $$\tilde{H}(\frac{n}{NT}) = \sum_{k=0}^{N-1} h(kT) e^{-j2\pi kn/N}$$

Aus einer flüchtigen Betrachtung der Gl. (6-11) kann man nicht sofort erkennen, daß die FOURIER-Transformierte H(f), wie in Bild 6-2g dargestellt, periodisch ist. Aus $\tilde{H}$(n/NT) lassen sich jedoch nur N diskrete komplexe Werte errechnen. Um diesen Punkt zu verdeutlichen, setzen wir n = r mit r als beliebiger ganzen Zahl; somit erhalten wir

(6-12) $$\tilde{H}\left(\frac{r}{NT}\right) = \sum_{k=0}^{N-1} h(kT) e^{-j2\pi kr/N} \; .$$

Nun setzen wir n = r + N; wegen $e^{-j2\pi k} = \cos(2\pi k) - j \sin(2\pi k) = 1$ für alle ganzzahligen k gilt:

(6-13) $$e^{-j2\pi k(r+N)/N} = e^{-j2\pi kr/N} e^{-j2\pi k}$$
$$= e^{-j2\pi kr/N} \; .$$

Damit erhält man für n = r + N

(6-14) $$\tilde{H}\left(\frac{r+N}{NT}\right) = \sum_{k=0}^{N-1} h(kT) e^{-j2\pi k(r+N)/\bar{K}}$$
$$= \sum_{k=0}^{N-1} h(kT) e^{-j2\pi kr/N}$$
$$= \tilde{H}\left(\frac{r}{NT}\right) \; .$$

Folglich lassen sich aus Gl.(6-11) nur N diskrete Werte errechnen; $\tilde{H}$(n/NT) ist also periodisch mit der Periode N. Die FOURIER-Transformation (6-11) läßt sich auch durch folgende äquivalente Beziehung ausdrücken:

(6-15) $$\tilde{H}\left(\frac{n}{NT}\right) = \sum_{k=0}^{N-1} h(kT) e^{-j2\pi nk/N} \qquad n = 0,1,\ldots, N-1 \; .$$

Gl.(6-15) drückt die gesuchte diskrete FOURIER-Transformation aus; diese Beziehung verbindet N Abtastwerte einer Zeitfunktion gemäß der kontinuierlichen FOURIER-Transformation mit N Abtastwerten einer Frequenzfunktion. Die diskrete FOURIER-Transformation ist also ein Spezialfall der kontinuierlichen FOURIER-Transformation. Wenn die N Abtastwerte der ursprünglichen Funktion h(t) als eine Periode einer periodischen Funktion deklariert werden, dann besteht die FOURIER-Transformierte dieser periodischen Funktion aus den N Werten, die sich aus Gl.(6-15) ergeben. Das Symbol $\tilde{H}(n/NT)$ soll daran erinnern, daß die diskrete FOURIER-Transformation hier eine Approximation der kontinuierlichen FOURIER-Transformation darstellt. Normalerweise wird Gl. (6-15) in der Form

$$(6-16) \quad G\left(\frac{n}{NT}\right) = \sum_{k=0}^{N-1} g(kT) e^{-j2\pi nk/N} \quad n = 0,1,\ldots,N-1$$

geschrieben, da die FOURIER-Transformierte eines periodischen Abtastsignals g(kT) exakt durch G(n/NT) gegeben ist.

6.3 Inverse diskrete FOURIER-Transformation

Die inverse diskrete FOURIER-Transformation lautet

$$(6-17) \quad g(kT) = \frac{1}{N} \sum_{n=0}^{N-1} G\left(\frac{n}{NT}\right) e^{j2\pi nk/N} \quad k = 0,1,\ldots,N-1.$$

Um zu zeigen, daß Gl.(6-17) und die Transformationsbeziehung (6-16) ein diskretes FOURIER-Transformationspaar bilden, setzen wir (6-17) in Gl.(6-16) ein:

$$(6-18) \quad G\left(\frac{n}{NT}\right) = \sum_{k=0}^{N-1} \left[\frac{1}{N} \sum_{r=0}^{N-1} G\left(\frac{r}{NT}\right) e^{j2\pi rk/N} \right] e^{-j2\pi nk/N}$$

$$= \frac{1}{N} \sum_{r=0}^{N-1} G\left(\frac{r}{NT}\right) \left[\sum_{k=0}^{N-1} e^{j2\pi rk/N} e^{-j2\pi nk/N} \right]$$

$$= G\left(\frac{n}{NT}\right).$$

Die Identität (6-18) folgt aus der Orthogonalitätsbeziehung

$$(6-19) \quad \sum_{k=0}^{N-1} e^{j2\pi rk/N} e^{-j2\pi nk/N} = \begin{cases} N & \text{wenn } r = n \\ 0 & \text{sonst.} \end{cases}$$

Die diskrete Inversionsbeziehung (6-17) weist in gleicher Weise wie die diskrete FOURIER-Transformation eine Periodizität auf; die Periode ist durch N Werte von g(kT) gegeben. Diese Eigenschaft folgt aus der Periodizität von $e^{j2\pi n/N}$. Damit ist g(kT) zwar für alle ganzzahligen Werte von k, k = o, ± 1, ± 2,..., wohl definiert, unterliegt jedoch der Identitätsbeziehung

(6-20) $g(kT) = g[(rN+k)T]$, $r = 0, ± 1, ± 2,...$.

Zusammenfassung: Das diskrete FOURIER-Transformationspaar lautet:

(6-21) $g(kT) = \frac{1}{N} \sum_{n=0}^{N-1} G\left(\frac{n}{NT}\right) e^{j2\pi nk/N}$ ○——● $G\left(\frac{n}{NT}\right) = \sum_{k=0}^{N-1} g(kT) e^{-j2\pi nk/N}$.

Es ist wichtig, sich vor Augen zu halten, daß das Transformationspaar (6-21) eine Periodizität sowohl der Zeitfunktion als auch der Frequenzfunktion verlangt:

(6-22) $G\left(\frac{n}{NT}\right) = G\left[\frac{(rN+n)}{NT}\right]$, $r = 0, ± 1, ± 2,...$

(6-23) $g(kT) = g[(rN+k)T]$, $r = 0, ± 1, ± 2,...$.

6.4 Zusammenhang zwischen der diskreten und der kontinuierlichen FOURIER-Transformation

Die diskrete FOURIER-Transformation ist primär deswegen von Interesse, weil sie eine Approximation der kontinuierlichen FOURIER-Transformation darstellt. Der Gütegrad dieser Approximation hängt streng von dem zu transformierenden Signal ab. In diesem Abschnitt benutzen wir graphische Methoden, um für mehrere Signalklassen den Äquivalenzgrad zwischen der diskreten und der kontinuierlichen Transformation zu untersuchen. Wie später im einzelnen gezeigt wird, entstehen die Unterschiede zwischen den beiden Transformationen durch die für die diskrete Transformation notwendigen Maßnahmen der Abtastung und der Zeitbegrenzung.

Bandbegrenzte periodische Signale, Beobachtungszeit gleich einer Periode

Man betrachte die Funktion h(t) und ihre FOURIER-Transformierte von Bild 6-3a. Wir wollen h(t) abtasten, das Abtastsignal auf N Abtastwerte zeitbegrenzen und das Ergebnis schließlich der diskreten FOURIER-Transformation Gl.(6-16) unterziehen. Statt einer

6. Die diskrete FOURIER-Transformation

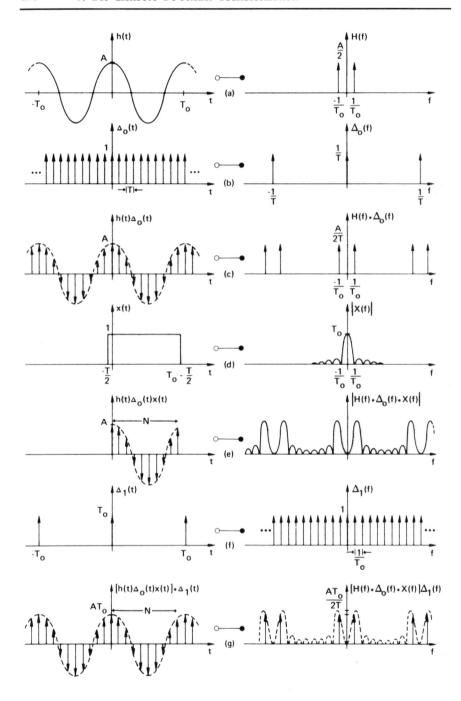

Bild 6-3: Diskrete FOURIER-Transformation eines bandbegrenzten periodischen Signals: Beobachtungszeit (Zeitfensterbreite) gleich einer Signalperiode.

6.4 Zusammenhang zwischen der diskreten und der kontinuierlichen... 125

direkten Anwendung dieser Gleichung werden wir deren Anwendung auf graphischem Wege vornehmen. Das Signal h(t) wird durch Multiplikation mit der Abtastfunktion von Bild 6-3b abgetastet. Bild 6-3c zeigt das Abtastsignal h(kT) und ihre FOURIER-Transformierte. Man beachte, daß in diesem Beispiel keine Bandüberlappung entsteht und daß die Frequenzfunktion wegen der Zeitbereichsabtastung mit dem Faktor 1/T multipliziert wird, weswegen die Deltafunktionen der FOURIER-Transformierten statt der ursprünglichen Fläche A/2 nun die Fläche A/2T erhalten. Das Abtastsignal wird durch Multiplikation mit der Rechteckfunktion aus Bild 6-3d zeitbegrenzt; Bild 6-3e stellt das zeitbegrenzte Abtastsignal dar. Wie gezeigt, wählen wir die Rechteckfunktion derart, daß die nach Bandbegrenzung übrig bleibenden N Abtastwerte genau eine Periode des Originalsignals h(t) ausmachen.

Die FOURIER-Transformierte des zeitbegrenzten Abtastsignals von Bild 6-3e erhält man durch die Faltung der Frequenzbereichs-Deltafunktionen von Bild 6-3c mit der sin(f)/f-Funktion von Bild 6-3d. Bild 6-3e zeigt das Faltungsprodukt und Bild 6-4b einen vergrößerten Ausschnitt hieraus. Anstelle sämtlicher Deltafunktionen von Bild 6-4a erscheinen sin(f)/f-Funktionen (gestrichelte Linie) und aus diesen entsteht durch additive Überlagerung das Faltungsprodukt (durchgezogene Linie).

Im Vergleich zur ursprünglichen FOURIER-Transformierten H(f) ist die durch die Faltung entstandene Frequenzfunktion von Bild 6-4b stark verzerrt. Wenn man diese Funktion jedoch mit der in Bild 6-3f gezeigten Frequenzbereichs-Abtastfunktion abtastet, wird die Verzerrung eliminiert. Dies geschieht deswegen, weil der Abstand der äquidistanten Deltafunktionen der Frequenzbereichs-Abtastfunktion genau $1/T_o$ beträgt und die durchgezogene Linie (Bild 6-4b) bei allen diesen Frequenzen außer bei den Frequenzen $\pm 1/T_o$ eine Nullstelle hat. Die Frequenzen $\pm 1/T_o$ entsprechen den Auftrittsstellen der Frequenzbereichs-Deltafunktionen der ursprünglichen FOURIER-Transformierten H(f). Wegen der Zeitbegrenzung erhalten diese Deltafunktionen im Unterschied zu ihrer ursprünglichen Fläche A/2 nun die Fläche $AT_o/2T$. (Bei Bild 6-4b wurde der Einfachheit halber außer acht gelassen, daß die FOURIER-Transformierte der Begrenzungsfunktion x(t) von Bild 6-3d genau genommen komplexwertig ist; hätten wir die komplexe Funktion berücksichtigt, ergäben sich trotzdem ähnliche Resultate.)

126   6. Die diskrete FOURIER-Transformation

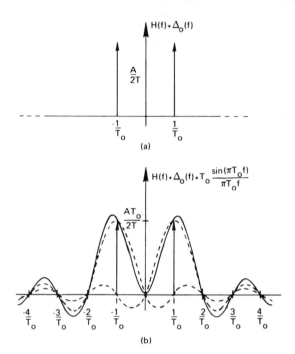

Bild 6-4: Vergrößerter Ausschnitt des Faltungsprodukts aus Bild 6-3e.

Die Multiplikation der Frequenzfunktion von Bild 6-3e mit der Frequenzbereichs-Abtastfunktion $\Delta_1(f)$ führt zur Faltung der Zeitsignale aus den Bildern 6-3e,f. Da das zeitbegrenzte Abtastsignal (Bild 6-3e) exakt einer Periode T_o des Originalsignals h(t) entspricht und die Zeitbereichs-Deltafunktionen von Bild 6-3f im Abstand T_o auseinander liegen, liefert ihre Faltung die in Bild 6-3g angegebene periodische Funktion. Dies ist einfach das Zeitbereichs-Äquivalent der bereits beschriebenen Frequenzbereichs-Abtastung, die hier lediglich eine einzige Sinusfunktion oder Frequenzkomponente liefert. Die Zeitfunktion von Bild 6-3g erhält als Folge der Frequenzbereichs-Abtastung das Maximum AT_o im Unterschied zu ihrem ursprünglichen Maximum A.

Eine Betrachtung des Bildes 6-3g zeigt, daß wir ein kontinuierliches Zeitsignal abgetastet und jeden Abtastwert mit T_o multipliziert haben. Die FOURIER-Transformierte des Abtastsignals erhält im Vergleich zu der des ursprünglichen Signals den multiplikativen Faktor $AT_o/2T$ hinzu. Der Faktor T_o ist der Zeit- und der Frequenzfunktion gemeinsam und kann daher gekürzt werden. Wenn wir die FOURIER-Transformierte des Originalsignals nun mit Hilfe der diskreten FOURIER-Transformation ermitteln wollen, müssen wir das Abtastsignal mit dem Faktor T multiplizieren, damit die Frequenzfunktion die richtige Fläche A/2 erhält; die Gl. (6-16) lautet dann

$$(6-24) \quad H\left(\frac{n}{NT}\right) = T \sum_{k=0}^{N-1} h(kT) e^{-j2\pi nk/N}$$

Dieses Ergebnis folgt erwartungsgemäß, da die Beziehung (6-24) einfach die Integration der kontinuierlichen FOURIER-Transformation nach der Rechteck-Regel zum Ausdruck bringt.

Das vorliegende Beispiel repräsentiert die einzige Signalklasse, für die die Ergebnisse der diskreten und der kontinuierlichen FOURIER-Transformation bis auf einen konstanten Faktor, identisch sind. Die Bedingungen für die Identität beider Transformationen sind: 1) Die Zeitfunktion h(t) muß periodisch sein. 2) h(t) muß bandbegrenzt sein. 3) Die Abtastfrequenz muß mindestens doppelt so hoch sein wie die höchste Frequenzkomponente von h(t). 4) Die Begrenzungsfunktion x(t) darf nur über eine Periode von h(t) oder über einem Vielfachen hiervon ungleich Null sein.

Bandbegrenzte periodische Funktionen, Beobachtungszeit ungleich einer Periode

Wenn eine periodische und bandbegrenzte Funktion abgetastet und derart zeitbegrenzt wird, daß sie nach der Zeitbegrenzung nicht aus einem ganzzahligen Vielfachen der Periode der ursprünglichen Funktion besteht, dann können sich die kontinuierliche und die diskrete FOURIER-Transformierte erheblich unterscheiden. Um diesen Effekt zu zeigen, betrachte man die Darstellung von Bild 6-5. Dieses Beispiel unterscheidet sich vom letzten Beispiel lediglich in der Frequenz des sinusförmigen Signals h(t). Wie vorher, wird h(t) abgetastet (Bild 6-5c) und zeitbegrenzt (Bild 6-5e). Man beachte, daß das zeitbegrenzte Abtastsignal keinem ganzzahligen Vielfachen einer Periode von h(t) entspricht; daher resultiert aus der Faltung der Funktionen von Bild 6-5e,f die in Bild 6-5g dargestellte periodische Funktion. Obwohl diese Funktion auch periodisch ist, unterscheidet sie sich von der ursprünglichen periodischen Funktion h(t). Daher können wir nicht erwarten, daß die FOURIER-Transformierten der beiden Funktionen aus Bildern

128   6. Die diskrete FOURIER-Transformation

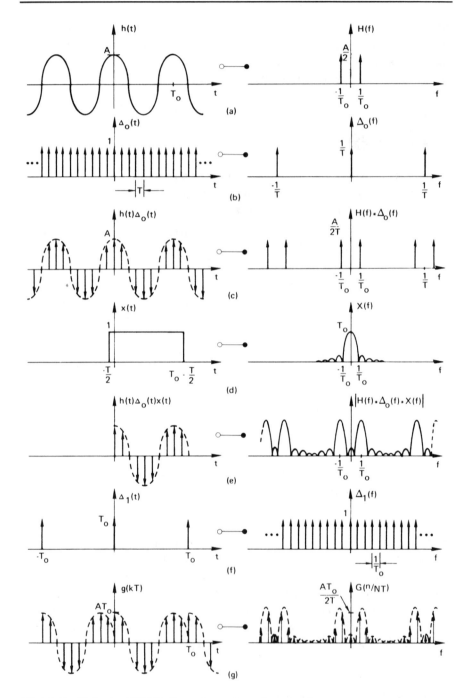

Bild 6-5: Diskrete FOURIER-Transformation eines bandbegrenzten periodischen Signals: Beobachtungszeit (Zeitfensterbreite) ungleich einer Signalperiode.

6.4 Zusammenhang zwischen der diskreten und der kontinuierlichen...

6-5a,g einander äquivalent sind. Es ist aufschlußreich, diese Zusammenhänge im Frequenzbereich zu untersuchen.

Die FOURIER-Transformierte des zeitbegrenzten Abtastsignals von Bild 6-5e erhält man durch die Faltung der Frequenzbereichs-Deltafunktionen von Bild 6-5c mit der sin(f)/f-Funktion von Bild 6-5d. Bild 6-6 zeigt einen vergrößerten Ausschnitt des Faltungsproduktes. Die Abtastung des Faltungsproduktes in Frequenzabständen von $1/T_o$ liefert die in Bild 6-6 und Bild 6-5g dargestellten Frequenzbereichs-Deltafunktionen. Diese Frequenzbereichs-Abtastwerte bilden die FOURIER-Transformierte der periodischen Zeitfunktion von Bild 6-5g. Man beachte, daß es auch eine Deltafunktion bei der Frequenz Null gibt, die den Mittelwert des zeitbegrenzten Signals repräsentiert; da die zeitbegrenzte Funktion nicht aus einer ganzzahligen Anzahl von Perioden besteht, ist der Mittelwert ungleich Null. Die anderen Frequenzbereichs-Deltafunktionen treten deswegen auf, weil die Nullstellen der sin(f)/f-Funktion nicht - wie im vorherigen Beispiel - mit den Abtastwerten zusammenfallen.

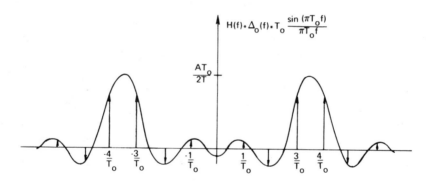

Bild 6-6: Vergrößerter Ausschnitt des Faltungsprodukts aus Bild 6-5e.

Diese Diskrepanz zwischen der kontinuierlichen und der diskreten FOURIER-Transformation tritt wahrscheinlich am häufigsten auf und wird von den Anwendern der diskreten FOURIER-Transformation am wenigsten verstanden. Die Zeitbegrenzung um ein nicht ganzzahliges Vielfaches der Periode führt zu einer periodischen Funktion mit, wie in Bild 6-5g gezeigt, scharfen *Diskontinuitäten*. Intuitiv erwarten wir wegen der abrupten Sprünge im Zeitbereich die Entstehung zusätzlicher Frequenzkomponenten im Frequenzbereich. Im Frequenzbereich betrachtet, ist die Zeitbegrenzung gleichbedeutend mit der Faltung einer sin(f)/f-Funktion mit der einer Deltafunktion, die die ursprüngliche Frequenzfunktion H(f) repräsentiert. Folglich besteht die Frequenzfunktion nicht mehr aus einer einzigen Deltafunktion, sondern aus einer kontinuierlichen Frequenzfunktion mit einem Maximum an der Stelle der ursprünglichen Deltafunktion und einer Reihe weiterer impulsartiger Frequenzanteile, die als *Seitenschwinger (side lobes)**) bezeichnet werden. Diese Seitenschwinger sind die Verursacher der zusätzlichen Frequenzkomponenten, die nach einer Frequenzbereichs-Abtastung auftreten. Dieses Phänomen ist als *Leckeffekt (leakage)* bekannt und ist der diskreten FOURIER-Transformation wegen der erforderlichen Zeitbegrenzung inhärent. Methoden zur Abschwächung des Leckeffekts werden in Abschnitt 9-5 beschrieben.

Zeitbegrenzte Signale

Die vorangegangenen zwei Beispiele haben den Zusammenhang zwischen der diskreten und der kontinuierlichen FOURIER-Transformation bandbegrenzter periodischer Funktionen herausgestellt. Eine andere Funktionsklasse von Interesse ist diejenige, die wie h(t) in Bild 6-7a nur in einem endlichen Zeitintervall von Null verschiedene Werte annimmt. Wenn h(t) zeitbegrenzt ist, kann ihre FOURIER-Transformierte nicht bandbegrenzt sein; eine Abtastung führt in diesem Fall zwangsläufig zur Bandüberlappung. Es ist daher erforderlich, das Abtastintervall so klein zu wählen, daß die Bandüberlappung zu einem annehmbaren Maß reduziert wird. Wie aus Bild 6-7c hervorgeht, wurde hier das Abtastintervall T zu groß gewählt und die Bandüberlappung ist deswegen erheblich.

Wenn ein zeitbegrenztes Signal abgetastet wird mit N als Anzahl der Abtastwerte, ist eine Zeitbegrenzung unnötig. Die Zeitbegrenzung wird übersprungen und die FOURIER-Transformierte des Abtastsignals (Bild 6-7c) mit der Frequenzbereichs-Abtastfunktion $\Delta_1(f)$ multipliziert. Die Zeitbereichs-Äquivalente zu diesem Produkt ist das Faltungsprodukt der Funktionen der Bilder 6-7c,d.

Die resultierende Zeitfunktion (Bild 6-7e) ist periodisch mit N Abtastwerten der Originalfunktion als einer Periode und stellt somit ein Duplikat der Originalfunktion dar. Die FOURIER-Transformierte dieser periodischen Funktion ist das in Bild 6-7e gezeigte Frequenzbereichs-Abtastsignal.

*) Alternative Bezeichnungen: Seitenkeule, Nebenzipfel.

6.4 Zusammenhang zwischen der diskreten und der kontinuierlichen...

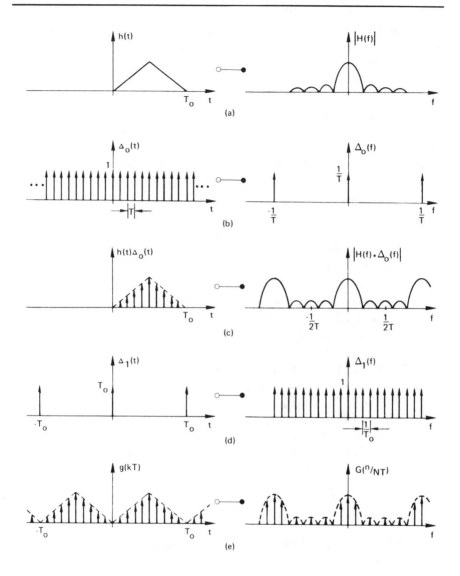

Bild 6-7: Diskrete FOURIER-Transformation eines zeitbegrenzten Signals.

Wenn N gleich der Anzahl der Abtastwerte des zeitbegrenzten Signals gewählt wird, dann ist die Bandüberlappung bei dieser Funktionenklasse die einzige Fehlerquelle. Durch Bandüberlappung entstehende Fehler lassen sich mit einem genügend kleinen Abtastintervall entsprechend gering halten. In diesem Fall stimmen Ergebnisse der diskreten FOURIER-Transformation mit denen der kontinuierlichen FOURIER-Transformation, abgesehen von einem multiplikativen Faktor, ziemlich gut überein. Leider gibt es wenig Anwendungsmöglichkeiten für die diskrete FOURIER-Transformation dieser Funktionsklasse.

Beliebige periodische Signale

Anhand von Bild 6-7 läßt sich auch die Beziehung zwischen der diskreten und der kontinuierlichen FOURIER-Transformation periodischer Funktionen erläutern, die nicht bandbegrenzt sind. Wir nehmen an, daß h(t) von Bild 6-7a nur eine Periode einer periodischen Funktion darstellt. Wenn man diese periodische Funktion abtastet und zeitlich exakt auf eine Periode begrenzt, ist die resultierende Funktion der Funktion von Bild 6-7c identisch. Die FOURIER-Transformierte besteht dann nicht aus einer kontinuierlichen Frequenzfunktion wie der von Bild 6-7c, sondern aus einer unendlichen Folge äquidistanter Deltafunktionen im Abstand $1/T_o$, deren Flächen sich exakt aus der kontinuierlichen Frequenzfunktion bestimmen lassen. Da die Frequenzbereichs-Abtastfunktion $\Delta_1(f)$, wie in Bild 6-7d gezeigt, aus einer unendlichen Folge äquidistanter Deltafunktionen im Abstand $1/T_o$ besteht, ist das Ergebnis hier denen von Bild 6-7e identisch. Wenn die Dauer der Begrenzungsfunktion einem ganzzahligen Vielfachen einer Periode entspricht, dann ist der Bandüberlappungseffekt, wie vorher, die einzige Fehlerquelle. Wenn aber die Breite der Begrenzungsfunktion nicht gleich einem ganzzahligen Vielfachen einer Periode ist, sind Ergebnisse zu erwarten, wie sie früher besprochen wurden.

Beliebige Signale

Die wichtigste Signalklasse ist diejenige, die weder bandbegrenzt noch zeitbegrenzt ist. Bild 6-8a zeigt ein Beispiel dieser Signalklasse. Abtastung führt, wie aus Bild 6-8c hervorgeht, zu bandüberlappten Frequenzfunktionen. Zeitbegrenzung ruft, wie in Bild 6-8e gezeigt, Welligkeiten im Frequenzbereich hervor. Frequenzbereichs-Abtastung ergibt das in Bild 6-8g dargestellte FOURIER-Transformationspaar. Die Zeitfunktion dieses Transformationspaares ist eine periodische Funktion, von der jede Periode sich aus den durch Abtastung und Zeitbegrenzung entstandenen N Werten der ursprünglichen Funktion zusammensetzt. Die Frequenzfunktion dieses Transformationspaares ist ebenfalls eine periodische Funktion, von der jede Periode aus N Werten besteht, die

6.4 Zusammenhang zwischen der diskreten und der kontinuierlichen... 133

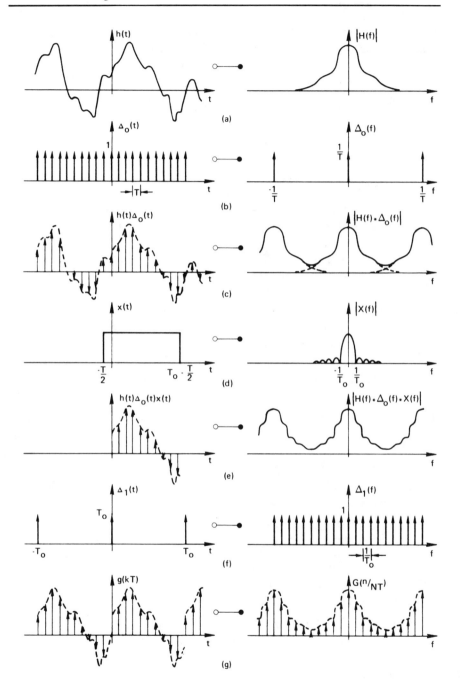

Bild 6-8: Diskrete FOURIER-Transformation eines beliebigen Signals.

sich von den entsprechenden Werten der ursprünglichen Frequenzfunktion durch die auf die Abtastung und Zeitbegrenzung zurückzuführenden Fehler unterscheiden. Der Bandüberlappungsfehler läßt sich durch Verkleinerung des Abtastintervalls auf ein erträgliches Maß verringern. Verfahren zur Verringerung der durch Zeitbegrenzung entstandenen Fehler werden in Abschnitt 9-5 diskutiert.

Zusammenfassung

Wir haben gezeigt, daß es viele Anwendungsfälle gibt, für die man mit Hilfe der diskreten FOURIER-Transformation mit der nötigen Vorsicht Resultate erzielen kann, die denen der kontinuierlichen FOURIER-Transformation im wesentlichen entsprechen. Eine wichtige Tatsache, die man sich unbedingt immer vor Augen halten soll, ist, daß die diskrete FOURIER-Transformation eine Periodizität sowohl im Zeitbereich als auch im Frequenzbereich impliziert. Erinnert man sich stets daran, daß die N Abtastwerte der Zeitfunktion eine Periode einer periodischen Funktion darstellen, dann sollte die Anwendung der diskreten FOURIER-Transformation weniger (unangenehme) Überraschungen bereiten.

Aufgaben

6-1 Man wiederhole die graphischen Ausführungen des Bildes 6-1 für folgende Funktionen:

    a. $h(t) = |t|e^{-a|t|}$

    b. $h(t) = 1 - |t|$, $|t| \leq 1$
              $= 0$, $|t| > 1$

    c. $h(t) = \cos(t)$

6-2 Man vollziehe die Herleitung der diskreten FOURIER-Transformation (Gln.(6-1) bis (6-16)) nach und schreibe alle Schritte im Detail auf.

6-3 Man wiederhole die graphische Herleitung des Bildes 6-3 für $h(t) = \sin(2\pi f_o t)$ und beschreibe den Fall, in dem die Beobachtungszeit ungleich einer Periode ist. Was ergibt sich, wenn man die Beobachtungszeit gleich zwei Perioden wählt?

6-4 Man betrachte Bild 6-7 und nehme an, daß $h(t) \cdot \Delta_o(t)$ aus N nichtverschwindenden Abtastwerten besteht. Was sind die Auswirkungen einer Zeitbegrenzung von $h(t) \cdot \Delta_o(t)$ auf $3N/4$

Abtastwerte? Welcher ist der Effekt, wenn man $h(t) \cdot \Delta_o(t)$ derart zeitbegrenzt, daß man zu den N nichtverschwindenden Abtastwerten noch N/4 Nullen hinzufügt?

6-5 Man wiederhole die graphische Herleitung des Bildes 6-7 mit $h(t) = \sum_{n=-\infty}^{\infty} e^{-\alpha|t-nT_o|}$. Welche Fehlerquellen müssen berücksichtigt werden?

6-6 Zur Veranschaulichung der Entstehung von Welligkeiten führe man folgende Faltungen auf graphischem Weg durch:
a) Eine Deltafunktion mit $\sin(t)/t$
b) Ein schmaler Rechteckimpuls mit $\sin(t)/t$
c) Ein breiter Rechteckimpuls mit $\sin(t)/t$
d) Ein Dreieckimpuls mit $\sin(t)/t$

6-7 Um die Orthogonalitätsbeziehung nachzuweisen, schreibe man mehrere Terme der Gl.(6-19) aus.

6-8 Das Begrenzungsintervall wird oft als Aufnahmezeit (Beobachtungszeit) bezeichnet. Man stelle eine Gleichung auf, die im Zusammenhang mit dem Begriff Aufnahmezeit das Auflösungsvermögen bzw. den Frequenzabstand der (Frequenzbereichs-) Abtastwerte der diskreten FOURIER-Transformierten definiert.

6-9 Man kommentiere die Behauptung: Die diskrete FOURIER-Transformation stellt ein Analogon zu einer Bandpaßfilterbank dar.

Literatur

[1] COOLEY, J.W., P.A.W. LEWIS, and P.D. WELCH, "The Finite Fourier Transform," IEEE Transactions on Audio and Electroacoustics (June 1969), Vol. AU-17, No. 2, pp. 77-85.

[2] BERGLAND, G.D., "A Guided Tour of the Fast Fourier Transform," IEEE Spectrum (July 1969), Vol. 6, No. 7, pp. 41-52.

[3] SWICK, D.A., "Discrete Finite Fourier Transforms - a Tutorial Approach." Washington, D.C., Naval Research Labs, NRL Dept. 6557, June 1967.

7. Diskrete Faltung und Korrelation

Die wohl wichtigsten Theoreme der FOURIER-Transformation sind die der Faltung und der Korrelation. Dies ergibt sich aus der Tatsache, daß die Bedeutung der schnellen FOURIER-Transformation primär aus ihrer Effizienz bei der Berechnung diskreter Faltungen und Korrelationen resultiert. Im nun folgenden Kapitel untersuchen wir graphisch und mathematisch die Beziehungen der diskreten Faltung und Korrelation. Ferner wird der Zusammenhang zwischen der diskreten und der kontinuierlichen Faltung ausführlich diskutiert.

7.1 Diskrete Faltung

Die diskrete Faltung ist definiert als die Summe

$$(7-1) \quad y(kT) = \sum_{i=0}^{N-1} x(iT) h[(k-i)T],$$

wobei beide Funktionen $x(kT)$ und $h(kT)$ periodische Funktionen mit der Periode N sind:

$$(7-2) \quad \begin{aligned} x(kT) &= x[(k+rN)T], \quad r = 0, \pm 1, \pm 2, \ldots \\ h(kT) &= h[(k+rN)T], \quad r = 0, \pm 1, \pm 2, \ldots \end{aligned}$$

Symbolisch wird die diskrete Faltung normalerweise wie folgt geschrieben:

$$(7-3) \quad y(kT) = x(kT) * h(kT).$$

Zur Untersuchung der diskreten Faltung betrachte man die Darstellungen aus Bild 7-1. Beide Funktionen $x(kT)$ und $h(kT)$ sind periodische Funktionen mit der Periode $N = 4$. Nach Gl.(7-1) sind zunächst die Funktionen $x(iT)$ und $h[(k-i)T]$ zu bilden. Die Funktion $h(-iT)$ ist, wie in Bild 7-2a gezeigt, das Spiegelbild von $h(iT)$ an der Ordinatenachse; die Funktion $h[(k-i)T]$ ist die um kT verschobene Funktion $h(-iT)$. Bild 7-2b zeigt $h[(k-i)T]$ für die Verschiebung $2T$. Gl.(7-1) wird für jede Verschiebung kT durch Ausführung der entsprechenden Multiplikationen und Additionen ausgewertet.

7.2 Diskrete Faltung auf graphischem Wege

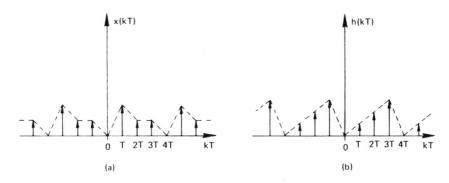

Bild 7-1: Zwei abgetastete Funktionen für ein Beispiel zur diskreten Faltung.

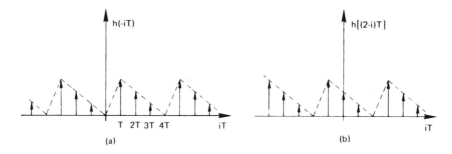

Bild 7-2: Veranschaulichung des Verschiebungsschrittes der diskreten Faltung.

7.2 Diskrete Faltung auf graphischem Wege

Bild 7-3 dient zur Veranschaulichung der diskreten Faltung. Die Abtastwerte x(kT) werden durch *Punkte* und die Abtastwerte h(kT) durch *Kreuze* gekennzeichnet. Bild 7-3a veranschaulicht das Rechenverfahren für die Verschiebung k = 0. Der Wert eines jeden Punktes wird mit dem Wert des Kreuzes vom selben Abszissenwert multipliziert; diese Punkte werden dann über die mit Doppelpfeil angedeuteten N = 4 diskreten Punkte aufsummiert. Bild 7-3b zeigt die graphische Auswertung der Gl.(7-1) für k = 1; Multiplikation und Summation erfolgen über die N gekennzeichneten Punkte. Bilder 7-3c,d zeigen die Auswertung der Faltung für k = 2 und k = 3. Man beachte, daß für k = 4 (Bild 7-3e) die zu multiplizierenden und aufzusummierenden Terme identisch zu denjenigen aus Bild 7-3a sind, was zu erwarten ist, da beide Folgen x(kT) und h(kT) periodisch sind mit einer Periode von 4 Termen. Daher gilt

(7-4) $y(kT) = y[(k+rN)T]$ $r = 0, \pm 1, \pm 2, \ldots$.

138   7. Diskrete Faltung und Korrelation

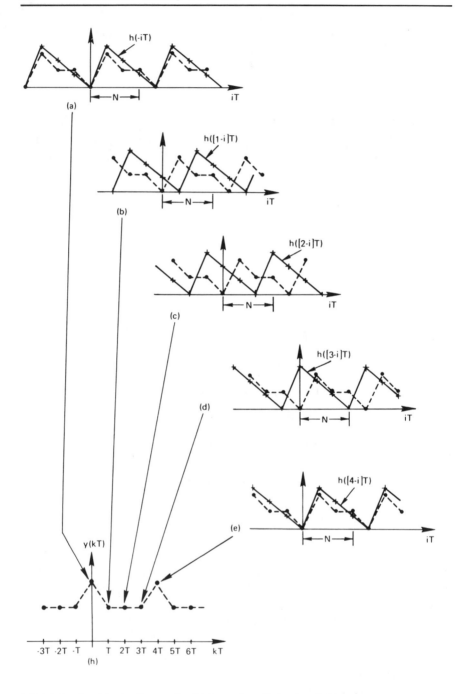

Bild 7-3: Graphische Veranschaulichung der diskreten Faltung.

Die graphischen Ausführungsschritte der diskreten Faltung unterscheiden sich von denen der kontinuierlichen Faltung lediglich dadurch, daß die Integration durch Summation ersetzt wird. Für die diskrete Faltung sind diese Schritte: 1) Spiegelung, 2) Verschiebung, 3) Multiplikation und 4) Summation. Wie im Falle kontinuierlicher Funktionen kann man entweder x(kT) oder h(kT) zur Verschiebung heranziehen. Dementsprechend erhält man für Gl.(7-1) die äquivalente Beziehung

(7-5) $$y(kT) = \sum_{i=0}^{N-1} x[(k-i)T]h(iT)$$

7.3 Beziehung zwischen diskreter und kontinuierlicher Faltung

Wenn wir ausschließlich periodische Funktionen betrachten, die durch äquidistante Deltafunktionen repräsentiert sind, ist das Ergebnis der diskreten Faltung mit dem Ergebnis der kontinuierlichen Faltung identisch. Dies beruht darauf, daß die kontinuierliche Faltung, wie in Anhang A (Gl.A-14) gezeigt, auch für Deltafunktionen wohl definiert ist.

Der interessanteste Anwendungsfall der diskreten Faltung ist nicht die Faltung periodischer Abtastsignale, sondern vielmehr die Approximation der kontinuierlichen Faltung von Signalen beliebiger Verläufe. Aus diesem Grund untersuchen wir im folgenden ausführlich den Zusammenhang zwischen der diskreten und der kontinuierlichen Faltung.

Diskrete Faltung zeitbegrenzter Signale

Man betrachte die Funktionen x(t) und h(t) aus Bild 7-4a. Wir wollen diese beiden Funktionen sowohl kontinuierlich als auch diskret miteinander falten und die Ergebnisse vergleichen.

Bild 7-4a zeigt das Ergebnis der kontinuierlichen Faltung y(t) der beiden Funktionen. Zur Durchführung der diskreten Faltung tasten wir beide Funktionen x(t) und h(t) mit dem Abtastintervall T ab und nehmen an, daß beide Abtastsignale periodisch sind mit der Periode N. Wie in Bild 7-4b gezeigt, wurde die Periode N = 9 gewählt und die Funktionen x(kT) und h(kT) sind durch P = Q = 6 Abtastwerte vertreten; die restlichen Abtastwerte einer Periode wurden zu Null gesetzt. Bild 7-4b zeigt ebenfalls das diskrete Faltungsprodukt y(kT) für die Periode N = 9; für diese Wahl der Periode ergibt die diskrete Faltung eine unbefriedigende

Approximation der kontinuierlichen Faltung, da die vorausgesetzte Periodizität zu einer Überlappung des gesuchten periodischen Ausgangssignals führt. Das bedeutet, daß wir die Periode nicht groß genug gewählt haben, so daß das Faltungsergebnis einer Periode mit dem Faltungsergebnis der unmittelbar darauffolgenden Periode nicht *überlappt* bzw. nicht *interferiert*. Wenn wir die diskrete Faltung zur Approximation der kontinuierlichen Faltung heranziehen wollen, ist es leicht einzusehen, daß die Periode, um Überlappungen zu vermeiden, entsprechend groß gewählt werden muß.

Man wähle die Periode gemäß der Beziehung

(7-6) $N = P + Q - 1$.

Diese Situation ist in Bild 7-4c dargestellt, wobei $N = P + Q - 1 = 11$ gewählt wurde. Man beachte, daß für diese Wahl von N keine Überlappung im Faltungsprodukt auftritt. Gl.(7-6) basiert auf der Tatsache, daß die Faltung einer diskreten Funktion mit P Werten mit einer anderen diskreten Funktion mit Q Werten als Ergebnis eine diskrete Funktion mit $P + Q - 1$ Werten ergibt.

Die Wahl $N > P + Q - 1$ bringt keine Vorteile mit sich. Wie in Bild 7-4d gezeigt, sind für $N = 15$ die nichtverschwindenden Werte des Faltungsproduktes gleich denen aus Bild 7-4c. Solange N entsprechend Gl.(7-6) gewählt wird, ergibt die diskrete Faltung stets eine periodische Funktion, von der jede Periode eine Approximation für das kontinuierliche Faltungsprodukt darstellt.

Bild 7-4c zeigt, daß das Ergebnis der diskreten Faltung anders skaliert ist als das der kontinuierlichen Faltung. Der Skalierungsfaktor ist T; wir modifizieren die diskrete Faltung Gl.(7-1) und erhalten

(7-7) $$y(kT) = T \sum_{i=0}^{N-1} x(iT) h[(k-i)T].$$

Gl.(7-7) bringt die numerische Berechnungsmethode des kontinuierlichen Faltungsintegrals für zeitbegrenzte Signale nach der Rechteck-Regel zum Ausdruck. Somit approximiert das diskrete Faltungsprodukt zeitbegrenzter Signale das entsprechende kontinuierliche Faltungsprodukt mit einem Approximationsfehler, der sich auf die Rechteck-Regel zurückführen läßt. Wie in Bild 7-4e verdeutlicht, wird der Fehler der diskreten Faltung Gl.(7-7) vernachlässigbar, wenn man das Abtastintervall T genügend klein wählt.

7.3 Beziehung zwischen diskreter und kontinuierlicher Faltung

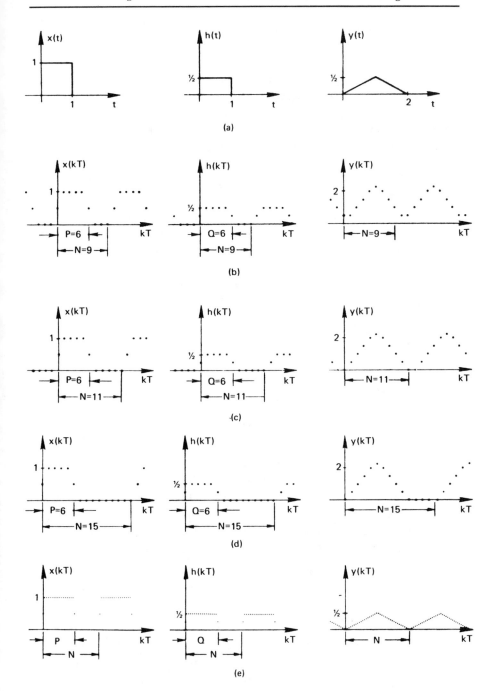

Bild 7-4: Zusammenhang zwischen der diskreten und der kontinuierlichen Faltung zweier zeitbegrenzter Signale.

Diskrete Faltung zeitunbegrenzter mit zeitbegrenzten Signalen

Im letzten Beispiel wurde der Fall betrachtet, in dem beide Funktionen x(kT) und h(kT) zeitbegrenzt waren. Ein weiterer interessanter Fall ist, wenn eine der beiden zu faltenden Funktionen zeitunbegrenzt ist. Zur Erläuterung des Zusammenhanges zwischen der diskreten Faltung und der kontinuierlichen Faltung in diesem Fall betrachte man die Darstellungen von Bild 7-5. Wie in Bild 7-5a gezeigt, wird die Funktion h(t) als zeitbegrenzt und die Funktion x(t) als zeitunbegrenzt angenommen; Bild 7-5b zeigt das Faltungsprodukt der beiden Funktionen. Da die diskrete Faltung verlangt, daß beide Funktionen x(kT) und h(kT) periodisch sind, erhalten wir hierfür die Darstellungen aus Bild 7-5c; es wurde die Periode N gewählt (Bilder 7-5a,c). Mit der zeitunbegrenzten Funktion x(kT) verursacht die erzwungene Periodizität den sogenannten *Randeffekt (end effect)*.

Man vergleiche das diskrete Faltungsprodukt aus Bild 7-5d mit dem kontinuierlichen Faltungsprodukt aus Bild 7-5b. Wie gezeigt, stimmen die beiden Ergebnisse gut überein mit Ausnahme der ersten Q-1 Werte des diskreten Faltungsprodukts. Um diesen Punkt klarer herauszustellen, betrachte man die Darstellungen von Bild 7-6. Wir zeigen nur eine Periode von x(iT) und h[(5-i)T]. Zur Auswertung der diskreten Faltung Gl.(7-1) für diese Verschiebung multiplizieren wir die Abtastwerte von x(iT) und h[(5-i)T], die zu gleichen Zeitpunkten gehören (Bild 7-6a), miteinander und addieren die Produkte auf. Das Faltungsergebnis ist abhängig von den x(iT)-Werten der Periodenrandbereiche. Eine derartige Abhängigkeit existiert offensichtlich nicht für die kontinuierliche Faltung und läßt sich daher in Zusammenhang mit dieser nicht sinnvoll interpretieren. Ähnliche Ergebnisse erhalten wir für andere Verschiebungen solange, bis Q Werte von h(iT) um Q-1 verschoben sind, i.e. der *Randeffekt* tritt bis zur Verschiebung um k = Q-1 auf.

Man beachte, daß der *Randeffekt* nicht am rechten Randgebiet der N Abtastwerte auftritt; Bild 7-6b zeigt die Funktionen h(k-iT) für die Verschiebung k = N-1 (also die maximale Verschiebung) und x(iT). Die Multiplikation der Werte von x(iT) und h[(N-1-i)T], die zu denselben Zeitpunkten gehören, und die anschließende Aufsummierung liefern das gewünschte Faltungsergebnis. Das Ergebnis hängt hier nur von den eigentlichen Werten von x(iT) ab.

7.3 Beziehung zwischen diskreter und kontinuierlicher Faltung

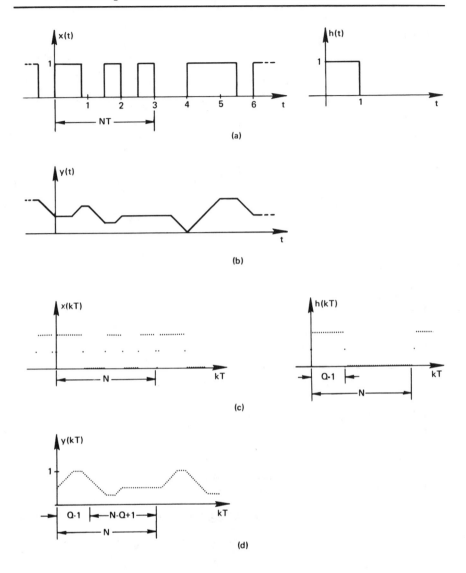

Bild 7-5: Zusammenhang zwischen der diskreten und der kontinuierlichen Faltung eines zeitbegrenzten mit einem zeitunbegrenzten Signal.

Wenn man das Abtastintervall T genügend klein wählt, stellt die diskrete Faltung, abgesehen vom *Randeffekt*, eine gute Approximation für die kontinuierliche Faltung dar.

144   7. Diskrete Faltung und Korrelation

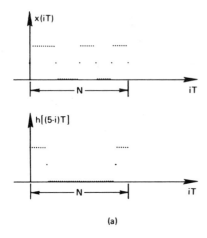

(a)

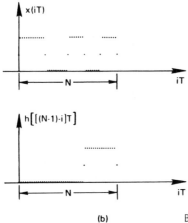

(b)   Bild 7-6: Veranschaulichung des Randeffekts.

Zusammenfassung

Wir haben ausdrücklich betont, daß die diskrete Faltung nur für periodische Funktionen definiert ist. Die Auswirkungen der Nichteinhaltung dieser Bedingung sind, wie wir graphisch veranschaulicht haben, jedoch vernachlässigbar, wenn zumindest eine der beiden zu faltenden Funktionen zeitbegrenzt ist. Für diesen Fall ist die diskrete Faltung näherungsweise äquivalent zur kontinuierlichen Faltung, wobei die verbleibenden Unterschiede auf die Rechteckregel der Integration und auf den *Randeffekt* zurückzuführen sind.

Die diskrete Faltung zweier zeitunbegrenzter Funktionen ist im allgemeinen nicht möglich.

7.4 Theorem der diskreten Faltung

Analog zur Theorie der FOURIER-Transformation erhält man eine der wichtigsten Eigenschaften der diskreten FOURIER-Transformation durch Anwendung der diskreten FOURIER-Transformation auf die Gl.(7-1). Die diskrete FOURIER-Transformation, angewendet auf die Faltungsgleichung (7-1), liefert das Theorem der diskreten Faltung, ausgedrückt durch die Beziehung

$$(7-8) \qquad \sum_{i=0}^{N-1} x(iT)h[(k-i)T] \quad \circ\!\!-\!\!\bullet \quad X\left(\frac{n}{NT}\right) H\left(\frac{n}{NT}\right).$$

Der Beweis für diese Beziehung ergibt sich, wenn man (6-17) in die linke Seite von (7-8) einsetzt:

$$\sum_{i=0}^{N-1} x(iT)h[(k-i)T] = \sum_{i=0}^{N-1} \frac{1}{N} \sum_{n=0}^{N-1} X\left(\frac{n}{NT}\right) e^{j2\pi ni/N} \frac{1}{N} \sum_{m=0}^{N-1} H\left(\frac{m}{NT}\right) e^{j2\pi m(k-i)/N}$$

$$(7-9) \qquad = \frac{1}{N} \sum_{n=0}^{N-1} \sum_{m=0}^{N-1} X\left(\frac{n}{NT}\right) H\left(\frac{m}{NT}\right) e^{j2\pi mk/N}$$

$$\cdot \frac{1}{N} \left[\sum_{i=0}^{N-1} e^{j2\pi in/N} e^{-j2\pi im/N} \right].$$

Der Term in Klammern aus (7-9) entspricht der Orthogonalitätsbeziehung (6-19) und ist gleich N für m = n; damit erhalten wir

$$(7-10) \qquad \sum_{i=0}^{N-1} x(iT)h[(k-i)T] = \frac{1}{N} \sum_{n=0}^{N-1} X\left(\frac{n}{NT}\right) H\left(\frac{n}{NT}\right) e^{j2\pi nk/N}.$$

Die diskrete FOURIER-Transformierte des Faltungsprodukts zweier periodischer Abtastsignale der Periode N ist also gleich dem Produkt der diskreten FOURIER-Transformierten der periodischen Abtastsignale.

Man sei daran erinnert, daß die diskrete Faltung Gl.(7-1) unter der Voraussetzung definiert wurde, daß die zu faltenden Funktionen periodisch sind. Der eigentliche Grund für diese Voraussetzung liegt darin, daß sie für die Gültigkeit des Theorems der diskreten Faltung (7-8) notwendig ist: Da die diskrete FOURIER-Transformation nur für periodische Zeitfunktionen definiert ist, müssen die Zeitfunktionen periodisch sein, damit (7-8) gilt. Es sei

146   7. Diskrete Faltung und Korrelation

nochmals erwähnt, daß die diskrete Faltung nur ein Spezialfall der kontinuierlichen Faltung ist; die diskrete Faltung verlangt, daß beide zu faltenden Funktionen zeitdiskret und periodisch sind.

Die in Abschnitt 7-3 dargestellten Faltungsprodukte lassen sich ebensogut mit Hilfe des Faltungstheorems ermitteln. Wenn wir die diskrete FOURIER-Transformierte jeder der periodischen Funktionen x(kT) und h(kT) berechnen, die Ergebnisse miteinander multiplizieren und anschließend die inverse diskrete FOURIER-Transformierte des Produktes bilden, erhalten wir Ergebnisse, die jenen graphischen Darstellungen identisch sind. Wie in Kap. 13 noch besprochen wird, läßt sich die Anwendung der diskreten FOURIER-Transformation zur numerischen Auswertung der diskreten Faltung normalerweise schneller durchführen, wenn wir hierzu den Algorithmus der schnellen FOURIER-Transformation benutzen.

7.5 Diskrete Korrelation

Die diskrete Korrelation ist definiert durch

$$(7-11) \qquad z(kT) = \sum_{i=0}^{N-1} x(iT)h[(k+i)T],$$

wobei x(kT), h(kT) und z(kT) periodische Funktionen sind:

$$(7-12) \qquad z(kT) = z[(k+rN)T], \qquad r = 0, \pm 1, \pm 2,\ldots$$
$$x(kT) = x[(k+rN)T], \qquad r = 0, \pm 1, \pm 2,\ldots$$
$$h(kT) = h[(k+rN)T], \qquad r = 0, \pm 1, \pm 2,\ldots .$$

Wie beim kontinuierlichen Fall unterscheidet sich die diskrete Korrelation von der diskreten Faltung dadurch, daß hier keine Spiegelung erforderlich ist. Die restlichen Regeln der Verschiebung, Multiplikation und Summation bleiben exakt die gleichen wie bei der diskreten Faltung.

Das Theorem der diskreten Korrelation wird beschrieben durch das Transformationspaar

$$(7-13) \qquad \sum_{i=0}^{N-1} x(iT)h[(k+i)T] \quad \circ\!\!-\!\!\bullet \quad X^*\left(\frac{n}{NT}\right) H\left(\frac{n}{NT}\right)$$

Der Beweis für (7-13) wird erst in Abschnitt 8-11 geführt, um dort besprochene weitere Eigenschaften der diskreten FOURIER-Transformation für die Beweisführung heranziehen zu können.

Für die Begriffe "Theorem der diskreten Faltung" und "Theorem der diskreten Korrelation" werden im weiteren Verlauf des Textes der Einfachheit halber die Begriffe "diskretes Faltungstheorem" und "diskretes Korrelationstheorem" benutzt.

7.6 Diskrete Korrelation auf graphischem Wege

Um das Verfahren der diskreten Korrelation bzw. der *verzögerten Produkte (lagged products)*, wie die diskrete Korrelation manchmal bezeichnet wird, zu veranschaulichen, betrachte man Bild 7-7. Bild 7-7a zeigt die zu korrelierenden Funktionen. Wir verschieben, multiplizieren und summieren, wie es den Regeln der Korrelation entspricht und in Bilder 7-7b,c,d der Reihe nach veranschaulicht ist. Man vergleiche die Ergebnisse mit denen aus Beispiel 4-7.

Aufgaben

7-1 Gegeben seien

$x(kT) = e^{-kT}$, $k = 0, 1, 2, 3$
$ = 0$, $k = 4, 5, \ldots, N$
$ = x[(k+rN)T]$, $r = 0, \pm 1, \pm 2, \ldots$

und

$h(kT) = 1$, $k = 0, 1, 2$
$ = 0$, $k = 3, 4, \ldots, N$
$ = h[(k+rN)T]$, $r = 0, \pm 1, \pm 2, \ldots$.

Man bilde $x(kT) * h(kT)$ graphisch und analytisch für $T = 1$. Man wähle N kleiner, gleich und größer als in Gl. (7-6).

7-2 Man betrachte die kontinuierlichen Funktionen $x(t)$ und $h(t)$ von Bild 4-13a. Man taste beide Funktionen mit dem Abtastintervall $T = T_o/4$ ab, nehme an, daß beide Funktionen periodisch sind mit der Periode N, wähle N entsprechend der Beziehung (7-6), bilde $x(kT) * h(kT)$ sowohl analytisch als auch graphisch, untersuche die Folgen einer unkorrekten Wahl von N und vergleiche die Ergebnisse mit denen der kontinuierlichen Faltung.

7-3 Man wiederhole Aufgabe 7-2 mit den Bildern 4-13b,c,d,e,f.

148   7. Diskrete Faltung und Korrelation

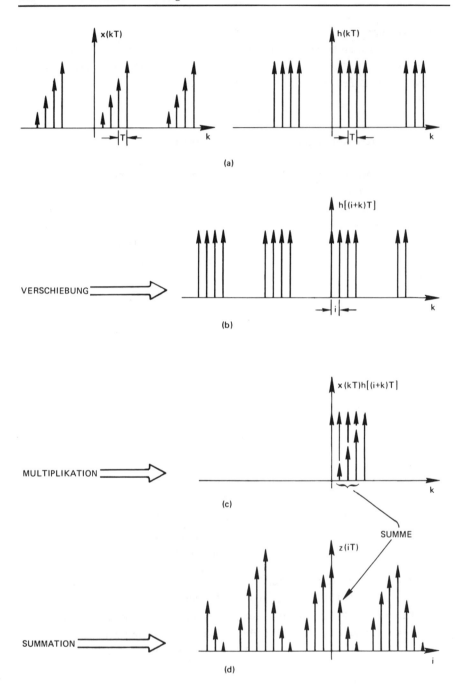

Bild 7-7: Graphische Veranschaulichung der diskreten Korrelation.

7-4 Man betrachte Bild 7-5 und definiere x(t) so, wie in Bild 7-5a dargestellt. Die Funktion h(t) sei

a. $h(t) = \delta(t)$

b. $h(t) = \delta(t) + \delta(t-\frac{3}{2})$

c. $h(t) = 0, \quad t < 0$
$ = 1, \quad 0 < t < \frac{1}{2}$
$ = 0, \quad \frac{1}{2} < t < 1$
$ = 1, \quad 1 < t < \frac{3}{2}$
$ = 0, \quad t > \frac{3}{2}.$

Man führe die diskrete Faltung für alle obigen Fälle gemäß Bild 7-5 graphisch aus, vergleiche die Ergebnisse der diskreten und der kontinuierlichen Faltung und untersuche den Randeffekt für alle angegebenen Fälle.

7-5 Eine zeitbegrenzte Funktion und eine zeitunbegrenzte Funktion seien miteinander diskret zu falten. Man nehme an, daß hierzu ein Gerät verwendet wird, dessen Aufnahmekapazität auf N Abtastwerte jeder der Funktionen begrenzt ist. Man beschreibe ein Verfahren, das erlaubt, sukzessive N-Punkte diskrete Faltungen durchzuführen und die Ergebnisse derart zu kombinieren, daß der Randeffekt eliminiert wird. Man veranschauliche sein Konzept durch Wiederholung der Darstellungen aus Bild 7-5 für den Fall NT = 1,5. Zur Bildung des diskreten Faltungsproduktes y(kT) für $0 \leq kT \leq 3$ wende man das Verfahren sukzessiv an.

7-6 Man leite das diskrete Faltungstheorem für folgende Ausdrücke ab:

a. $\sum_{i=0}^{N-1} h(iT)x[(k-i)T]$

b. $\sum_{i=0}^{N-1} h(iT)h[(k-i)T]$

7-7 x(kT) und h(kT) seien wie in Aufgabe 7-1 definiert. Man bilde das diskrete Korrelationsprodukt (7-11) sowohl analytisch als auch graphisch. Welchen Einschränkungen unterliegt N?

7-8 Man wiederhole Aufgabe 7-2 für die diskrete Korrelation.

7-9 Man wiederhole Aufgabe 7-3 für die diskrete Korrelation.

7-10 Man wiederhole Aufgabe 7-4 für die diskrete Korrelation.

Literatur

[1] COOLEY,J.W., P.A.W. LEWIS, and P.D. WELCH, "The Finite Fourier Transform," IEEE Transactions on Audio and Elekctroacustics (June 1969), Vol. AU-17, No. 2, pp. 77-85.

[2] GOLD, B., and C. RADER, Digital Processing of Signals. New York: McGraw-Hill, 1969.

[3] GUPTA, S., Transform and State Variable Methods in Linear Systems. New York: Wiley, 1966.

[4] PAPOULIS, A., The Fourier Integral and Its Applications. New York: McGraw-Hill, 1962.

8. Eigenschaften der diskreten FOURIER-Transformation

Die in Kap. 3 besprochenen Eigenschaften der kontinuierlichen FOURIER-Transformation lassen sich auf die diskrete FOURIER-Transformation übertragen. Dies beruht auf der Tatsache, daß die diskrete FOURIER-Transformation, wie wir gezeigt haben, einen Spezialfall der kontinuierlichen FOURIER-Transformation darstellt. Es wäre daher möglich, die o.g. Eigenschaften einfach mit einer für die diskrete FOURIER-Transformation geeigneten Ausdrucksweise neu zu formulieren. Unserer Meinung nach aber sind grundlegende Kenntnisse über den Umgang mit zeitdiskreten Funktionen für spätere Ausführungen extrem nützlich; aus diesem Grund entwickeln wir im folgenden die wichtigsten Eigenschaften der diskreten FOURIER-Transformation von einem zeitdiskreten Ansatz her.

Zur Vereinfachung der Schreibweise ersetzen wir kT durch k und n/NT durch n. Diese abgekürzte Schreibweise wird in den folgenden Teilen des Buches beibehalten.

8.1 Linearität

Wenn X(n) und Y(n) die diskreten FOURIER-Transformierten von x(k) und y(k) sind, dann gilt

(8-1) $x(k) + y(k) \circ\!\!-\!\!\bullet X(n) + Y(n)$.

Das diskrete FOURIER-Transformationspaar (8-1) folgt direkt aus dem diskreten FOURIER-Transformationspaar (6-21).

8.2 Symmetrie

Wenn h(k) und H(n) ein diskretes FOURIER-Transformationspaar bilden, dann gilt

(8-2) $\frac{1}{N} H(k) \circ\!\!-\!\!\bullet h(-n)$

Der Beweis hierfür erfolgt durch Umschreibung der Gl. (6-17)

(8-3) $h(-k) = \frac{1}{N} \sum_{k=0}^{N-1} H(n) e^{j2\pi n(-k)/N}$

8. Eigenschaften der diskreten FOURIER-Transformation

und Vertauschung der Parameter k und n

(8-4) $\quad h(-n) = \dfrac{1}{N} \sum\limits_{n=0}^{N-1} H(k) e^{-j2\pi nk/N}$,

8.3 Zeitverschiebung

Wenn man h(k) um die ganze Zahl i verschiebt, dann gilt

(8-5) $\quad h(k-i) \circ\!\!-\!\!\!-\!\!\bullet\ H(n) e^{-j2\pi ni/N}$.

Den Beweis hierfür erhalten wir durch die Substitution $r = k - i$ in die Beziehung der inversen diskreten FOURIER-Transformation:

(8-6) $\quad h(r) = \dfrac{1}{N} \sum\limits_{n=0}^{N-1} H(n) e^{j2\pi nr/N}$,

$\quad\quad\quad h(k-i) = \dfrac{1}{N} \sum\limits_{n=0}^{N-1} H(n) e^{j2\pi n(k-i)/N}$

$\quad\quad\quad\quad\quad\ \ = \dfrac{1}{N} \sum\limits_{n=0}^{N-1} [H(n) e^{-j2\pi ni/N}] e^{j2\pi nk/N}$.

8.4 Frequenzverschiebung

Wenn man H(n) um die ganze Zahl i verschiebt, multipliziert sich ihre inverse diskrete FOURIER-Transformierte mit dem Faktor $e^{j2\pi ik/N}$:

(8-7) $\quad h(k) e^{j2\pi ik/N} \circ\!\!-\!\!\!-\!\!\bullet\ H(n-i)$.

Der Beweis erfolgt durch die Substitution $r = n - i$ in die Beziehung der diskreten FOURIER-Transformation.

(8-8) $\quad H(r) = \sum\limits_{k=0}^{N-1} h(k) e^{-j2\pi rk/N}$,

$\quad\quad\quad H(n-i) = \sum\limits_{k=0}^{N-1} h(k) e^{-j2\pi (n-i)k/N}$

$\quad\quad\quad\quad\quad\ \ = \sum\limits_{k=0}^{N-1} [h(k) e^{j2\pi ik/N}] e^{-j2\pi nk/N}$.

8.5 Alternative Inversionsbeziehung

Die Beziehung der inversen diskreten FOURIER-Transformation (6-17) läßt sich in folgender Form umschreiben:

$$(8-9) \quad h(k) = \frac{1}{N} \left[\sum_{k=0}^{N-1} H^*(n) e^{-j2\pi nk/N} \right]^*$$

wobei * die Konjunktion symbolisiert. Zum Beweis von (8-9) führen wir die Konjunktion direkt aus. Wir setzen $H(n)=R(n)+jI(n)$, woraus $H^*(n)=R(n)-jI(n)$ folgt. Damit erhält man für (8-9)

$$(8-10) \quad h(k) = \frac{1}{N} \left[\sum_{n=0}^{N-1} [R(n)-jI(n)] e^{-j2\pi nk/N} \right]^*$$

$$= \frac{1}{N} \left[\sum_{n=0}^{N-1} [R(n)-jI(n)] [\cos \frac{2\pi nk}{N} - j \sin \frac{2\pi nk}{N}] \right]^*$$

$$= \frac{1}{N} \left[\sum_{n=0}^{N-1} R(n)\cos \frac{2\pi nk}{N} - I(n)\sin \frac{2\pi nk}{N} \right.$$

$$\left. - j \sum_{n=0}^{N-1} R(n)\sin \frac{2\pi nk}{N} + I(n)\cos \frac{2\pi nk}{N} \right]^*$$

$$= \frac{1}{N} \left[\sum_{n=0}^{N-1} R(n)\cos \frac{2\pi nk}{N} - I(n)\sin \frac{2\pi nk}{N} \right.$$

$$\left. + j \sum_{n=0}^{N-1} R(n)\sin \frac{2\pi nk}{N} + I(n)\cos \frac{2\pi nk}{N} \right]$$

$$= \frac{1}{N} \sum_{n=0}^{N-1} [R(n)+jI(n)] \left[\cos \frac{2\pi nk}{N} + j \sin \frac{2\pi nk}{N} \right]$$

$$= \frac{1}{N} \sum_{n=0}^{N-1} H(n) e^{j2\pi nk/N}$$

Der Vorteil dieser alternativen Inversionsbeziehung liegt darin, daß die diskrete Transformationsbeziehung (Gl.(8-10)) sich sowohl zur Auswertung der FOURIER-Transformation als auch ihrer inversen Beziehung verwenden läßt. Wenn die Auswertung auf einem Digitalrechner erfolgt, braucht man hierfür lediglich ein einziges Programm zu erstellen.

8.6 Gerade Funktionen

Wenn $h_g(k)$ eine gerade Funktion ist, dann gilt $h_g(k) = h_g(-k)$ und die diskrete FOURIER-Transformierte von $h_g(k)$ ist eine gerade reelle Funktion.

$$(8-11) \quad h_g(k) \circ\!\!-\!\!\bullet\ R_g(n) = \sum_{n=0}^{N-1} h_g(k)\cos \frac{2\pi nk}{N}.$$

154   8. Eigenschaften der diskreten FOURIER-Transformation

Um (8-11) zu beweisen, schreiben wir einfach die Definitionsgleichung aus:

$$
\begin{aligned}
(8\text{-}12) \quad H_g(n) &= \sum_{k=0}^{N-1} h_g(k) e^{-j2\pi nk/N} \\
&= \sum_{k=0}^{N-1} h_g(k) \cos \frac{2\pi nk}{N} + j \sum_{k=0}^{N-1} h_g(k) \sin \frac{2\pi nk}{N} \\
&= \sum_{k=0}^{N-1} h_g(k) \cos \frac{2\pi nk}{N} \\
&= R_g(n) .
\end{aligned}
$$

Die imaginäre Summe ist gleich Null, da die Summation sich über eine gerade Anzahl von Perioden einer ungeraden Funktion erstreckt. Aus $h_g(k) \cos(2\pi nk/N) = h_g(k) \cos[2\pi(-n)k/N]$ folgt $H_g(n) = H_g(-n)$, und die Frequenzfunktion ist somit gerade. Die inverse Beziehung läßt sich in ähnlicher Weise beweisen. Wenn H(n) eine gerade reelle Funktion ist, dann ist die inverse diskrete FOURIER-Transformierte ebenfalls eine gerade reelle Funktion.

8.7   Ungerade Funktionen

Wenn $h_u(k) = -h_u(-k)$ gilt, dann ist $h_u(k)$ eine ungerade Funktion und ihre diskrete FOURIER-Transformierte eine ungerade imaginäre Funktion:

$$
\begin{aligned}
(8\text{-}13) \quad H_u(n) &= \sum_{k=0}^{N-1} h_u(k) e^{-j2\pi nk/N} \\
&= \sum_{k=0}^{N-1} h_u(k) \cos \frac{2\pi nk}{N} - j \sum_{k=0}^{N-1} h_u(k) \sin \frac{2\pi nk}{N} \\
&= -j \sum_{k=0}^{N-1} h_u(k) \sin \frac{2\pi nk}{N} \\
&= j I_u(n) .
\end{aligned}
$$

Die reelle Summe ergibt Null, da die Summation sich über eine gerade Anzahl von Perioden einer ungeraden Funktion erstreckt. Der Beweis dafür, daß mit H(n) als einer ungeraden imaginären

Funktion die inverse Transformierte $h_u(k)$ eine ungerade Funktion ist, erfolgt in ähnlicher Weise; es gilt daher

(8-14) $\quad h_u(k) \;\circ\!\!\!-\!\!\!\bullet\; jI_u(n) = -j \sum_{k=0}^{N-1} h_u(k) \sin \frac{2\pi nk}{N}.$

8.8 Zerlegung einer Funktion

Zur Zerlegung einer beliebigen Funktion h(k) in eine gerade und eine ungerade Funktion addieren und subtrahieren wir einfach die gemeinsame Funktion $h(-k)/2$:

(8-15) $\quad h(k) = \dfrac{h(k)}{2} + \dfrac{h(k)}{2}$

$\qquad\qquad = \left[\dfrac{h(k)}{2} + \dfrac{h(-k)}{2}\right] + \left[\dfrac{h(k)}{2} - \dfrac{h(-k)}{2}\right]$

$\qquad\qquad = h_g(k) + h_u(k).$

Die Terme in Klammern erfüllen nacheinander die Definitionen einer geraden und einer ungeraden Funktion. Da h(k) periodisch ist mit der Periode N, gilt

(8-16) $\quad h(-k) = h(N-k)$

und

(8-17) $\quad h_g(k) = \dfrac{h(k)}{2} + \dfrac{h(N-k)}{2}$,

$\qquad\quad h_u(k) = \dfrac{h(k)}{2} - \dfrac{h(N-k)}{2}$.

Für diskrete periodische Funktionen stellt Gl.(8-17) die Zerlegungsgleichung dar. Aus Gln.(8-11) und (8-14) folgt für die diskrete FOURIER-Transformation von (8-15)

(8-18) $\quad H(n) = R(n) + jI(n) = H_g(n) + H_u(n)$

mit

(8-19) $\quad H_g(n) = R(n) \quad$ und $\quad H_u(n) = jI(n).$

8.9 Komplexe Zeitfunktionen

Für die diskrete FOURIER-Transformierte der komplexen Funktion $h(k) = h_r(k) + jh_i(k)$ mit $h_r(k)$ als Realteil und $h_i(k)$ als Imaginärteil von h(k) erhält man

8. Eigenschaften der diskreten FOURIER-Transformation

$$(8\text{-}20) \quad H(n) = \sum_{k=0}^{N-1} [h_r(k) + jh_i(k)] e^{-j2\pi nk/N}$$

$$= \sum_{k=0}^{N-1} h_r(k)\cos\frac{2\pi nk}{N} + h_i(k)\sin\frac{2\pi nk}{N}$$

$$-j\left[\sum_{k=0}^{N-1} h_r(k)\sin\frac{2\pi nk}{N} - h_i(k)\cos\frac{2\pi nk}{N}\right].$$

Der erste Term von (8-20), R(n), ist der Realteil und der zweite Term I(n) der Imaginärteil der diskreten FOURIER-Transformierten. Wenn h(k) reell ist, gilt $h(k) = h_r(k)$, und aus (8-20) ergibt sich

$$(8\text{-}21) \quad R_g(n) = \sum_{k=0}^{N-1} h_r(k)\cos\frac{2\pi nk}{N},$$

$$(8\text{-}22) \quad I_u(n) = -j\sum_{k=0}^{N-1} h_r(k)\sin\frac{2\pi nk}{N}.$$

Man beachte, daß $\cos(2\pi nk/N) = \cos(-2\pi nk/N)$ gilt; hieraus folgt $R_g(n) = R_g(-n)$, und somit ist $R_g(n)$ eine gerade Funktion. In ähnlicher Weise folgt $I_u(n) = -I_u(-n)$, und damit ist $I_u(n)$ eine ungerade Funktion. Wenn h(k) rein imaginär ist, i.e. $h(k) = jh_i(k)$, erhält man aus (8-20)

$$(8\text{-}23) \quad R_u(n) = \sum_{k=0}^{N-1} h_i(k)\sin\frac{2\pi nk}{N},$$

$$(8\text{-}24) \quad I_g(n) = \sum_{k=0}^{N-1} h_i(k)\cos\frac{2\pi nk}{N}.$$

Für eine rein imaginäre Funktion h(k) ist der Realteil der FOURIER-Transformierten eine ungerade und der Imaginärteil eine gerade Funktion.

8.10 Faltungstheorem für den Frequenzbereich

Man betrachte die Beziehung der Faltung im Frequenzbereich

$$(8\text{-}25) \quad Y(n) = \sum_{i=0}^{N-1} X(i)H(n-i).$$

Wir beweisen das Frequenzbereichs-Faltungstheorem, indem wir in (8-25) einige Substitutionen vornehmen:

$$\sum_{i=0}^{N-1} X(i)H(n-i) = \sum_{i=0}^{N-1}\left[\sum_{m=0}^{N-1} x(m)e^{-j2\pi mi/N}\right]\left[\sum_{k=0}^{N-1} h(k)e^{-j2\pi k(n-i)/N}\right]$$

$$= \sum_{m=0}^{N-1}\sum_{k=0}^{N-1} x(m)h(k)e^{-j2\pi kn/N}\left[\sum_{i=0}^{N-1} e^{-j2\pi mi/N}e^{j2\pi ki/N}\right].$$
(8-26)

Der Term in Klammern aus (8-26) entspricht der Orthogonalitätsbeziehung (6-19) und ist deshalb gleich N für m = k; damit folgt aus (8-26)

(8-27) $\quad \sum\limits_{i=0}^{N-1} X(i)H(n-i) = N \sum\limits_{k=0}^{N-1} x(k)h(k)e^{-j2\pi nk/N};$

hieraus erhält man das diskrete FOURIER-Transformationspaar

(8-28) $\quad x(k)h(k) \;\; \circ\!\!-\!\!\bullet \;\; \dfrac{1}{N}\sum\limits_{i=0}^{N-1} X(i)H(n-i).$

8.11 Theorem der diskreten Korrelation

Das Transformationspaar

(8-29) $\quad \sum\limits_{i=0}^{N-1} x(i)h(k+i) \;\; \circ\!\!-\!\!\bullet \;\; X^{*}(n)H(n)$

wird als diskretes Korrelationstheorem bezeichnet. Unter Anwendung dieses Korrelationstheorems läßt sich eine Korrelation in äquivalenter Weise auch im Frequenzbereich ausführen. Um dieses Theorem zu beweisen, setzen wir die Beziehung der diskreten FOURIER-Transformation in die linke Seite von (8-29) ein

$$\sum_{i=0}^{N-1} x(i)h(k+i) = \sum_{i=0}^{N-1}\left[\frac{1}{N}\sum_{n=0}^{N-1} X(n)e^{j2\pi in/N}\right]\frac{1}{N}\sum_{m=0}^{N-1} H(m)e^{j2\pi m(k+i)/N}$$

$$= \sum_{i=0}^{N-1}\left[\frac{1}{N}\sum_{n=0}^{N-1} X^{*}(n)e^{-j2\pi in/N}\right]^{*}\left[\frac{1}{N}\sum_{m=0}^{N-1} H(m)e^{j2\pi m(k+i)/N}\right],$$
(8-30)

wobei wegen Benutzung der Konjugiert-Komplexen von X(n) die alternative Inversionsbeziehung (8-9) verwendet wurde. Man beachte, daß man die zweite Konjunktion in (8-9) weglassen kann, wenn nur reelle Funktionen betrachtet werden. Für diesen Fall schreiben wir Gl.(8-30) um:

$$\sum_{i=0}^{N-1} x(i)h(k+i) = \frac{1}{N}\sum_{n=0}^{N-1}\sum_{m=0}^{N-1} X^{*}(n)H(m)e^{j2\pi mk/N}\left[\frac{1}{N}\sum_{i=0}^{N-1} e^{-j2\pi in/N}e^{j2\pi im/N}\right].$$
(8-31)

Nach der Orthogonalitätsbeziehung (6-19) ist der Term in Klammern für n = m gleich N. Damit folgt aus (8-31)

$$(8\text{-}32) \qquad \sum_{i=0}^{N-1} x(i)h(k+i) = \frac{1}{N} \sum_{n=0}^{N-1} X^*(n)H(n)e^{j2\pi nk/N}.$$

8.12 PARSEVALsches Theorem

Für diskrete Funktionen ist der Zusammenhang zwischen der im Zeit- und im Frequenzbereich errechneten Energie gegeben durch

$$(8\text{-}33) \qquad \sum_{k=0}^{N-1} h^2(k) = \frac{1}{N} \sum_{n=0}^{N-1} |H(n)|^2.$$

Zum Beweis setzen wir $y(k) = h(k)h(k)$. Für die diskrete FOURIER-Transformierte von $y(k)$ ergibt sich nach dem Frequenzbereichs-Faltungstheorem (Gl.(8-28))

$$(8\text{-}34) \qquad \sum_{k=0}^{N-1} h^2(k)e^{-j2\pi nk/N} = \frac{1}{N} \sum_{i=0}^{N-1} H(i)H(n-i).$$

Mit n = 0 erhalten wir für (8-34)

$$(8\text{-}35) \qquad \sum_{k=0}^{N-1} h^2(k) = \frac{1}{N} \sum_{i=0}^{N-1} H(i)H(-i)$$

$$= \frac{1}{N} \sum_{i=0}^{N-1} |H(i)|^2.$$

Die letzte Gleichung folgt aus Gln. (8-21) und (8-22).

8.13 Zusammenfassung der Eigenschaften

Die wichtigsten Eigenschaften der diskreten FOURIER-Transformation sind in Tabelle 8-1 zusammengefaßt. Zum Vergleich sind die Eigenschaften der kontinuierlichen FOURIER-Transformation dort ebenfalls tabelliert. Die zugehörigen Gleichungsnummern sind mit angegeben, so daß man die entsprechenden Herleitungen im Text leicht finden kann.

Tabelle 8-1: Diskrete FOURIER-Transformation.

FOURIER-Transformation	Eigenschaft	Diskrete FOURIER-Transformation
$x(t) + y(t) \circ\!\!-\!\!\bullet\ X(f) + Y(f)$ (3-2)	Linearität (8-1)	$x(k) + y(k) \circ\!\!-\!\!\bullet\ X(n) + Y(n)$
$H(t) \circ\!\!-\!\!\bullet\ h(-f)$ (3-6)	Symmetrie (8-2)	$\frac{1}{N} H(k) \circ\!\!-\!\!\bullet\ h(-n)$
$h(t - t_0) \circ\!\!-\!\!\bullet\ H(f) e^{-j2\pi f t_0}$ (3-21)	Zeitverschiebung (8-5)	$h(k - i) \circ\!\!-\!\!\bullet\ H(n) e^{-j2\pi n i/N}$
$h(t) e^{j2\pi f_0 t} \circ\!\!-\!\!\bullet\ H(f - f_0)$ (3-23)	Frequenzverschiebung (8-7)	$h(k) e^{j2\pi k i/N} \circ\!\!-\!\!\bullet\ H(n - i)$
$\left[\int_{-\infty}^{\infty} H^*(f) e^{-j2\pi f t}\, df\right]^*$ (3-25)	Alternative Inversionsformel (8-9)	$\left[\frac{1}{N} \sum_{n=0}^{N-1} H^*(n) e^{-j2\pi k n/N}\right]^*$
$h_e(t) \circ\!\!-\!\!\bullet\ R_e(f)$ (3-27)	Gerade Funktionen (8-11)	$h_e(k) \circ\!\!-\!\!\bullet\ R_e(n)$
$h_0(t) \circ\!\!-\!\!\bullet\ jI_0(f)$ (3-32)	Ungerade Funktionen (8-14)	$h_0(k) \circ\!\!-\!\!\bullet\ jI_0(n)$
$h(t) = h_e(t) + h_0(t)$ $= \left[\frac{h(t)}{2} + \frac{h(-t)}{2}\right] + \left[\frac{h(t)}{2} - \frac{h(-t)}{2}\right]$ (3-33)	Zerlegung (8-15)	$h(k) = h_e(k) + h_0(k)$ $= \left[\frac{h(k)}{2} + \frac{h(N-k)}{2}\right] + \left[\frac{h(k)}{2} - \frac{h(N-k)}{2}\right]$
$y(t) = \int_{-\infty}^{\infty} x(\tau) h(t - \tau)\, d\tau = x(t) * h(t)$ (4-1)	Faltung (7-1)	$y(k) = \sum_{i=0}^{N-1} x(i) h(k - i) = x(k) * h(k)$
$y(t) = x(t) * h(t) \circ\!\!-\!\!\bullet\ Y(f) H(f)$ (4-11)	Zeitbereichs-Faltungstheorem (7-8)	$y(k) = x(k) * h(k) \circ\!\!-\!\!\bullet\ Y(n) H(n)$
$y(t) = \int_{-\infty}^{\infty} x(\tau) h(t + \tau)\, d\tau$ (4-20)	Korrelation (7-11)	$y(k) = \sum_{i=0}^{N-1} x(i) h(k + i) \circ\!\!-\!\!\bullet\ H(n) X^*(n)$
$y(t) h(t) \circ\!\!-\!\!\bullet\ Y(f) * H(f)$ (4-17)	Frequenzbereichs-Faltungstheorem (8-28)	$y(k) h(k) \circ\!\!-\!\!\bullet\ \frac{1}{N} Y(n) * H(n)$
$\int_{-\infty}^{\infty} h^2(t)\, dt = \int_{-\infty}^{\infty} |H(f)|^2\, df$ (4-19)	PARSEVALsches Theorem (8-33)	$\sum_{k=0}^{N-1} h^2(k) = \frac{1}{N} \sum_{n=0}^{N-1} |H(n)|^2$

8. Eigenschaften der diskreten FOURIER-Transformation

Aufgaben

x(k) und y(k) seien periodische diskrete Funktionen:

$$x(k) = \begin{cases} \frac{1}{2}, & k = 0,4 \\ 1, & k = 1,2,3 \\ 0, & k = 5,6,7 \end{cases}$$

$x(k+8r) = x(k), \quad r = 0, \pm1, \pm2,\ldots ,$
$y(k) = x(k),$
$y(k+8r) = y(k), \quad r = 0, \pm1, \pm2,\ldots .$

8-1 Man berechne X(n) und Y(n) und bestimme die Summe X(n) + Y(n). Man bilde z(k) = x(k) + y(k), berechne Z(n) und diskutiere die Ergebnisse unter Beachtung der Linearitätseigenschaft.

8-2 Man demonstriere die Symmetrieeigenschaft (8-2) mit x(k).

8-3 Man berechne die diskrete FOURIER-Transformierte von x(k-3) und vergleiche die Ergebnisse mit denen, die sich aus der Beziehung der Zeitverschiebung (8-5) ergeben.

8-4 Man bestimme die inverse diskrete FOURIER-Transformierte von X(n-1). Man wiederhole die Aufgabe unter Anwendung des Theorems der Frequenzverschiebung (8-7) und vergleiche die Ergebnisse.

8-5 Man berechne die inverse diskrete FOURIER-Transformierte von X(n) unter Benutzung der alternativen Inversionsbeziehung (8-9).

8-6 Man berechne die diskrete FOURIER-Transformierte von x(k-2) und untersuche die Gerade-Ungerade-Relation bei x(k-2) und die Reell-Imaginär-Relation bei ihrer diskreten FOURIER-Transformierten. Ist Gl.(8-11) anwendbar?

8-7 Man setze z(k) = x(k) - y(k-4), bestimme die FOURIER-Transformierte von z(k) und untersuche die Ergebnisse mit Hilfe des Abschnitts 8.7.

8-8 Man setze z(k) = y(k) + y(k-2) - x(k-4) und zerlege z(k) sowohl graphisch als auch analytisch in eine gerade und eine ungerade Funktion. Man demonstriere Gl.(8-18) mit z(k).

8-9 Man demonstriere das Frequenzbereichs-Faltungstheorem mit x(k) und y(k).

8-10 Man demonstriere das diskrete Korrelationstheorem mit $x(k)$ und $y(k)$.

8-11 Man demonstriere das PARSEVALsche Theorem mit $x(k)$.

Literatur

[1] COOLEY, J.W., P.A.W. LEWIS, and P.D. WELCH, "The Finite Fourier Transform," IEEE Transactions on Audio and Electroacoustics (June 1969) Vol. AU-17, No. 2, pp. 77-85.

[2] COOLEY, J.W., P.A.W. LEWIS, and P.D. WELCH, "Application of the Fast Fourier Transform to Computation of Fourier Integrals, Fourier Series, and Convolution Integrals," IEEE Transactions on Audio and Electroacoustics (June 1967), Vol. AU-15, No.2, pp. 79-83.

[3] GENTLEMAN, W.M., and G. SANDE, "Fast Fourier transforms for fun and profit," AFIPS Proc., 1966 Fall Joint Computer Conf., Vol. 29, pp. 563-578, Washington, D.C.: Spartan, 1966.

[4] PAPOULIS, A., The Fourier Integral Its Applications. New York: McGraw-Hill 1962.

[5] SCHOENBERG, I.J., "The Finite Fourier Series and Elementary Geometry," Am. Math. Monthly (June-July 1950), Vol. 57, No.6.

9. Anwendung der diskreten FOURIER-Transformation

In Kapitel 6 haben wir den Zusammenhang zwischen der diskreten und kontinuierlichen FOURIER-Transformation hergeleitet. In diesem Kapitel beschreiben wir die Anwendungsmethoden der diskreten FOURIER-Transformation zur Auswertung von FOURIER-Transformationen und FOURIER-Reihen. Wie wir sehen werden, ist eine korrekte Ergebnisinterpretation hier von primärer Bedeutung.

9.1 FOURIER-Transformation

Zur Erläuterung der Anwendung der diskreten FOURIER-Transformation zur Auswertung von FOURIER-Transformationen betrachte man Bild 9-1. In Bild 9-1a zeigen wir die Funktion e^{-t}. Wir wollen die FOURIER-Transformierte dieser Funktion mit Hilfe der diskreten FOURIERTransformation näherungsweise berechnen.

Der erste Schritt in der Anwendung der diskreten FOURIER-Transformation ist die Wahl der Anzahl N von Abtastwerten und des Abtastintervalls T. In Bild 9-1a sind die Abtastwerte von e^{-t} für N = 32 und T = 0,25 gekennzeichnet. Man beachte, daß wir den Abtastwert bei t = 0 entsprechend Gl.(2-43) gewählt haben, die besagt, daß der Wert einer Funktion an einer Sprungstelle gleich dem Mittelwert der Funktionswerte von beiden Seiten der Sprungstelle zu definieren ist, damit die inverse FOURIER-Transformation ihre Gültigkeit beibehält.

Als nächsten Schritt berechnen wir die diskrete FOURIER-Transformierte

$$(9-1) \quad H\left(\frac{n}{NT}\right) = T \sum_{k=0}^{N-1} [e^{-kT}] e^{-j2\pi nk/N}, \quad n = 0,1\ldots, N-1.$$

Man beachte den Faktor T, der hinzugefügt wurde, um die Äquivalenz zwischen der diskreten und der kontinuierlichen Transformation herzustellen. Bilder 9-1b,c zeigen die Ergebnisse. In Bild 9-1b zeigen wir den Realteil der FOURIER-Transformierten zum einen, wie er in Beispiel 2-1 berechnet wurde, und zum anderen, wie er sich aus der numerischen Auswertung von (9-1)

9.1 FOURIER-Transformation

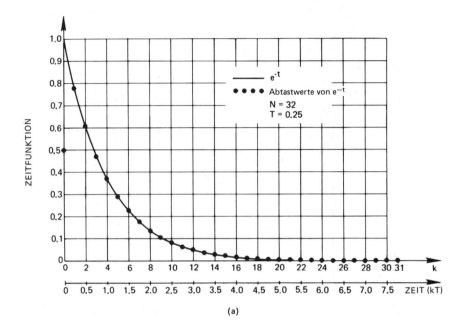

(a)

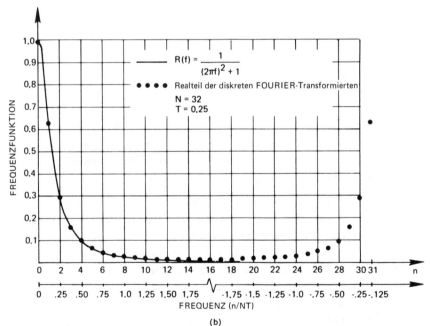

(b)

Bild 9-1: Beispiel zur Berechnung von FOURIER-Transformierten mit Hilfe der diskreten FOURIER-Transformation.

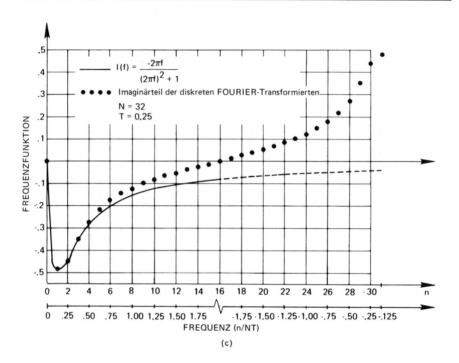

(c)

Bild 9-1: (Fortsetzung).

ergibt. Man beachte, daß der Realteil der Transformierten bezüglich n = N/2 symmetrisch ist. Dies folgt aus der Tatsache, daß der Realteil der Transformierten gerade ist (Gl.(8-21)) und daß die Werte der Transformierten für n > N/2 den Werten für negative Frequenzen identisch sind. Letzteres wird durch Hinzufügen einer echten Frequenzachse unterhalb der Achse für den Parameter n betont.

Wir hätten die Werte aus Bild 9-1b auch in der Weise auftragen können, wie es bei der herkömmlichen Darstellungsweise einer kontinuierlichen FOURIER-Transformierten üblich ist, nämlich von $-f_o$ bis $+f_o$. Für die Ergebnisdarstellung der diskreten FOURIER-Transformation hat sich jedoch das Auftragen der sich aus Gl.(9-1) ergebenden Werte als Funktion von n durchgesetzt. Solange wir darauf achten, daß die Ergebnisse für n > N/2 denen für negative Frequenzen identisch sind, werden sich keine Interpretationsprobleme ergeben.

In Bild 9-1c zeigen wir den Imaginärteil der kontinuierlichen FOURIER-Transformierten (Beispiel 2-1) und der diskreten FOURIER-Transformierten. Wie gezeigt, erweist sich die diskrete FOURIER-

Transformierte bei höheren Frequenzen als ziemlich schlechte Approximation für die kontinuierliche Transformierte. Mit einer Verkleinerung des Abtastintervalls T und einer Erhöhung von N läßt sich der Approximationsfehler verringern.

Man beachte, daß der Imaginärteil bezüglich n = N/2 ungerade ist. Dies folgt aus Gl.(8-22). Es sei noch einmal darauf hingewiesen, daß Ergebnisse für n > N/2 als Ergebnisse für negative Frequenzen zu interpretieren sind.

Wir fassen zusammen: Die Anwendung der diskreten FOURIER-Transformation zur Auswertung der FOURIER-Transformation erfordert lediglich, daß man T und N sorgfältig wählt und die Ergebnisse korrekt interpretiert.

9.2 Approximation der inversen FOURIER-Transformation

Es seien die kontinuierlichen reellen und die kontinuierlichen imaginären Frequenzfunktionen des vorangegangenen Abschnitts gegeben; die zugehörige Zeitfunktion sei unter Anwendung der inversen diskreten FOURIER-Transformation

$$(9-2) \qquad h(kT) = \Delta f \sum_{n=0}^{N-1} [R(n\Delta f) + jI(n\Delta f)] e^{j2\pi nk/N}, \quad k=0,1,\ldots,N-1$$

zu berechnen, wobei Δf das Abtastintervall im Frequenzbereich ist. Es seien N = 32 und Δf = 1/8.

Da wir wissen, daß R(f), der Realteil der komplexen Frequenzfunktion, eine gerade Funktion sein muß, *spiegeln* wir R(f) an der Frequenz f = 2.0, die dem Abtastpunkt n = N/2 entspricht. Wie in Bild 9-2a gezeigt, tasten wir die Frequenzfunktion bis zum Punkt n = N/2 ab und *spiegeln* die Abtastwerte an n = N/2, um die restlichen Abtastwerte zu erhalten.

In Bild 9-2b zeigen wir, wie man N Abtastwerte des Imaginärteils der Frequenzfunktion bestimmen kann. Da der Imaginärteil der Frequenzfunktion ungerade ist, müssen wir ihn nicht nur um den Abtastpunkt N/2 *spiegeln*, sondern auch um die Frequenzachse *klappen*, i.e. sein Vorzeichen ändern. Aus Symmetriegründen müssen wir den Abtastwert bei n = N/2 gleich Null wählen.

Die Anwendung von (9-2) auf die Abtastfunktion der Bilder 9-2a,b liefert die inverse direkte FOURIER-Transformierte. Sie ist eine

166 9. Anwendung der diskreten FOURIER-Transformation

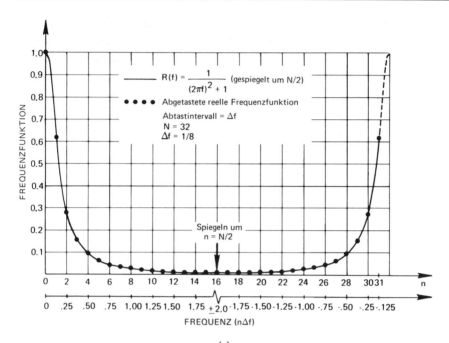

(a)

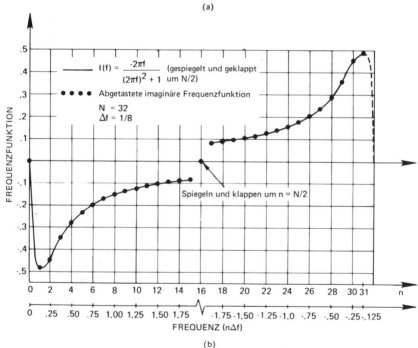

(b)

Bild 9-2: Beispiel zur Berechnung von inversen FOURIER-Transformierten mit Hilfe der diskreten FOURIER-Transformation.

9.2 Approximation der inversen FOURIER-Transformation

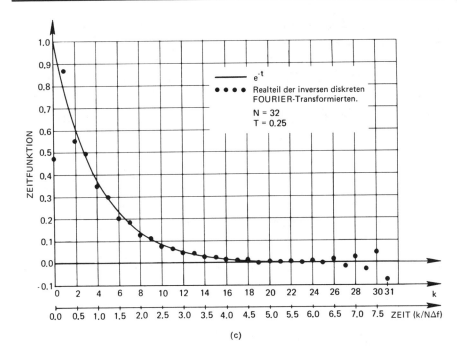

(c)

Bild 9-2: (Fortsetzung).

komplexe Funktion, deren Imaginärteil angenähert gleich Null ist und deren Realteil den in Bild 9-2c dargestellten Verlauf besitzt. Man beachte, daß das Ergebnis bei k = 0 angenähert gleich dem richtigen Mittelwert ist und für alle Werte von k - außer den größeren - eine gute Übereinstimmung erzielt wurde. Eine Verbesserung der Ergebnisse läßt sich durch eine Verkleinerung von Δf und eine Erhöhung von N erreichen.

Worauf es bei der Anwendung der inversen diskreten FOURIER-Transformation als Approximation für kontinuierliche Größen ankommt, ist die korrekte Festsetzung der abgetasteten Frequenzfunktionen. Die Bilder 9-2a,b veranschaulichen das zugehörige Verfahren. Man achte auf den Skalierungsfaktor Δf, der zu einer korrekten Approximation der Ergebnisse der inversen kontinuierlichen FOURIER-Transformation notwendig ist. Gleiche Ergebnisse lassen sich auch durch Anwendung der alternativen Inversionsbeziehung (8-9) erzielen. Um diese Beziehung anwenden zu können, bilden wir zunächst die Konjugiert-Komplexe der komplexen Frequenzfunktion, i.e. wir multiplizieren die abgetastete imaginäre Funktion von Bild 9-2b mit -1. Da die resultierende Zeitfunktion reell ist, erübrigt sich die zweite Konjunktion in Gl.(8-9). Deswegen berechnen wir nur den Ausdruck

$$(9\text{-}3) \qquad h(kT) = \Delta f \sum_{n=0}^{N-1} [R(n\Delta f) + j(-1)I(n\Delta f)] e^{-j2\pi nk/N}$$

und erhalten die Zeitfunktion von Bild 9-2c.

9.3 Harmonische Analyse mit FOURIER-Reihen

Die Anwendung der diskreten FOURIER-Transformation zur harmonischen FOURIER-Analyse eines Signals - cf. Gl.(5-12) - erfordert die Auswertung des Ausdrucks

$$(9\text{-}4) \qquad H\!\left(\frac{n}{NT}\right) = \frac{T}{(NT)} \sum_{k=0}^{N-1} h(kT) e^{-j2\pi nk/N},$$

wobei der Teiler NT die Periodendauer der zu bestimmenden harmonischen Komponente des Signals mit der niedrigsten Frequenz ist. In Anlehnung an die Ausführungen in Kap. 6 müssen die N Abtastwerte von h(kT) genau eine Periode der periodischen Funktion h(t) bilden, damit die Gl.(9-4) exakte Ergebnisse liefert.

Man betrachte den Rechteckimpuls in Bild 9-3a. Wie gezeigt, besitzt diese Funktion eine Periode von 8 sec. Ist N = 32, muß man T gleich 0.25 wählen, damit die 32 Abtastwerte exakt eine Periode ausmachen.

Der Einsatz dieser Abtastwerte in die Gl. (9-4) liefert die in Bild 9-3b angegebenen Ergebnisse. Durchgezogene senkrechte Linien stellen die Beträge der harmonischen Koeffizienten dar, wie sie sich theoretisch aus Gl.(5-12) ergeben. Wie erwartet, sind die Ergebnisse bezüglich n = N/2 symmetrisch. Akzeptable Werte sind für Harmonische niedrigerer Ordnung erzielt worden. Mit einer Verkleinerung von T und einer Erhöhung von N läßt sich eine größere Genauigkeit bei Harmonischen höherer Ordnung erreichen.
Man beachte, daß eine erhebliche Bandüberlappung aufgetreten ist, was daran zu erkennen ist, daß die Koeffizienten in der Umgebung des Abtastpunkts n = N/2 beachtliche Absolutwerte aufweisen.

9.3 Harmonische Analyse mit FOURIER-Reihen

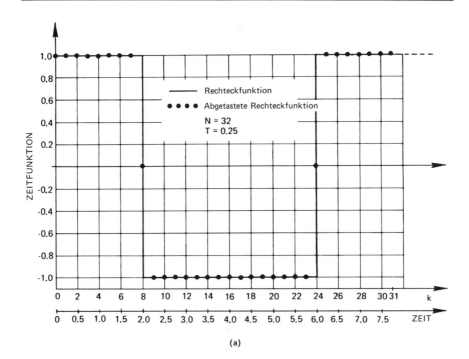

(a)

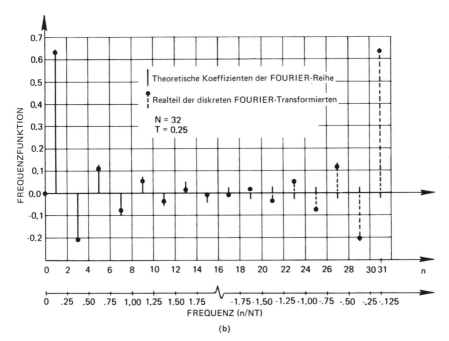

(b)

Bild 9-3: Beispiel zur harmonischen FOURIER-Reihen-Analyse mit Hilfe der diskreten FOURIER-Transformation.

9.4 Harmonische Synthese mit FOURIER-Reihen

Harmonische Synthese bedeutet die Bestimmung einer periodischen Funktion aus den Koeffizienten ihrer FOURIER-Reihe (Gl.(5-11)). Zur Lösung dieser Aufgabe mit Hilfe der diskreten FOURIER-Transformation werten wir einfach den Ausdruck

$$(9-5) \qquad h(kT) = \Delta f \sum_{n=0}^{N-1} H(n\Delta f) e^{j2\pi nk/N}$$

aus, wobei Δf als ganzzahliges Vielfaches der Grundfrequenz gewählt werden muß.

Um (9-5) anwenden zu können, müssen wir die reellen und imaginären Koeffizienten entsprechend der bereits besprochenen Methode abtasten. Wenn wir das vorangegangene Beispiel betrachten, sind lediglich die reellen Koeffizienten abzutasten. Wie in Bild 9-4a gezeigt, werden diese Koeffizienten am Punkt $n = N/2$ gespiegelt. Man beachte, daß wir die FOURIER-Reihe damit in Wirklichkeit abbrechen, denn die Abtastwerte weisen in der Nähe des Punktes $n = N/2$ noch beachtliche Beträge auf.

Die Auswertung von (9-5) unter Einbeziehung der Abtastwerte von Bild 9-4a liefert das synthetisierte Signal von Bild 9-4b. Wie gezeigt, oszillieren die Ergebnisse um ihre richtigen Werte. Diese Oszillationen sind auf das wohlbekannte GIBBsche Phänomen[*] zurückzuführen, wonach eine Intervallbegrenzung in einem Transformationsbereich zu Oszillationen im anderen Transformationsbereich führt. Mit Hinzunahme von immer mehr harmonischen Koeffizienten, i.e. mit Erhöhung von N, lassen sich die Oszillationsamplituden dementsprechend verringern.

Die in Bild 9-4b angegebenen Ergebnisse erhält man ebensogut durch Anwendung der alternativen Inversionsbeziehung (8-9).

---

[*] PAPOULIS A.: The FOURIER Integral and Its Applications, (New York: McGraw-Hill, 1962), S. 30.

9.4 Harmonische Synthese mit FOURIER-Reihen

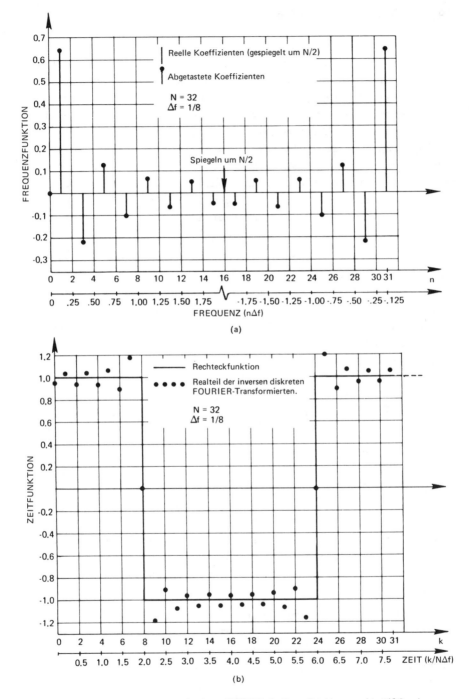

Bild 9-4: Beispiel zur harmonischen FOURIER-Reihen-Synthese mit Hilfe der diskreten FOURIER-Transformation.

9.5 Abschwächung des Leckeffekts

In Abschnitt 6.4 haben wir den Begriff Leckeffekt eingeführt, der der diskreten FOURIER-Transformation aufgrund der erforderlichen Zeitbegrenzung inhärent ist. Wir erinnern uns daran, daß eine Zeitbegrenzung eines periodischen Signals auf ein Zeitintervall, das ungleich einem ganzzahligen Vielfachen der Periode ist, abrupte Sprünge im Zeitbereich und demzufolge Seitenschwinger im Frequenzbereich verursacht. Diese Seitenschwinger sind die Ursache zusätzlicher Frequenzkomponenten, die als Leckkomponenten bezeichnet werden. In diesem Abschnitt werden Verfahren beschrieben, die die Berechnung der diskreten FOURIER-Transformation mit geringen Leckkomponenten ermöglichen.

Zur Wiederholung betrachten wir nochmals die graphischen Ausführungen in Bild 6-3. Man sei daran erinnert, daß die Zeitbegrenzung des Abtastsignals (Bild 6-3d) zur Frequenzbereichs-Faltung mit einer sin(f)/f-Funktion führt. Diese Faltung erzeugt aufgrund der Seitenschwinger-Charakteristik der sin(f)/f-Funktion zusätzliche Komponenten im Frequenzbereich. Ist das Begrenzungsintervall gleich einem ganzzahligen Vielfachen der Periode, fällt die Frequenzbereichs-Abtastfunktion (Bild 6-3f) mit den Nullstellen der sin(f)/f-Funktion zusammen. Folglich beeinflußt die Seitenschwinger-Charakteristik der sin(f)/f-Funktion die Ergebnisse der diskreten FOURIER-Transformation (Bild 6-4b) nicht.

Um diesen Punkt zu veranschaulichen, haben wir die diskrete FOURIER-Transformierte der Cosinusfunktion von Bild 9-5a errechnet. In Bild 9-5a zeigen wir ebenfalls die Abtastwerte der Cosinusfunktion für T = 1.0 und N = 32. Man beachte, daß die 32 Abtastwerte exakt vier Perioden der periodischen Funktion bilden. Bild 9-5b zeigt den Betragsverlauf der nach Gl.(9-4) ermittelten diskreten FOURIER-Transformierten dieses Abtastsignals. Die Ergebnisse sind, außer bei der interessierenden Frequenz, identisch Null.

Wenn man das Begrenzungsintervall (die Beobachtungszeit) nicht exakt gleich einem ganzzahligen Vielfachen der Periode wählt, dann verursacht die Seitenschwinger-Charakteristik der sin(f)/f-Funktion beträchtliche Unterschiede der Ergebnisse der diskreten und der kontinuierlichen FOURIER-Transformation (Bilder 6-5 und 6-6). Zur Erläuterung dieses Effektes betrachte man die in Bild 9-6a dargestellten Cosinusfunktionen. In Bild 9-6a zeigen wir

9.5 Abschwächung des Leckeffekts   173

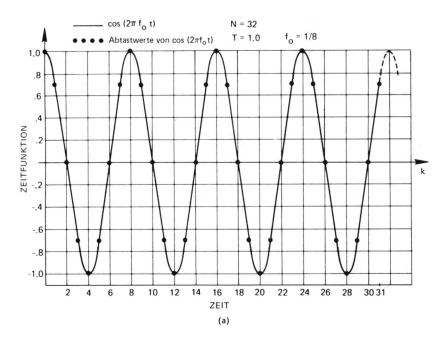

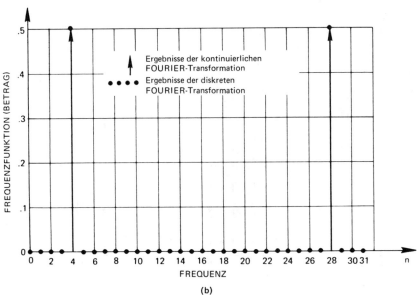

Bild 9-5: Eine abgetastete Cosinusfunktion und ihre diskrete FOURIER-Transformierte: Beobachtungszeit (Zeitfensterbreite) gleich einem Vielfachen der Periode.

9. Anwendung der diskreten FOURIER-Transformation

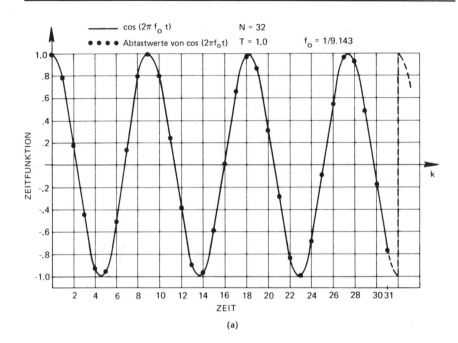

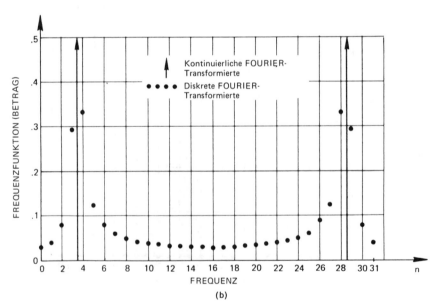

Bild 9-6: Eine abgetastete Cosinusfunktion und ihre diskrete FOURIER-Transformierte: Beobachtungszeit (Zeitfensterbreite) ungleich einem Vielfachen der Periode.

9.5 Abschwächung des Leckeffekts

ebenfalls das Abtastsignal mit T = 1.0 und N = 32. Man beachte, daß die 32 Abtastwerte kein ganzzahliges Vielfaches einer Periode bilden und demzufolge eine scharfe Unstetigkeitsstelle entstanden ist.

Bild 9-6b zeigt den Betragsverlauf der diskreten FOURIER-Transformierten des Abtastsignals von Bild 9-6a. An allen diskreten Frequenzen der diskreten Transformierten sind die Frequenzkomponenten ungleich Null. Wie früher erwähnt, werden die zusätzlichen Frequenzkomponenten *Leckkomponenten* genannt und sind auf die Seitenschwinger-Charakteristik der sin(f)/f-Funktion zurückzuführen. Der Leckeffekt läßt sich abschwächen, wenn man eine Zeitbegrenzungsfunktion (Fensterfunktion) verwendet, deren spektrale Seitenschwinger geringere Amplituden aufweisen als die der sin(f)/f-Funktion. Je kleiner die Seitenschwingeramplituden, um so schwächer sind die Auswirkungen des Leckeffekts auf die Ergebnisse der diskreten FOURIER-Transformation. Glücklicherweise existieren Fensterfunktionen, die die erwünschte Charakteristik besitzen.

Eine besonders geeignete Fensterfunktion ist die HANNING-Funktion [1], dargestellt in Bild 9-7a und definiert durch

$$(9-6) \quad x(t) = \frac{1}{2} - \frac{1}{2} \cos \frac{2\pi t}{T_o} , \quad 0 \leq t \leq T_o$$

mit T_o als Begrenzungsintervall (Fensterlänge). Für den Betrag der FOURIER-Transformierten der HANNING-Fensterfunktion ergibt sich

$$(9-7) \quad |X(f)| = \frac{1}{2} Q(f) + \frac{1}{4} \left[Q(f + \frac{1}{T_o}) + Q(f - \frac{1}{T_o}) \right]$$

mit

$$(9-8) \quad Q(f) = \frac{\sin(\pi T_o f)}{\pi f} .$$

Wie in Bild 9-7b gezeigt, weist diese Frequenzfunktion sehr kleine Seitenschwinger auf. Es gibt andere Fensterfunktionen mit ähnlichen Eigenschaften [1]; wegen ihrer Einfachheit benutzen wir jedoch die HANNING-Funktion.

176   9. Anwendung der diskreten FOURIER-Transformation

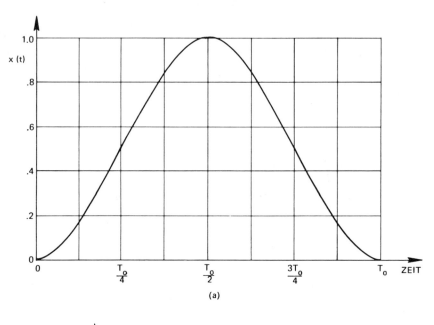

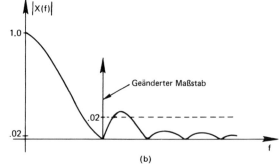

Bild 9-7: HANNING-Fensterfunktion und ihre Transformierte.

Aufgrund der kleinen Seitenschwinger der HANNING-Funktion können wir erwarten, daß bei ihrer Anwendung der auf die Zeitbegrenzung zurückzuführende Leckeffekt wesentlich schwächer ausfällt. Bild 9-8a zeigt die Cosinusfunktion von Bild 9-6a, multipliziert mit der in Bild 9-7a dargestellten HANNING-Fensterfunktion. Man beachte, daß die Wirkung der HANNING-Funktion in der Abschwächung der von der rechteckförmigen Zeitbegrenzungsfunktion verursachten Diskontinuitäten besteht.

Bild 9-8b zeigt den Betragsverlauf der diskreten FOURIER-Transformierten des Abtastsignals von Bild 9-8a. Wie erwartet, sind die Leckkomponenten in Bild 9-6b aufgrund der schwachen Seiten-

9.5 Abschwächung des Leckeffekts

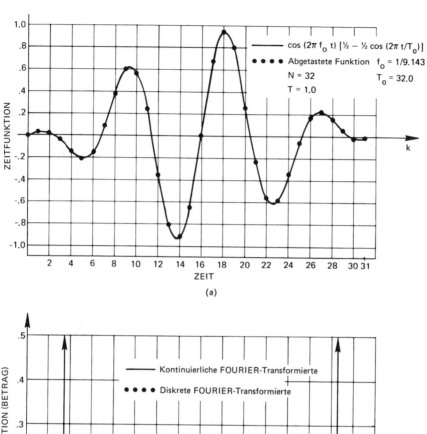

Bild 9-8: Beispiel für die Anwendung der HANNING-Fensterfunktion zur Abschwächung des bei der Berechnung von diskreten FOURIER-Transformierten auftretenden Leckeffektes.

schwinger der HANNING-Funktion wesentlich kleiner ausgefallen. Die gesuchte nichtverschwindende Frequenzkomponente ist im Vergleich zu der gewünschten Deltafunktion beträchtlich *verbreitert* bzw. *verschmiert*. Dieser Effekt taucht nicht unerwartet auf, da die Zeitbegrenzung zu einer Faltung der Frequenzbereichs-Deltafunktion mit der FOURIER-Transformierten der Fensterfunktion führt. Man kann generell sagen, je mehr man die Leckkomponenten verkleinert, desto verbreiterter bzw. verschmierter erscheinen die interessierenden Ergebnisse der diskreten FOURIER-Transformation. Die HANNING-Funktion stellt diesbezüglich einen akzeptablen Kompromiß dar.

Aufgaben

9-1 Man betrachte $h(t) = e^{-t}$ taste $h(t)$ mit $T = 1$ und $N = 4$ ab, setze $h(0) = 0.5$, werte Gl.(9-1) für $n = 0, 1, 2, 3$ aus und skizziere die Ergebnisse. Wie lassen sich die Ergebnisse für $n = 2$ und $n = 3$ korrekt interpretieren? Man beachte die Real-Imaginär-Relation bei der diskreten Frequenzfunktion. Stellen die Ergebnisse der Gl.(9-1) eine gute Approximation der Ergebnisse der kontinuierlichen FOURIER-Transformation dar? Wenn nicht, gebe man Gründe hierfür an.

9-2 Gegeben sei $H(f) = R(f) + jI(f)$ mit

$$R(f) = \frac{1}{(2\pi f)^2 + 1}$$

$$I(f) = \frac{-2\pi f}{(2\pi f)^2 + 1} .$$

Für $N = 4$ und $\Delta f = 1/4$ skizziere man die Abtastfunktionen $R(f)$ und $I(f)$ ähnlich wie in Bilder 9-2a,b. Man werte die Gl.(9-2) aus und skizziere das Ergebnis.

9-3 Mit den Abtastfunktionen $R(n\Delta f)$ und $I(n\Delta f)$ aus Aufgabe 9-2 berechne man unter Anwendung der alternativen Inversionsbeziehung die inverse diskrete FOURIER-Transformierte und vergleiche das Ergebnis mit der inversen Transformierten aus Aufgabe 9-2.

9.5 Abschwächung des Leckeffekts   179

9-4 Man betrachte die Funktion x(t) von Bild 5-7b und taste
     x(t) für N = 6 ab. Wie groß müssen wir das Abtastintervall T
     wählen, wenn wir die diskrete FOURIER-Transformation zur
     harmonischen Analyse des Signals anwenden wollen. Man werte
     Gl.(9-4) aus, skizziere die Ergebnisse, vergleiche diese mit
     denen der FOURIER-Reihe aus Kapitel 5 und erkläre den Unter-
     schied.

Aufgaben mit Rechnerunterstützung

(Die folgenden Aufgaben erfordern die Benutzung eines Digitalrechners.)

9-5 Man entwickle ein Rechnerprogramm zur Berechnung der diskre-
     ten FOURIER-Transformierten einer komplexen Zeitfunktion.
     Man benutze die alternative Inversionsbeziehung, um dieses
     Programm ebenfalls zur Berechnung der inversen diskreten
     FOURIER-Transformierten anwenden zu können. Man bezeichne
     dieses Programm als DFT-Programm (diskrete FOURIER-Trans-
     formation).

9-6 Man verwende das DFT-Programm zur Bestätigung der Ergebnisse
     aller 5 Beispiele von Kapitel 9.

9-7 Man setze $h(t) = e^{-t}$, taste h(t) mit T = 0.25 ab, berechne
     die diskrete FOURIER-Transformierte von h(kT) für N = 8,16,
     32,64, vergleiche die Ergebnisse und erkläre die Unter-
     schiede. Man wiederhole die Aufgabe mit T = 0.1 und T = 1.0
     und diskutiere die Ergebnisse.

9-8 Man setze $h(t) = \cos(2\pi t)$, taste h(t) mit T = $\pi/8$ ab, be-
     rechne die diskrete FOURIER-Transformierte für N = 16 und
     vergleiche die Ergebnisse mit denen aus Bild 6-3g. Man
     wiederhole die Aufgabe für N = 24 und vergleiche die Ergeb-
     nisse mit denen aus Bild 6-5g.

9-9 Man betrachte die Funktion h(t) von Bild 6-7a, setze
     T_o = 1.0, taste h(t) mit T = 0.1 und N = 10 ab und berechne
     die diskrete FOURIER-Transformierte. Man wiederhole die Auf-
     gabe für T = 0.2 und N = 5 sowie für T = 0.01 und N = 100.
     Man vergleiche und erläutere die Ergebnisse.

9-10 Man setze $h(t) = te^{-t}$, t > 0, berechne die diskrete FOURIER-
     Transformierte und formuliere das Prinzip für die Wahl von
     T und N.

9-11 Man setze

$$h(t) = 0, \quad t < 0$$
$$= \frac{1}{2}, \quad t = 0$$
$$= 1, \quad 0 < t < 1$$
$$= \frac{1}{2}, \quad t = 1$$
$$= 0, \quad t > 1$$
$$x(t) = h(t) .$$

Man benutze das diskrete Faltungstheorem für eine approximative Berechnung von $h(t) * x(t)$.

9-12 Man betrachte die Funktionen $h(t)$ und $x(t)$ aus Aufgabe 9-11 und ermittele unter Anwendung des Korrelationstheorems eine diskrete Approximation für das Korrelationsprodukt von $h(t)$ mit $x(t)$.

9-13 Man bestätige unter Anwendung des diskreten Faltungstheorems die Ergebnisse von Bild 7-4.

9-14 Man wende das diskrete Faltungstheorem zur Demonstration der Ergebnisse von Bild 7-5 an.

Literatur

1 BLACKMAN, R.B., J.W. TUKEY, The Measturement of Power Spectra from the Point of View of Communications Engineering. New York: Dover, 1959.

10. Die schnelle FOURIER-Transformation (FFT)

Für die Ergebnisinterpretation der schnellen FOURIER-Transformation ist keine gründliche Kenntnis des Algorithmus selbst erforderlich, sondern vielmehr ein umfassendes Verständnis für die diskrete FOURIER-Transformation. Dies beruht auf der Tatsache, daß die FFT nichts anderes ist als ein Algorithmus (i.e. ein spezielles Verfahren zur Durchführung numerischer Berechnungen), der die Auswertung der diskreten FOURIER-Transformation schneller als alle anderen bekannten Algorithmen ermöglicht. Wir konzentrieren uns daher in der vorliegenden Diskussion nur auf den numerischen Aspekt des FFT-Algorithmus.

Im folgenden wird eine einfache Matrixfaktorisierung zur intuitiven Erläuterung des FFT-Algorithmus benutzt. Die faktorisierten Matrizen werden alternativ mit Hilfe von Signalflußgraphen repräsentiert. Aus diesen Graphen leiten wir dann ein Flußdiagramm für ein FFT-Computerprogramm ab.

10.1 Matrixdarstellung

Man betrachte die Beziehung der diskreten FOURIER-Transformation (6-16)

$$(10\text{-}1) \qquad X(n) = \sum_{k=0}^{N-1} x_o(k) e^{-j2\pi nk/N}, \qquad n = 0, 1, \ldots, N-1,$$

wobei wir zur Vereinfachung der Schreibweise kT durch k und n/NT durch n ersetzt haben. Man beachte, daß (10-1) N Gleichungen umfaßt. Beispielsweise erhalten wir für $N = 4$ und mit der Vereinbarung

$$(10\text{-}2) \qquad W = e^{-j2\pi/N}$$

aus (10-1) die Gleichungen

$$(10\text{-}3) \qquad \begin{aligned} X(0) &= x_o(0)W^0 + x_o(1)W^0 + x_o(2)W^0 + x_o(3)W^0, \\ X(1) &= x_o(0)W^0 + x_o(1)W^1 + x_o(2)W^2 + x_o(3)W^3, \\ X(2) &= x_o(0)W^0 + x_o(1)W^2 + x_o(2)W^4 + x_o(3)W^6, \\ X(3) &= x_o(0)W^0 + x_o(1)W^3 + x_o(2)W^6 + x_o(3)W^9. \end{aligned}$$

Die vier Gleichungen (10-3) lassen sich sehr einfach zusammenfassen in der Matrixform

$$(10\text{-}4) \quad \begin{bmatrix} X(0) \\ X(1) \\ X(2) \\ X(3) \end{bmatrix} = \begin{bmatrix} W^0 & W^0 & W^0 & W^0 \\ W^0 & W^1 & W^2 & W^3 \\ W^0 & W^2 & W^4 & W^6 \\ W^0 & W^3 & W^6 & W^9 \end{bmatrix} \begin{bmatrix} x_0(0) \\ x_0(1) \\ x_0(2) \\ x_0(3) \end{bmatrix}$$

oder noch kompakter in der Kurzschreibweise

$$(10\text{-}5) \quad X(n) = W^{nk} x_0(k)$$

Wir bezeichnen Matrizen mit Fettdruckbuchstaben.

Bei näherer Betrachtung von (10-4) wird ersichtlich, daß, da W und möglicherweise auch $x_0(k)$ komplexwertig sind, N^2 komplexe Multiplikationen und N(N-1) komplexe Additionen zur Auswertung der Matrixgleichung notwendig sind. Die FFT verdankt ihren Erfolg der Tatsache, daß ihr Algorithmus die Anzahl der zur Auswertung von (10-4) erforderlichen Multiplikationen und Additionen reduziert. Wir werden nun in einer intuitiven Weise darlegen, wie diese Reduktion erzielt wird. Der Beweis für den FFT-Algorithmus erfolgt in Kap. 11.

10.2 Intuitive Herleitung

Die Erläuterung des FFT-Algorithmus wird einfacher, wenn man die Anzahl der Abtastwerte $x_0(k)$ entsprechend der Beziehung $N = 2^\gamma$ mit γ als einer positiven ganzen Zahl wählt. In späteren Ausführungen werden wir diese Einschränkung aufheben. Wir erinnern uns daran, daß Gl.(10-4) sich aus der Wahl $N = 4 = 2^\gamma = 2^2$ ergibt; daher können wir den FFT-Algorithmus auf (10-4) anwenden.

Als ersten Schritt zur Herleitung des FFT-Algorithmus für dieses Beispiel schreiben wir (10-4) wie folgt um:

$$(10\text{-}6) \quad \begin{bmatrix} X(0) \\ X(1) \\ X(2) \\ X(3) \end{bmatrix} = \begin{bmatrix} 1 & 1 & 1 & 1 \\ 1 & W^1 & W^2 & W^3 \\ 1 & W^2 & W^0 & W^2 \\ 1 & W^3 & W^2 & W^1 \end{bmatrix} \begin{bmatrix} x_0(0) \\ x_0(1) \\ x_0(2) \\ x_0(3) \end{bmatrix}.$$

Matrixgl.(10-6) ergibt sich aus (10-4) unter Berücksichtigung der Beziehung $W^{nk} = W^{nk \bmod(N)}$. Es sei daran erinnert, daß der Term nk mod(N) gleich dem Rest der Division von nk durch N ist; demnach erhält man mit N = 4, n = 2 und k = 3

$$(10\text{-}7) \quad W^6 = W^2,$$

da gilt

(10-8) $\quad W^{nk} = W^6 = \exp\left[\left(\frac{-j2\pi}{4}\right)(6)\right] = \exp[-j3\pi]$

$\qquad = \exp[-j\pi] = \exp\left[\left(\frac{-j2\pi}{4}\right)(2)\right] = W^2 = W^{nk \bmod N}$.

Der zweite Herleitungsschritt besteht aus der folgenden Faktorisierung der quadratischen Matrix von (10-6):

(10-9) $\begin{bmatrix} X(0) \\ X(2) \\ X(1) \\ X(3) \end{bmatrix} = \begin{bmatrix} 1 & W^0 & 0 & 0 \\ 1 & W^2 & 0 & 0 \\ 0 & 0 & 1 & W^1 \\ 0 & 0 & 1 & W^3 \end{bmatrix} \begin{bmatrix} 1 & 0 & W^0 & 0 \\ 0 & 1 & 0 & W^0 \\ 1 & 0 & W^2 & 0 \\ 0 & 1 & 0 & W^2 \end{bmatrix} \begin{bmatrix} x_o(0) \\ x_o(1) \\ x_o(2) \\ x_o(3) \end{bmatrix}.$

Diese Art der Faktorisierung basiert auf der Theorie des FFT-Algorithmus und wird im Kap. 11 hergeleitet. Für den Augenblick sollte es genügen, zu zeigen, daß das Produkt der beiden quadratischen Matrizen aus (10-9) gleich der quadratischen Matrix aus (10-6) ist, mit der Ausnahme, daß die Zeilen 1 und 2 vertauscht sind. (Die Zeilen sind mit 0, 1, 2, 3 numeriert.) Man beachte, daß dieser Zeilenvertauschung in (10-9) durch eine entsprechende Umstellung des Vektors *X(n)* Rechnung getragen wurde; wir bezeichnen den zeilenvertauschten Vektor mit

(10-10) $\quad \overline{X(n)} = \begin{bmatrix} X(0) \\ X(2) \\ X(1) \\ X(3) \end{bmatrix}.$

Als Übung sollte der Leser nachweisen, daß Gl.(10-9) zur Gl. (10-6) mit den oben angegebenen vertauschten Zeilen führt. Diese Faktorisierung ist der Hauptgrund der Leistungsfähigkeit des FFT-Algorithmus.

Nachdem wir uns davon überzeugt haben, daß (10-9) korrekt ist, obwohl die Zeilen untereinander *umgeordnet* sind, wollen wir die Anzahl der Multiplikationen ermitteln, die zur Auswertung des Gleichungssystems erforderlich sind. Zunächst betrachten wir

(10-11) $\begin{bmatrix} x_1(0) \\ x_1(1) \\ x_1(2) \\ x_1(3) \end{bmatrix} = \begin{bmatrix} 1 & 0 & W^0 & 0 \\ 0 & 1 & 0 & W^0 \\ 1 & 0 & W^2 & 0 \\ 0 & 1 & 0 & W^2 \end{bmatrix} \begin{bmatrix} x_o(0) \\ x_o(1) \\ x_o(2) \\ x_o(3) \end{bmatrix}.$

Der Vektor $x_1(k)$ ist gleich dem Produkt des Vektors $x_0(k)$ mit der zweiten Matrix auf der rechten Seite von (10-9).

Element $x_1(0)$ wird mit einer komplexen Multiplikation und einer komplexen Addition ermittelt (W^o wird zwecks Verallgemeinerung nicht zu eins reduziert):

(10-12) $\quad x_1(0) = x_o(0) + W^o x_o(2)$.

Element $x_1(1)$ läßt sich ebenfalls mit einer komplexen Multiplikation und einer komplexen Addition errechnen. Zur Berechnung von $x_1(2)$ ist nur eine komplexe Addition notwendig; dies folgt, weil $W^o = -W^2$ gilt. Somit erhält man

(10-13) $\quad x_1(2) = x_o(0) + W^2 x_o(2)$
$\qquad\qquad = x_o(0) - W^o x_o(2)$,

wobei das komplexe Produkt $W^o x_o(2)$ bereits bei der Berechnung von $x_1(0)$ - cf. Gl.(10-12) - ermittelt wurde. Nach gleicher Überlegung erfordert $x_1(3)$ nur eine komplexe Addition und keine Multiplikation. Der Zwischenvektor $x_1(k)$ läßt sich also mit vier komplexen Additionen und zwei komplexen Multiplikationen bestimmen.

Wir vervollständigen die Auswertung von (10-9) mit der Auswertung des Gleichungssystems

(10-14) $\quad \begin{bmatrix} X(0) \\ X(2) \\ X(1) \\ X(3) \end{bmatrix} = \begin{bmatrix} x_2(0) \\ x_2(1) \\ x_2(2) \\ x_2(3) \end{bmatrix} = \begin{bmatrix} 1 & W^o & 0 & 0 \\ 1 & W^2 & 0 & 0 \\ 0 & 0 & 1 & W^1 \\ 0 & 0 & 1 & W^3 \end{bmatrix} \begin{bmatrix} x_1(0) \\ x_1(1) \\ x_1(2) \\ x_1(3) \end{bmatrix}$.

Element $x_2(0)$ läßt sich mit einer komplexen Multiplikation und einer komplexen Addition ermitteln:

(10-15) $\quad x_2(0) = x_1(0) + W^o x_1(1)$.

Element $x_2(1)$ erfordert wegen $W^o = -W^2$ nur eine Addition. Nach ähnlicher Überlegung benötigt $x_2(2)$ eine komplexe Multiplikation und Addition und $x_2(3)$ nur eine Addition.

Die Berechnung von $\overline{X(n)}$ nach (10-9) erfordert insgesamt vier komplexe Multiplikationen und acht komplexe Additionen, die Berechnung von $X(n)$ nach (10-4) dagegen 16 komplexe Multiplikationen und 12 komplexe Additionen. Man beachte, daß die Matrixfaktorisierung die Anzahl der Multiplikationen dadurch reduziert, daß sie in den Teilmatrizen Nullen erzeugt. Für das vorliegende Beispiel reduziert die Matrixfaktorisierung die Anzahl der Multiplikationen um den Faktor 1/2. Aus der Tatsache, daß die Multiplikationszeit den wesentlichen Teil der Gesamtrechenzeit ausmacht, wird der Grund für die Effizienz des FFT-Algorithmus erkennbar.

Für $N = 2^\gamma$ besteht der FFT-Algorithmus einfach aus der Faktorisierung einer $N \times N$ Matrix in γ Matrizen der Größe $N \times N$, und zwar derart, daß die Anzahl der komplexen Multiplikationen und Additionen einer jeden Teilmatrix minimal ist. Mit der Verallgemeinerung der Ergebnisse des vorangegangenen Beispiels stellen wir fest, daß die FFT $N\gamma/2 (= 4)$ *komplexe* Multiplikationen und $N\gamma (= 8)$ *komplexe* Additionen benötigt, wogegen die direkte Methode - cf. Gl.(10-4) - N^2 *komplexe* Multiplikationen und $N(N-1)$ *komplexe* Additionen erfordert. Nehmen wir an, daß die Rechenzeit proportional der Anzahl der Multiplikationen ist, so ist das Verhältnis der Rechenzeit der direkten Methode zu der der FFT angenähert gegeben durch den Ausdruck

(10-16) $$\frac{N^2}{N\gamma/2} = \frac{2N}{\gamma} ,$$

wonach sich für $N = 1024 = 2^{10}$ eine Rechenzeitverkürzung um 1/200 ergibt. Bild 10-1 veranschaulicht die Relation der vom FFT-Algorithmus und von der direkten Methode benötigten Anzahl von Multiplikationen.

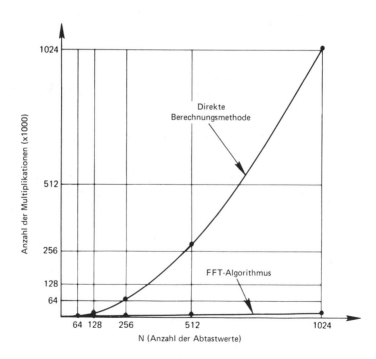

Bild 10-1: Vergleich der notwendigen Multiplikationen für die direkte Berechnungsmethode und für den FFT-Algorithmus.

Das Matrixfaktorisierungs-Verfahren weist eine Diskrepanz zur direkten Methode auf, und zwar die, daß die Gl.(10.9) den Vektor $\overline{X(n)}$ und nicht den Vektor $X(n)$ als Rechenergebnis liefert, i.e.

(10-17)
$$\overline{X(n)} = \begin{bmatrix} X(0) \\ X(2) \\ X(1) \\ X(3) \end{bmatrix} \quad \text{statt} \quad X(n) = \begin{bmatrix} X(0) \\ X(1) \\ X(2) \\ X(3) \end{bmatrix}.$$

Diese *Umordnung* ist dem Prozess der Matrixfaktorisierung inhärent, stellt jedoch nur ein geringfügiges Problem dar, weil sich ohne Schwierigkeiten eine allgemeine Methode zur Wiedergewinnung von $\overline{X(n)}$ durch eine Umordnung von $X(n)$ angeben läßt: Man schreibe $\overline{X(n)}$ um, indem man das Argument n als Binärzahl darstellt:

(10-18)
$$\begin{bmatrix} X(0) \\ X(2) \\ X(1) \\ X(3) \end{bmatrix} \quad \text{wird} \quad \begin{bmatrix} X(00) \\ X(10) \\ X(01) \\ X(11) \end{bmatrix}.$$

Man beachte, daß mit einer spiegelbildlichen Vertauschung der Bits der binären Argumente von $\overline{X(n)}$, im folgenden *Bitumkehrung (bit reversing)* genannt, (i.e. 01 wird zu 10, 10 wird zu 01 etc.)

(10-19)
$$\overline{X(n)} = \begin{bmatrix} X(00) \\ X(10) \\ X(01) \\ X(11) \end{bmatrix} \quad \text{in} \quad \begin{bmatrix} X(00) \\ X(01) \\ X(10) \\ X(11) \end{bmatrix} = X(n) \text{ übergeht}$$

Es läßt sich relativ einfach eine allgemeine Regel für die Umordnung der FFT-Ergebnisse aufstellen.

Für N > 4 ist es mühsam, den Prozeß der Matrixfaktorisierung analog zur Gl.(10-9) zu beschreiben. Aus diesem Grunde interpretieren wir (10-9) in einer graphischen Weise. Unter Benutzung dieser graphischen Formulierung sind wir in der Lage, allgemeine Regeln zur Erstellung eines Flußdiagramms für ein Rechnerprogramm aufzustellen.

10.3 Signalflußgraphen

Wir setzen Gl.(10-9) in den in Bild 10-2 angegebenen Signalflußgraphen um. Wie gezeigt, stellen wir den Vektor der Signalabtastwerte $x_1(k)$ durch eine senkrechte Knotenspalte auf der linken Seite des Graphen dar. Die zweite Knotenspalte entspricht dem nach Gl.(10-11) berechneten Vektor $\overline{x(n)}$ und die nächste vertikale Spalte dem Vektor $x_2(k) = \overline{X(n)}$ aus Gl.(10-14). Generell ergeben sich γ Spalten für $N = 2^\gamma$.

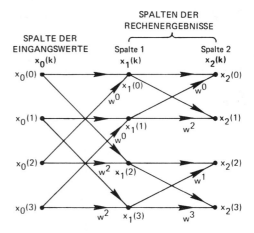

Bild 10-2: FFT-Signalflußgraph für N = 4.

Der Signalflußgraph läßt sich wie folgt interpretieren: In jeden Knoten fließen zwei *Übertragungspfade* ein, die jeweils aus einem Knoten der davorliegenden Spalte stammen. Ein Pfad übernimmt einen Wert von einem Knoten einer Spalte, multipliziert ihn mit W^p und überträgt das Produkt an einen Knoten der nächsten Spalte. Der Faktor W^p erscheint am Pfeilende des Pfades; das Fehlen dieses Faktors bedeutet $W^p = 1$. Die an einem Knoten ankommenden Werte werden aufsummiert.

Zur Verdeutlichung der Interpretation des Signalflußgraphen betrachte man den Knoten $x_1(2)$ in Bild 10-2. Aus den Interpretationsregeln des Signalflußgraphen folgt

(10-20) $x_1(2) = x_0(0) + W^2 x_0(2)$,

was der Gl.(10-13) entspricht. In ähnlicher Weise lassen sich auch alle anderen Knoten des Signalflußgraphen beschreiben.

Der Signalflußgraph ist also eine Kurzform-Repräsentation der Auswertungsschritte der Matrixdarstellung (10-9) des FFT-Algorithmus. Jede Spalte des Graphen entspricht einer Teilmatrix; für $N = 2^\gamma$ ergeben sich γ Spalten aus jeweils N Elementen. Unter Verwendung dieser graphischen Repräsentationsart läßt sich der Prozeß der Matrixfaktorisierung auch für größere Werte von N relativ einfach beschreiben.

188　　10. Die schnelle FOURIER-Transformation (FFT)

Wir zeigen in Bild 10-3 den Signalflußgraphen für N = 16. Mit
einem Flußgraphen dieser Größe ist es möglich, allgemeine Eigenschaften des Matrixfaktorisierungs-Verfahrens herzuleiten und
damit den Rahmen für die Entwicklung eines Flußdiagramms für ein
FFT-Rechnerprogramm zu erstellen.

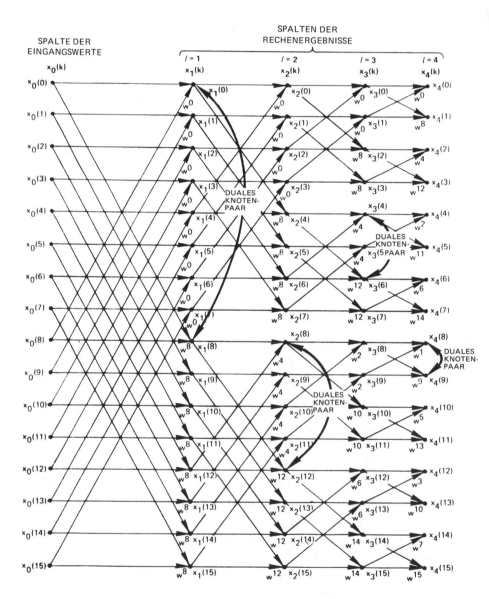

Bild 10-3: Beispiele dualer Knoten.

10.4 Duale Knoten

Eine Betrachtung des Bildes 10-3 zeigt, daß wir in jeder Spalte immer zwei Knoten finden, deren ankommende Pfade vom gleichen Knotenpaar der vorherigen Spalte stammen. Beispielsweise lassen sich das Knotenpaar $x_1(0)$ und $x_1(8)$ aus dem Knotenpaar $x_0(0)$ und $x_0(8)$ errechnen. Man beachte, daß $x_0(0)$ und $x_0(8)$ nicht in die Berechnung irgendeines anderen Knoten eingehen. Wir nennen jeweils zwei derartige Knoten *duales Knotenpaar*.

Da sich jedes duale Knotenpaar einer Spalte unabhängig von allen anderen Knoten errechnen läßt, ist eine *speichersparende Berechnungsart (in place computation)* möglich. Zur Erklärung beachte man, daß wir gemäß Bild 10-3 die Terme $x_1(0)$ und $x_1(8)$ zugleich aus den Termen $x_0(0)$ und $x_0(8)$ errechnen und dann die von $x_0(0)$ und $x_0(8)$ belegten Speicherplätze mit $x_1(0)$ und $x_1(8)$ überschreiben können. Der Gesamtspeicherbedarf wird somit nur von der Größe des Signalvektors $x_0(k)$ bestimmt. Die Elemente einer Spalte werden nach ihrer Berechnung paarweise in den für die Signalwerte vorgesehenen Speicherbereich zurückgelegt.

Abstand dualer Knoten

Wir untersuchen nun den Abstand zwischen den Elementen eines dualen Knotenpaares (vertikal in Index k gemessen). Die folgenden Ausführungen beziehen sich auf Bild 10-3. Zunächst sind in der Spalte $\ell = 1$ die Elemente eines dualen Knotenpaares, e.g. $x_1(0)$ und $x_1(8)$, um $k = 8 = N/2^\ell$ voneinander getrennt. In der Spalte $\ell = 2$ sind die dualen Knoten, e.g. $x_2(8)$ und $x_2(12)$, um $k = 4 = N/2^\ell = N/2^2$ voneinander entfernt. Ähnlich stehen die dualen Knoten in der Spalte $\ell = 3$, e.g. $x_3(4)$ und $x_3(6)$, im Abstand $k = 2 = N/2^\ell = N/2^3$ und in der Spalte $\ell = 4$, e.g. $x_4(8)$ und $x_4(9)$, im Abstand $k = 1 = N/2^\ell = N/2^4$ auseinander.

Verallgemeinernd können wir sagen, daß der Abstand zwischen den dualen Knoten in der Spalte ℓ gleich $N/2^\ell$ ist. Demnach ist $x_\ell(k + N/2^\ell)$ der duale Knoten zu $x_\ell(k)$. Diese Regel erlaubt in einfacher Weise die Bestimmung eines dualen Knotenpaares.

Berechnung dualer Knoten

Die Berechnung eines dualen Knotenpaares erfordert nur eine komplexe Multiplikation. Um diesen Punkt zu erläutern, betrachte man den Knoten $x_2(8)$ und seinen dualen Knoten $x_2(12)$ in Bild

10-3. Die aus dem Knoten $x_1(12)$ stammenden Pfade werden mit W^4 und W^{12} multipliziert, bevor sie in die Knoten $x_2(8)$ und $x_2(12)$ einfließen. Es ist wichtig zu sehen, daß $W^4 = -W^{12}$ gilt und daß deswegen nur eine Multiplikation benötigt wird, da nur ein und dieselbe Größe $x_1(12)$ mit diesen Größen zu multiplizieren ist. Generell gilt: Ist W^p der Gewichtsfaktor an einem Knoten, so ist $W^{p+N/2}$ der Gewichtsfaktor am zugehörigen dualen Knoten. Wegen $W^p = -W^{p+N/2}$ benötigt die Berechnung eines dualen Knotenpaares also nur eine Multiplikation. Die Berechnung eines beliebigen dualen Knotenpaares ist gegeben durch das Gleichungspaar

(10-21) $$x_\ell(k) = x_{\ell-1}(k) + W^p x_{\ell-1}(k+N/2^\ell),$$
$$x_\ell(k + N/2^\ell) = x_{\ell-1}(k) - W^p x_{\ell-1}(k+N/2^\ell).$$

Zur Berechnung einer Spalte fangen wir normalerweise mit dem Knoten $k = 0$ an und ermitteln die Spaltenelemente sequentiell durch Auswertung des Gleichungspaares (10-21). Wie bereits erwähnt, steht der duale Knoten eines beliebigen Knotens in der ℓ-ten Spalte stets um den Abstand $N/2^\ell$ weiter unten in der Spalte. Da der Abstand dualer Knoten $N/2^\ell$ beträgt, bedeutet dies, daß wir nach allen $N/2^\ell$ Knoten einen Sprung vornehmen müssen. Um diesen Punkt zu erklären, betrachten wir die Spalte $\ell = 2$ in Bild 10-4. Wenn wir mit den Knoten $k = 0$ anfangen, dann liegt der duale Knoten nach unseren früheren Diskussionen bei $k = N/2^2 = 4$, was aus Bild 10-4 direkt zu entnehmen ist. Wir setzen die Berechnung der Spalte fort und beachten, daß ein dualer Knoten stets um 4 Knoten weiter unten in der Spalte liegt, bis wir den Knoten 4 erreicht haben. Von diesem Punkt aus treffen wir eine Reihe von Knoten, die wir bereits ermittelt haben, nämlich die zu den Knoten 0, 1, 2, 3, dualen Knoten. Es ist nun notwendig, die Knoten 4, 5, 6 und 7 zu *überspringen*. Knoten 8, 9, 10 und 11 folgen der ursprünglichen Regel; ihre dualen Knoten liegen also um 4 Knoten weiter unten in der Spalte. Allgemein gesagt: Wenn wir eine Spalte von oben nach unten abarbeiten, werten wir Gl.(10-21) für die ersten $N/2^\ell$ Knoten aus, überspringen dann die nächsten $N/2^\ell$ Knoten, etc.. Mit dem *Überspringen* hören wir auf, wenn wir zu einem Knotenindex größer N-1 gelangen.

10.4 Duale Knoten 191

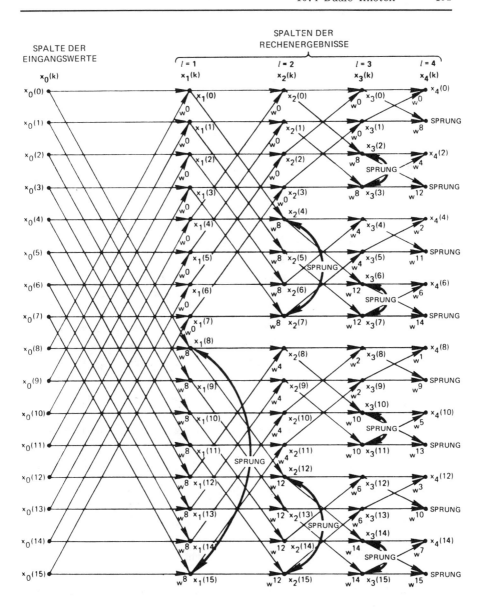

Bild 10-4: Beispiele von Knoten, die bei der Berechnung des FFT-Signalflußgraphen übersprungen werden müssen.

10.5 Bestimmung von W^p

In den vorangegangenen Ausführungen haben wir die Eigenschaften jeder Spalte mit Ausnahme der Größe p in Gl.(10-21) erörtert. Die Größe p läßt sich wie folgt bestimmen: a) Man stelle den Index k als Binärzahl mit γ Bits dar, b) schiebe diese Binärzahl um $\gamma-\ell$ Bits nach rechts und fülle die frei werdenden Binärstellen auf der linken Seite mit Nullen auf und c) kehre die Reihenfolge der Bits um. Die aus der Bitumkehrung resultierende Zahl ist die gesuchte Größe p.

Um diese Prozedur zu verdeutlichen, betrachten wir den Knoten $x_3(8)$ in Bild 10-4. Mit $\gamma = 4$, $k = 8$ und $\ell = 3$ erhält k die Binärdarstellung 1000. Wir schieben diese Binärzahl um $\gamma - \ell = 4 - 3 = 1$ Bit nach rechts und füllen sie mit einer Null auf; das Ergebnis ist 0100. Wir kehren nun die Reihenfolge der Bits um und erhalten 0010 oder die ganze Zahl 2. Der Wert von p ist somit 2. Wir beschreiben nun ein Verfahren für die praktische Durchführung dieser Bit-Umkehroperation. Wir wissen, daß eine Binärzahl $a_4 a_3 a_2 a_1 \cdot$ sich im Dezimalsystem ausdrücken läßt als $a_4 \cdot 2^3 + a_3 \cdot 2^2 + a_2 \cdot 2^1 + a_1 \cdot 2^0$. Die Zahl mit der Bit-Umkehrung, die wir suchen, ist gegeben durch $a_1 \cdot 2^3 + a_2 \cdot 2^2 + a_3 \cdot 2^1 + a_4 \cdot 2^0$. Wenn wir eine Methode zur Bestimmung der Bits a_4, a_3, a_2 und a_1 angeben, haben wir damit eine Bit-Umkehroperation definiert.

M sei eine Binärzahl gleich $a_4 a_3 a_2 a_1 \cdot$. Man dividiere M durch 2, schneide das Ergebnis ab und multipliziere das abgeschnittene Ergebnis mit 2. Anschließend errechne man den Ausdruck $a_4 a_3 a_2 a_1 \cdot - 2(a_4 a_3 a_2 \cdot)$. Für a_1 gleich 0 ist diese Differenz ebenfalls gleich Null, weil der Wert M auch nach der Division durch 2, dem Abschneiden und der folgenden Multiplikation mit 2 unverändert bleibt. Ist jedoch das Bit a_1 gleich 1, dann verändert das Abschneiden den Wert von M, und die obige Differenz ist ungleich Null. Nach diesem Verfahren können wir feststellen, ob das Bit a_1 gleich 0 oder gleich 1 ist.

In ähnlicher Weise können wir den Wert von a_2 feststellen. Der hierfür geeignete Differenzausdruck lautet: $a_4 a_3 a_2 \cdot - 2(a_4 a_3 \cdot)$. Wenn diese Differenz Null ist, dann ist a_2 gleich 0. Die Bits a_3 und a_4 lassen sich in ähnlicher Weise identifizieren. Dieses Verfahren bildet die Basis des in Abschnitt 10.7 entwickelten Rechner-Unterprogramms für die Bit-Umkehroperation.

10.6 Umordnung der FFT-Ergebnisse

Der letzte Rechenschritt der FFT ist die *Umordnung (unscrambling)* der Ergebnisse nach Gl.(10-19). Wir erinnern uns daran, daß man zur Umordnung des Vektors $\overline{X}(n)$ den Index n als Binärzahl darstellt und dann die Reihenfolge der Bits umkehrt. Wir zeigen in Bild 10-5 die Ergebnisse dieser Bit-Umkehroperation; die Terme $x_4(k)$ und $x_4(i)$ wurden einfach miteinander vertauscht, wenn sich die ganze Zahl i durch die Bit-Umkehroperation aus der ganzen Zahl k ergab. Man beachte, daß man bei der Umordnung der Ausgangsspalte eine ähnliche Situation wie bei der Bestimmung dualer Knoten vorfindet. Wenn wir die Spalte von oben nach unten errechnen, wobei wir x(k) mit x(i) vertauschen, werden wir schließlich Knoten antreffen, die wir bereits vertauscht haben. Beispielsweise bleibt in Bild 10-5 der Knoten k = 0 an seinem Platz stehen, die Knoten 1, 2 und 3 werden der Reihe nach mit den Knoten 8, 4 und 12 vertauscht. Der nächste Knoten, der zu vertauschen ist, ist der Knoten 4; aber dieser Knoten wurde bereits mit dem Knoten 2 vertauscht. Um die Möglichkeiten zu eliminieren, daß man einen Knoten zur Vertauschung heranzieht, der bereits vertauscht wurde, prüfen wir jeweils nach, ob i (die Ganzzahl, die sich durch die Bit-Umkehroperation aus k ergibt) kleiner als k ist. Trifft das zu, so bedeutet dies, daß dieser Knoten bereits durch eine frühere Bit-Umkehroperation vertauscht wurde. Mit dieser Abfrage verschaffen wir uns ein einfaches Umordnungsverfahren.

10.7 FFT-Flußdiagramm

Unter Benutzung der bereits besprochenen Eigenschaften des FFT-Signalflußgraphen können wir leicht ein Flußdiagramm zur Programmierung des Algorithmus auf einen Digitalrechner entwickeln. Aus den früheren Ausführungen wissen wir, daß wir zuerst die Spalte $\ell = 1$ berechnen, indem wir mit den Knoten k = 0 anfangen und die Spalte nach unten abarbeiten. Für jeden Knoten k werten wir das Gleichungspaar (10-21) aus, wobei p nach dem bereits beschriebenen Verfahren zu bestimmen ist. Wir setzen die Auswertung des Gleichungspaares (10-21) in der Spalte nach unten fort, bis wir eine Teilmenge von Knoten erreichen, die wir *überspringen* müssen. Wir überspringen jene Knoten und setzen die Auswertung solange fort, bis wir die ganze Spalte errechnet haben.

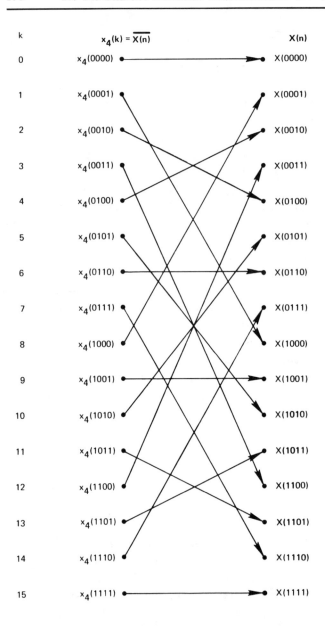

Bild 10-5: Beispiel zur Bit-Umkehr-Operation, N = 16.

Dann berechnen wir die verbleibenden Spalten nach gleichem Verfahren. Schließlich ordnen wir die letzte Spalte um und erhalten die gewünschten Ergebnisse. Bild 10-6 zeigt ein Flußdiagramm zur Computer-Programmierung des FFT-Algorithmus.

10.7 FFT-Flußdiagramm

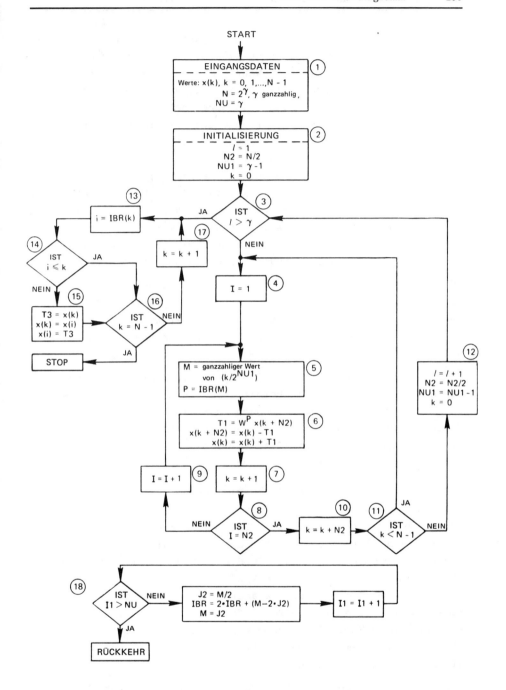

Bild 10-6: Flußdiagramm für ein FFT-Computerprogramm.

Block 1 beschreibt die notwendigen Eingangsinformationen. Der Signalvektor $x_0(k)$ wird als komplexwertig angenommen und mit $k = 0, 1, \ldots, N-1$ indiziert. Wenn $x_0(k)$ reellwertig ist, wird der Imaginärteil gleich Null gesetzt. Die Anzahl der Abtastwerte muß die Bedingung $N = 2^\gamma$ mit γ als einer natürlichen Zahl erfüllen. Die Initialisierung verschiedener Programmparameter wird im Block 2 vorgenommen. Der Parameter ℓ ist die Nummer der zu bearbeitenden Spalte. Wir beginnen mit der Spalte $\ell = 1$. Der Parameter N2 steht für den Abstand dualer Knoten; für $\ell = 1$ ist N2 gleich $N/2$ und wird als solches initialisiert. Der Parameter NU1 steht für die Anzahl der Rechtsverschiebungen, die zur Bestimmung von p aus Gl.(10-21) vorzunehmen sind; NU1 wird zu $\gamma-1$ initialisiert. Der Index k des Spaltenelementes wird zu $k = 0$ initialisiert; wir errechnen eine Spalte also von oben nach unten.

In Block 3 wird nachgeprüft, ob die Spaltennummer ℓ größer als γ ist. Wenn dies der Fall ist, springt das Programm auf Block 13, um die Ergebnisse mittels der Bit-Umkehroperation umzuordnen. Wenn aber die Spalten noch nicht alle berechnet worden sind, gehen wir zu Block 4 über.

Block 4 setzt einen Zählindex $I = 1$. Dieser Zählindex enthält die Anzahl von Knoten, die bereits ermittelt worden sind. Es sei an Abschnitt 10.4 erinnert, wonach es notwendig ist, bestimmte Knoten zu überspringen, damit man die bereits ermittelten Knoten nicht ein zweites Mal antrifft. Der Zählindex I gibt Auskunft darüber, wann im Programm ein Sprung vorzunehmen ist.

Blöcke 5 und 6 werten die Gl.(10-21) aus. Da k und ℓ der Reihe nach zu 0 und 1 initialisiert sind, ist der erste zu bearbeitende Knoten der erste Knoten der Spalte 1. Zur Bestimmung von p erinnern wir uns daran, daß zunächst die Binärzahl k um $\gamma-\ell$ Bits nach rechts verschoben werden muß. Zu diesem Zweck bestimmen wir den ganzzahligen Teil von $k/2^{\gamma-\ell} = k/2^{NU1}$ und weisen, wie in Block 5 gezeigt, das Ergebnis dem Parameter M zu. Gemäß der Bestimmungsregel von p müssen wir die Reihenfolge der γ = NU Bits von M umkehren. Die in Block 5 angegebene Funktion IBR(M) ist ein spezielles Unterprogramm zur Durchführung der Bit-Umkehroperation, das wir später beschreiben werden.

Block 6 enthält die Auswertung der Gl.(10-21). Wir berechnen das Produkt $W^p x(k+N2)$ und legen es in einem Zwischenspeicher ab. Dann addieren und subtrahieren wir diesen Term entsprechend Gl.(10-21) und erhalten die Werte eines dualen Knotenpaares.

10.7 FFT-Flußdiagramm

Wir gehen dann zum nächsten Knoten in der Spalte über. Wie in Block 7 gezeigt, wird k um 1 erhöht.

Um zu vermeiden, daß ein bereits ermittelter Knoten abermals berechnet wird, fragen wir in Block 8 ab, ob der Zählindex I gleich N2 ist. Für die Spalte 1 ist die Anzahl der Knoten, die ohne Überspringen nacheinander berechnet werden können, gleich N/2=N2. Block 8 prüft diese Bedingung nach. Wenn I ungleich N2 ist, setzen wir die Berechnung der Spalte nach unten fort und erhöhen wie in Block 9 gezeigt, den Zählindex I um 1. Man sei daran erinnert, daß wir k bereits in Block 7 um 1 erhöht haben. Blöcke 5 und 6 werden dann mit dem neuen Wert von k wiederholt.

Wenn in Block 8 die Bedingung I = N2 zutrifft, dann wissen wir, daß wir einen Knoten erreicht haben, der bereits errechnet worden ist. Mit der Zuweisung k:=k+N2 überspringen wir dann N2 Knoten. Da k bereits in Block 7 um 1 erhöht worden ist, genügt nun die Erhöhung von k um N2, um alle bereits bearbeiteten Knoten zu überspringen.

Bevor wir mit den in Blöcken 5 und 6 angegebenen Berechnungen für den Knoten k:=k+N2 fortfahren, müssen wir zunächst feststellen, ob die Maximalzahl der Spaltenelemente nicht bereits überschritten worden ist. Wenn k nach einer Abfrage in Block 11 kleiner als N-1 ist (man erinnere sich daran, daß der Index k von 0 bis N-1 läuft), setzen wir I in Block 4 zu 1 zurück und wiederholen die Blöcke 5 und 6.

Wenn in Block 11 k > N-1 wird, dann wissen wir, daß wir zu der nächsten Spalte übergehen müssen. Dazu wird der Index ℓ, wie in Block 12 gezeigt, um 1 erhöht. Der neue Abstand N2 dualer Knoten ist nun N2/2. (Man sei daran erinnert, daß der Abstand N2 durch den Ausdruck $N/2^\ell$ gegeben ist). NU1 wird um 1 verkleinert (NU1 ist gegeben durch $\gamma-\ell$) und k zu Null zurückgesetzt. Wir fragen dann in Block 3 ab, ob alle Spalten bereits ermittelt worden sind. Wenn dies der Fall ist, gehen wir zur Umsortierung der letzten Ergebnisse über. Diese Operation wird von Blöcken 13 bis 17 ausgeführt.

Block 13 führt die Bit-Umkehroperation auf den Index k durch, um den Index i zu erhalten. Wir benutzen wieder das Bit-Umkehr-Unterprogramm IBR(k), das später erklärt wird. Wir erinnern uns daran, daß wir zur Umordnung der FFT-Ergebnisse x(k) und x(i) einfach miteinander zu vertauschen haben. Diese Vertauschung wird mit der in Block 15 angegebenen Operation ausgeführt. Doch bevor

wir mit Block 15 beginnen, ist es notwendig festzustellen, wie
in Block 14 gezeigt, ob i kleiner als k ist. Dieser Schritt ist
erforderlich, um zu verhindern, daß die Reihenfolge der bereits
umgeordneten Knoten geändert wird.

Block 16 prüft nach, ob alle Knoten umgeordnet worden sind;
Block 17 enthält den Index k.

In Block 18 führen wir die Bit-Umkehr-Funktion IBR(k) aus. Damit
realisieren wir das in Abschnitt 10.5 besprochene Bitumkehrungs-
Verfahren.

Wenn man das Flußdiagramm von Bild 10-6 als ein Rechner-Programm
realisieren will, ist es notwendig, die Variablen x(k) und W^p
als komplexe Variablen zu berücksichtigen und entsprechend zu
verarbeiten.

10.8   FFT-FORTRAN-Programm

Bild 10-7 zeigt die Befehlsliste eines FORTRAN-Programms, das
auf dem FFT-Flußdiagramm von Bild 10-6 basiert. Dieses Programm
erhebt keinen Anspruch auf höchste Effektivität; es ist vielmehr
dazu da, um den Leser mit der Programmierungsprozedur des FFT-
Algorithmus bekannt zu machen. Effektivere Programmierungen führen zu etwas höherer Rechengeschwindigkeit. Wir werden in folgenden Diskussionen auf andere FFT-Programme hinweisen.

Die Eingangsgrößen für das FFT-Programm sind: XREAL, der Realteil
der diskreten FOURIER-Transformation zu unterziehenden Funktion;
XIMAG ihr Imaginärteil; N, die Anzahl der Abtastwerte; und NU mit
$N = 2^{NU}$. Nach Beendigung des Programms ist XREAL der Realteil
der Transformierten und XIMAG derer Imaginärteil. Die Eingangswerte werden überschrieben.

10.9   FFT-ALGOL-Programm

In Bild 10-8 zeigen wir ein auf das Flußdiagramm von Bild 10-6
basierendes ALGOL-Programm. Wie das FORTRAN-Programm wurde auch
dieses Programm nicht mit dem Anspruch auf maximale Effizienz
erstellt. Weitere ALGOL-Programme werden in kommenden Diskussionen
genannt.

10.9 FFT-ALGOL-Programm

```
          SUBROUTINE FFT(XREAL,XIMAG,N,NU)
          DIMENSION XREAL(N),XIMAG(N)
          N2=N/2
          NU1=NU-1
          K=0
          DO 100 L=1,NU
  102     DO 101 I=1,N2
          P=IBITR(K/2**NU1,NU)
          ARG=6.283185*P/FLOAT(N)
          C=COS(ARG)
          S=SIN(ARG)
          K1=K+1
          K1N2=K1+N2
          TREAL=XREAL(K1N2)*C+XIMAG(K1N2)*S
          TIMAG=XIMAG(K1N2)*C-XREAL(K1N2)*S
          XREAL(K1N2)=XREAL(K1)-TREAL
          XIMAG(K1N2)=XIMAG(K1)-TIMAG
          XREAL(K1)=XREAL(K1)+TREAL
          XIMAG(K1)=XIMAG(K1)+TIMAG
  101     K=K+1
          K=K+N2
          IF(K.LT.N) GO TO 102
          K=0
          NU1=NU1-1
  100     N2=N2/2
          DO 103 K=1,N
          I=IBITR(K-1,NU)+1
          IF(I.LE.K) GO TO 103
          TREAL=XREAL(K)
          TIMAG=XIMAG(K)
          XREAL(K)=XREAL(I)
          XIMAG(K)=XIMAG(I)
          XREAL(I)=TREAL
          XIMAG(I)=TIMAG
  103     CONTINUE
          RETURN
          END

          FUNCTION IBITR(J,NU)
          J1=J
          IBITR=0
          DO 200 I=1,NU
          J2=J1/2
          IBITR=IBITR*2+(J1-2*J2)
  200     J1=J2
          RETURN
          END
```

Bild 10-7: FFT-FORTRAN-Programm.

```
PROCEDURE FFT(XREAL,XIMAG,N,NU);
VALUE N,NU;
REAL ARRAY XREAL[0],XIMAG[0];
INTEGER N,NU;
BEGIN INTEGER N2,NU1,I,L,K;
    REAL TREAL,TIMAG,P,ARG,C,S;
    LABEL LBL;
    INTEGER PROCEDURE BITREV(J,NU);
    VALUE J,NU;
    INTEGER J,NU;
    BEGIN INTEGER I,J1,J2,K;
        J1:=J;
        K:=0;
        FOR I:=1 STEP 1 UNTIL NU DO
        BEGIN J2:=J1 DIV 2;
            K:=K*2+(J1-2*J2);
            J1:=J2 END;
        BITREV:=K END OF PROCEDURE BITREV;
    N2:=N DIV 2;
    NU1:=NU-1;
    K:=0;
    FOR L:=1 STEP 1 UNTIL NU DO
    BEGIN
        FOR I:=1 STEP 1 UNTIL N2 DO
        BEGIN P:=BITREV(K DIV 2**NU1,NU);
            ARG:=6.283185*P/N;
            C:=COS(ARG);
            S:=SIN(ARG);
            TREAL:=XREAL[K+N2]*C+XIMAG[K+N2]*S;
            TIMAG:=XIMAG[K+N2]*C-XREAL[K+N2]*S;
            XREAL[K+N2]:=XREAL[K]-TREAL;
            XIMAG[K+N2]:=XIMAG[K]-TIMAG;
            XREAL[K]:=XREAL[K]+TREAL;
            XIMAG[K]:=XIMAG[K]+TIMAG;
            K:=K+1 END;
        K:=K+N2;
        IF K<N THEN GO TO LBL;
        K:=0;
        NU1:=NU1-1;
        N2:=N2 DIV 2 END;
    FOR K:=0,K+1 WHILE K<N DO
    BEGIN I:=BITREV(K,NU);
        IF I>K THEN
        BEGIN TREAL:=XREAL[K];
            TIMAG:=XIMAG[K];
            XREAL[K]:=XREAL[I];
            XIMAG[K]:=XIMAG[I];
            XREAL[I]:=TREAL;
            XIMAG[I]:=TIMAG END END END OF PROCEDURE FFT;
```

Bild 10-8: FFT-ALGOL-Programm.

10.10 FFT-Algorithmus für reelle Funktionen

Bei vielen Anwendungen der FFT ist die zu transformierende Funktion oft eine reelle Zeitfunktion, die FOURIER-Transformierte hingegen eine komplexe Frequenzfunktion. Zur Durchführung der diskreten FOURIER-Transformation als auch ihrer inversen Beziehung läßt sich trotzdem ein und dasselbe Programm benutzen, wenn dieses für eine komplexwertige Funktion konzipiert ist:

$$(10-22) \qquad H(n) = \frac{1}{N} \sum_{k=0}^{N-1} [h_r(k) + jh_i(k)] e^{-j2\pi nk/N}$$

Dies beruht darauf, daß die alternative inverse Beziehung (8-9) gegeben ist durch

$$(10-23) \qquad h(k) = \frac{1}{N} \left[\sum_{n=0}^{N-1} [H_r(n) + jH_i(n)]^* e^{-j2\pi nk/N} \right]^*$$

und da die Gln. (10-22) und (10-23) beide den gemeinsamen Faktor $e^{-j2\pi nk/N}$ enthalten, kann man ein einziges Programm verwenden, um sowohl die diskrete FOURIER-Transformation als auch ihre inverse Beziehung auszuwerten.

Wenn die zu transformierende Zeitfunktion reell ist, müssen wir den Imaginärteil der komplexen Zeitfunktion in (10-22) gleich Null setzen. Dieser Lösungsweg ist jedoch uneffektiv, weil das Programm die $jh_i(k)$ betreffenden Multiplikationen in Gl. (10-22) trotzdem ausführt, obwohl nun $h_i(k)$ identisch Null ist.

In diesem Abschnitt beschreiben wir zwei Methoden, um den Imaginärteil der komplexen Zeitfunktion zu einer effektiveren Auswertung der FFT reeller Funktionen auszunutzen.

Simultane Auswertung der FFT zweier reeller Funktionen

Es ist wünschenswert, die diskrete FOURIER-Transformierten zweier reellen Funktionen h(k) und g(k) gleichzeitig aus der komplexen Funktion

$$(10-24) \qquad y(k) = h(k) + jg(k)$$

errechnen zu können. Das heißt, y(k) wird durch Addition zweier reeller Funktionen gebildet, wobei eine dieser reellen Funktionen den Imaginärteil ausmacht. Nach der Linearitätseigenschaft der diskreten FOURIER-Transformation (8-1) ist die diskrete FOURIER-Transformierte von y(k) gegeben durch

$$
\begin{align}
(10\text{-}25) \quad Y(n) &= H(n) + jG(n) \\
&= [H_r(n) + jH_i(n)] + j[G_r(n) + jG_i(n)] \\
&= [H_r(n) - G_i(n)] + j[H_i(n) + G_r(n)] \\
&= R(n) + jI(n).
\end{align}
$$

Mit Hilfe der zu Gl.(8-15) äquivalenten Beziehungen im Frequenzbereich zerlegen wir R(n), den Realteil von Y(n), und I(n), den Imaginärteil von Y(n), in ihre geraden und ungeraden Komponenten

$$
(10\text{-}26) \quad Y(n) = \left(\frac{R(n)}{2} + \frac{R(N-n)}{2}\right) + \left(\frac{R(n)}{2} - \frac{R(N-n)}{2}\right)
$$
$$
+ j\left(\frac{I(n)}{2} + \frac{I(N-n)}{2}\right) + j\left(\frac{I(n)}{2} - \frac{I(N-n)}{2}\right).
$$

Aus Gln.(8-21) und (8-22) folgt

$$
\begin{align}
(10\text{-}27) \quad H(n) &= R_g(n) + jI_u(n) \\
&= \left(\frac{R(n)}{2} + \frac{R(N-n)}{2}\right) + j\left(\frac{I(n)}{2} - \frac{I(N-n)}{2}\right)
\end{align}
$$

Ähnlich folgt aus (8-23) und (8-24)

$$
jG(n) = R_u(n) + jI_g(n)
$$

oder

$$
\begin{align}
(10\text{-}28) \quad G(n) &= I_g(n) - jR_u(n) \\
&= \left(\frac{I(n)}{2} + \frac{I(N-n)}{2}\right) - j\left(\frac{R(n)}{2} - \frac{R(N-n)}{2}\right).
\end{align}
$$

Wenn wir also den Real- und Imaginärteil der diskreten FOURIER-Transformierten einer komplexen Zeitfunktion entsprechend den Gln.(10-27) und (10-28) zerlegen, erhalten wir simultan diskreten FOURIER-Transformierten zweier reeller Funktionen. Wie leicht zu ersehen ist, führt diese Technik mit einer zusätzlichen *Ergebnisumordnung* zur *zweifachen* Erhöhung der Rechenkapazität. Der Übersicht halber sind die zur simultanen Berechnung der FFT zweier reeller Funktionen notwendigen Schritte in Bild 10-9 aufgelistet.

Transformation von 2N Abtastwerten mit einer N-Punkte Transformation

Der Imaginärteil der komplexen Zeitfunktion läßt sich ferner für eine effektivere Berechnung der diskreten FOURIER-Transformierten einer einzigen reellen Zeitfunktion verwenden. Man betrachte eine Funktion, beschrieben durch 2N Abtastwerte. Die diskrete FOURIER-

10.10 FFT-Algorithmus für reelle Funktionen

---

1. $h(k)$ und $g(k)$, $k = 0, 1, \ldots, N-1$ seien reelle Funktionen.

2. Man bilde die komplexe Funktion
$$y(k) = h(k) + jg(k) \quad , \quad k = 0, 1, \ldots, N-1 \, ,$$

3. berechne
$$Y(n) = \sum_{k=0}^{N-1} y(k) e^{-j2\pi nk/N}$$
$$= R(n) + jI(n) \quad , \quad n = 0, 1, \ldots, N-1$$

— $R(n)$ ist der Realteil und $I(n)$ der Imaginärteil von $Y(n)$ — und

4. berechne
$$H(n) = \left[\frac{R(n)}{2} + \frac{R(N-n)}{2}\right] + j\left[\frac{I(n)}{2} - \frac{I(N-n)}{2}\right]$$
$$G(n) = \left[\frac{I(n)}{2} + \frac{I(N-n)}{2}\right] - j\left[\frac{R(n)}{2} - \frac{R(N-n)}{2}\right] \, ,$$
$$n = 0, 1, \ldots, N-1.$$

$H(n)$ ist die diskrete Transformierte von $h(k)$ und $G(n)$ die diskrete Transformierte von $g(k)$.

Bild 10-9: Rechenschritte zur simultanen Berechnung der beiden diskreten FOURIER-Transformierten zweier reeller Funktionen.

Transformierte dieser Funktion soll unter Anwendung von Gl.(10-22) ermittelt werden. Wir wollen die 2N-Punkte Funktion x(k) also in zwei N-Punkte Funktionen zerlegen. Man kann die Funktion x(k) nicht einfach in zwei Hälften teilen; stattdessen zerlegen wir x(k) wie folgt:

(10-29) $\quad h(k) = x(2k),$
$\quad\quad\quad\quad g(k) = x(2k+1).$ $\quad\quad k = 0,1,\ldots,N-1$

Die Funktion h(k) besteht hiernach aus den geradzahligen Elementen von x(k), und die Funktion g(k) aus deren ungeradzahligen Elementen. (Wir weisen darauf hin, daß h(k) und g(k) nicht die geraden und ungeraden Komponenten von x(k) sind, die durch die Gl.(8-17) definiert sind.) Gl.(10-22) läßt sich wie folgt ausschreiben:

$$X(n) = \sum_{k=0}^{2N-1} x(k) e^{-j2\pi nk/2N}$$
$$= \sum_{k=0}^{N-1} x(2k) e^{-j2\pi n(2k)/2N} + \sum_{k=0}^{N-1} x(2k+1) e^{-j2\pi n(2k+1)/2N}$$
$$= \sum_{k=0}^{N-1} x(2k) e^{-j2\pi nk/N} + e^{-j\pi n/N} \sum_{k=0}^{N-1} x(2k+1) e^{-j2\pi nk/N}$$

$$= \sum_{k=0}^{N-1} h(k)e^{-j2\pi nk/N} + e^{-j\pi n/N} \sum_{k=0}^{N-1} g(k)e^{-j2\pi nk/N}$$

$$= H(n) + e^{-j\pi n/N} G(n). \tag{10-30}$$

Zu einer effizienten Berechnung von H(n) und G(n) wird das früher besprochene Verfahren angewendet. Wir setzen

(10-31) $y(k) = h(k) + jg(k)$

und damit

$$Y(n) = R(n) + jI(n).$$

Aus Gln. (10-27) und (10-28) folgt

(10-32) $H(n) = R_g(n) + jI_u(n)$
$G(n) = I_g(n) - jR_u(n).$

Der Einsatz von (10-32) in (10-30) ergibt

(10-33) $X(n) = R_g(n) + jI_u(n) + e^{-j\pi n/N}[I_g(n) - jR_u(n)]$

$$= \left[R_g(n) + \cos\left(\frac{\pi n}{N}\right) I_g(n) - \sin\left(\frac{\pi n}{N}\right) R_u(n) \right]$$
$$+ j\left[I_u(n) - \sin\left(\frac{\pi n}{N}\right) I_g(n) - \cos\left(\frac{\pi n}{N}\right) R_u(n) \right]$$

$$= X_r(n) + jX_i(n).$$

Hieraus erhält man für den Realteil der Transformierten der 2N-Punkte Funktion x(k)

(10-34) $X_r(n) = \left[\frac{R(n)}{2} + \frac{R(N-n)}{2} \right] + \cos\left(\frac{\pi n}{N}\right) \left[\frac{I(n)}{2} + \frac{I(N-n)}{2} \right]$
$- \sin\left(\frac{\pi n}{N}\right) \left[\frac{R(n)}{2} - \frac{R(N-n)}{2} \right]$

und entsprechend für den Imaginärteil

(10-35) $X_i(n) = \left[\frac{I(n)}{2} - \frac{I(N-n)}{2} \right] - \sin\left(\frac{\pi n}{N}\right) \left[\frac{I(n)}{2} + \frac{I(N-n)}{2} \right]$
$- \cos\left(\frac{\pi n}{N}\right) \left[\frac{R(n)}{2} - \frac{R(N-n)}{2} \right].$

Somit läßt sich der Imaginärteil der komplexen Zeitfunktion zur Berechnung der Transformierten einer durch 2N reelle Werte definierten Funktion mittels einer diskreten Transformation für N komplexe Werte vorteilhaft ausnützen. Üblicherweise sprechen wir von diesem Rechenverfahren als 2N-Punkte Transformation mittes einer

N-Punkte Transformation. In Bild 10-10 sind die hierzu erforderlichen Rechenschritte zusammengestellt. Dieses und das vorangegangene Verfahren werden bei der FFT-Anwendung wiederholt eingesetzt. FORTRAN- und ALGOL-Programme für die Anwendung der FFT für reelle Signale findet man in [7] und [8].*)

---

1. $x(k), k = 0, 1, \ldots, 2N - 1$ sei eine reelle Funktion.

2. Man teile $x(k)$ auf in zwei Funktionen

$$h(k) = x(2k)$$
$$g(k) = x(2k + 1)$$
, $k = 0, 1, \ldots, N - 1$,

3. bilde die komplexe Funktion

$$y(k) = h(k) + jg(k) \quad , \quad k = 0, 1, \ldots, N - 1,$$

4. berechne

$$Y(n) = \sum_{k=0}^{N-1} y(k) e^{-j2\pi nk/N}$$
$$= R(n) + jI(n) \quad , \quad n = 0, 1, \ldots, N - 1$$

— $R(n)$ ist der Realteil und $I(n)$ der Imaginärteil von $Y(n)$ — und

5. berechne

$$X_r(n) = \left[\frac{R(n)}{2} + \frac{R(N-n)}{2}\right] + \cos\frac{\pi n}{N}\left[\frac{I(n)}{2} + \frac{I(N-n)}{2}\right]$$
$$- \sin\frac{\pi n}{N}\left[\frac{R(n)}{2} - \frac{R(N-n)}{2}\right] \quad , \quad n = 0, 1, \ldots, N - 1$$

$$X_i(n) = \left[\frac{I(n)}{2} - \frac{I(N-n)}{2}\right] - \sin\frac{\pi n}{N}\left[\frac{I(n)}{2} + \frac{I(N-n)}{2}\right]$$
$$- \cos\frac{\pi n}{N}\left[\frac{R(n)}{2} - \frac{R(N-n)}{2}\right] \quad , \quad n = 0, 1, \ldots, N - 1.$$

$X_r(n)$ sind die Realteile und $X_i(n)$ die Imaginärteile der 2N-Punkte diskreten Transformierten von $x(k)$.

Bild 10-10: Rechenschritte zur Berechnung der diskreten FOURIER-Transformierten einer 2N-Punkte Funktion mit Hilfe einer N-Punkte Transformation.

*) Ein entsprechendes BASIC-Programm findet sich in BICE, P.K., "Speed up the fast Fourier transform", Electronic Design 9, April 26, 1970, pp. 66-69.   Anm. d. Übers.

Aufgaben

10-1 Gegeben sei $x_o(k) = k$, $k = 0, 1, 2, 3$. Man werte Gl.(10-1) aus und notiere die Gesamtzahl der Multiplikationen und Additionen. Man wiederhole die Berechnung nach dem durch die Gln(10-6) bis (10-14) beschriebenen Verfahren, notiere wieder die Gesamtzahl der Multiplikationen und Additionen und vergleiche die Ergebnisse.

10-2 Es wurde gezeigt, daß die Matrixfaktorisierung die Reihenfolge der Ergebnisse verändert. Für die Fälle $N = 8, 16, 32$ zeige man die sich ergebenden Elementenreihenfolgen von $X(n)$.

10-3 Man setze Gl.(10-9) für $N = 8$ in einen Signalflußgraphen um.
 a) Man gebe die Anzahl der Spalten an.
 b) Man definiere die dualen Knoten für diesen Fall. Wie groß ist der Abstand der dualen Knoten in jeder Spalte? Man gebe hierzu eine allgemeine Beziehung an und bestimme für jeden Knoten in jeder Spalte den zugehörigen dualen Knoten.
 c) Man stelle das Gleichungspaar (10-21) für jeden Knoten der Spalte 1 auf und wiederhole dies für andere Spalten.
 d) Man bestimme W^p für jeden Knoten und setze diese Werte in die unter 10-3c aufgestellten Gleichungen ein.
 e) Man zeichne einen Signalflußgraphen für den vorliegenden Fall.
 f) Man zeige die Art und Weise, wie die Ergebnisse der letzten Spalte umzuordnen sind.
 g) Man veranschauliche anhand des Signalflußgraphen das Konzept des Knoten-Überspringens.

10-4 Man bestätige das Flußdiagramm aus Bild 10-6, indem man die Richtigkeit der in Aufgabe 10-3 errechneten Spalten gedanklich nachweist.

10-5 Man beziehe die Anweisungen des FORTRAN-(ALGOL-)PROGRAMMS von Bild 10-7 (10-8) auf das Flußdiagramm von Bild 10-6.

Aufgaben mit Rechnerunterstützung

(Die folgenden Aufgaben erfordern die Benutzung eines Digitalrechners.)

10-6 Man erstelle ein auf das Flußdiagramm von Bild 10-6 basierendes FFT-Programm. Das Programm soll komplexe Zeitfunktionen verarbeiten und unter Benutzung der alternativen inversen Beziehung die inverse Transformation durchführen können. Man bezeichne dieses Programm mit FFT.

10-7 Man setze $h(t) = e^{-t}$, $t > 0$ und taste $h(t)$ mit $T = 0.01$ und $N = 1024$ ab. Man berechne die FOURIER-Transformierte von $h(k)$ sowohl mit der FFT als auch mit der DFT und vergleiche die Rechenzeiten.

10-8 Man demonstriere das in Bild 10-10 beschriebene Verfahren mit der in Aufgabe 10-7 definierten Funktion. Man setze $2N = 1024$.

10-9 Man definiere $h(k)$ wie in Aufgabe 10-7 und setze

$$g(k) = \cos \frac{2\pi k}{1024} \qquad k = 0,\ldots,1023.$$

Man berechne simultan die diskreten FOURIER-Transformierten von $h(k)$ und $g(k)$ unter Benutzung des in Bild 10-9 beschriebenen Rechenverfahrens.

Literatur

[1] BERGLAND, G.D., "A guided tour of the fast Fourier transform," IEEE Spectrum (July 1969) Vol. 6, No. 7, pp. 41-52.

[2] BRIGHAM, E.O., and R.E. MORROW, "The fast Fourier transform," IEEE Spectrum (December 1967), Vol. 4, pp. 63-70.

[3] COOLEY, J.W., and J.W. TUKEY, "An algorithm for machine calculation of complex Fourier series," Math. Computation (April 1965), Vol. 19, pp. 297-301.

[4] G-AE Subcommittee on Measurement Concepts, "What is the fast Fourier transform?" IEEE Trans. Audio and Electroacoustics (June 1967), Vol. AU-15, pp. 45-55.also Proc. IEEE (October 1967), Vol. 55, pp. 1664-1674.

[5] GENTLEMAN, W.M., "Matrix multiplication and fast Fourier transforms," Bell System Tech. J. (July-August 1968), Vol. 47, pp. 1099-1103.

[6] GENTLEMAN, W.M., and G. SANDE, "Fast Fourier transforms for fun and profit," AFIPS Proc., 1966 Fall Joint Computer Conf., Vol. 29, pp. 563-678, Washington, D.C.: Spartan, 1966.

[7] IBM Applications Program, System/360. Scientific Subroutine Package (360A-CM-03X), Version II, 1966.

[8] SINGLETON, R.C., "Algol Procedures for the Fast Transform," Communications of the ACM (Nov. 1968), Vol. 11, No. 11, pp. 773-776.

[9] THEILHEIMER, F., "A matrix version of the fast Fourier transform," IEEE Trans. Audio and Electroacoustics (June 1969), Vol. AU-17, No. 2, pp. 158-161.

11. Mathematische Herleitung des Basis-2-FFT-Algorithmus

In Abschnitt 10.2 haben wir mit einer Matrixbeschreibung die Effizienz des FFT-Algorithmus zu erklären versucht. Wir haben dann einen Signalflußgraphen konstruiert, der den Algorithmus für beliebiges $N = 2^\gamma$ beschreibt. In diesem Kapitel werden wir diese Ergebnisse aus theoretischen Überlegungen herleiten. Zunächst werden wir einen mathematischen Beweis für den Fall $N = 4$ erbringen. Wir erweitern die Argumentation auf den Fall $N = 8$. Der Grund für die Behandlung dieser speziellen Fälle ist, daß wir eine Schreib- und Ausdruckweise entwickeln wollen, die wir für die endgültige Herleitung des Algorithmus für den Fall $N = 2^\gamma$ mit γ als einer natürlichen Zahl brauchen werden.

11.1 Erklärung der Ausdrucksweise

Ein notwendiges Übel der meisten theoretischen Darlegungen ist die Einführung neuer und ungewohnter Ausdrucksweisen. Im Falle der FFT ist die Vereinfachung, die man durch eine neue Ausdrucksweise erreichen kann, jedoch der Mühe wert.

Man betrachte die Beziehung (10-1) der diskreten FOURIER-Transformation.

$$(11-1) \quad X(n) = \sum_{k=0}^{N-1} x_o(k) W^{nk}, \quad n = 0, 1, \ldots, N-1,$$

wobei wir $W = e^{-j2\pi/N}$ setzen. Für unseren Zweck ist es günstig, die natürlichen Zahlen n und k als Binärzahlen darzustellen; d.h. wenn wir $N = 4$ annehmen, dann ist $\gamma = 2$ und wir können k und n als 2-Bit-Binärzahlen darstellen:

$$k = 0, 1, 2, 3 \quad \text{oder} \quad k = (k_1, k_o) = 00, 01, 10, 11,$$
$$n = 0, 1, 2, 3 \quad \text{oder} \quad n = (n_1, n_o) = 00, 01, 10, 11$$

Eine formale Kurzschreibweise für k und n lautet

$$(11-2) \quad k = 2k_1 + k_o, \quad n = 2n_1 + n_o,$$

wobei k_0, k_1, n_0 und n_1 nur die Werte 0 und 1 annehmen können. Gl.(11-2) ist nichts anderes als eine Schreibweise für Binärzahlen, analog zu der Schreibweise der diesen Binärzahlen äquivalenten Dezimalzahlen.

Unter Benutzung der Gln.(11-2) schreiben wir (11-1) für den Fall N = 4 wie folgt um:

$$(11-3) \quad X(n_1,n_0) = \sum_{k_0=0}^{1} \sum_{k_1=0}^{1} x_0(k_1,k_0) W^{(2n_1+n_0)(2k_1+k_0)}.$$

Man beachte, daß die einzige Summation in (11-1) nun zur Berücksichtigung aller Bits von k durch γ Summationen zu ersetzen ist.

11.2 Faktorisierung von W^p

Nun betrachte man den Term W^p. Wegen $W^{a+b} = W^a W^b$ erhält man

$$(11-4) \quad W^{(2n_1+n_0)(2k_1+k_0)} = W^{(2n_1+n_0)2k_1} W^{(2n_1+n_0)k_0}$$
$$= \left[W^{4n_1 k_1} \right] W^{2n_0 k_1} W^{(2n_1+n_0)k_0}$$
$$= W^{2n_0 k_1} W^{(2n_1+n_0)k_0}.$$

Man beachte, daß der Term in Klammern gleich 1 ist, da gilt

$$(11-5) \quad W^{4n_1 k_1} = \left[W^4 \right]^{n_1 k_1} = \left[e^{-j2\pi 4/4} \right]^{n_1 k_1} = \left[1 \right]^{n_1 k_1} = 1.$$

Somit können wir für Gl.(11-3) schreiben

$$(11-6) \quad X(n_1,n_0) = \sum_{k_0=0}^{1} \left[\sum_{k_1=0}^{1} x_0(k_1,k_0) W^{2n_0 k_1} \right] W^{(2n_1+n_0)k_0}.$$

Diese Gleichung bildet das Fundament des FFT-Algorithmus. Um diesen Punkt zu demonstrieren, betrachte man jede Summe aus (11-6) einzeln. Zunächst berücksichtigen wir die Summe in Klammern:

$$(11-7) \quad x_1(n_0,k_0) = \sum_{k_1=0}^{1} x_0(k_1,k_0) W^{2n_0 k_1}.$$

Durch Zahleneinsatz ergeben sich aus (11-7) folgende Gleichungen

$$(11-8) \quad x_1(0,0) = x_0(0,0) + x_0(1,0) W^0,$$
$$x_1(0,1) = x_0(0,1) + x_0(1,1) W^0,$$
$$x_1(1,0) = x_0(0,0) + x_0(1,0) W^2,$$
$$x_1(1,1) = x_0(0,1) + x_0(1,1) W^2.$$

In der Matrix-Darstellung erhalten wir für (11-8)

$$
(11-9) \quad \begin{bmatrix} x_1(0,0) \\ x_1(0,1) \\ x_1(1,0) \\ x_1(1,1) \end{bmatrix} = \begin{bmatrix} 1 & 0 & W^0 & 0 \\ 0 & 1 & 0 & W^0 \\ 1 & 0 & W^2 & 0 \\ 0 & 1 & 0 & W^2 \end{bmatrix} \begin{bmatrix} x_0(0,0) \\ x_0(0,1) \\ x_0(1,0) \\ x_0(1,1) \end{bmatrix}
$$

Man beachte, daß (11-9) exakt der faktorisierten Matrixgleichung aus Abschnitt 10.2 entspricht mit dem Index k als Binärzahl dargestellt. Somit beschreibt die innere Summe aus (11-6) die erste Teilmatrix des in Abschnitt 10-2 behandelten Beispiels bzw. die Spalte $\ell = 1$ des Signalflußgraphen aus Bild 10-2.

Wenn wir die äußere Summe in (11-6) in die Form

$$
(11-10) \quad x_2(n_0, n_1) = \sum_{k_0=0}^{1} x_1(n_0, k_0) W^{(2n_1+n_0)k_0}
$$

umschreiben und die sich hieraus durch Zahleneinsatz ergebenden Gleichungen in Matrixform darstellen, erhalten wir, ähnlich wie oben, das Gleichungssystem

$$
(11-11) \quad \begin{bmatrix} x_2(0,0) \\ x_2(0,1) \\ x_2(1,0) \\ x_2(1,1) \end{bmatrix} = \begin{bmatrix} 1 & W^0 & 0 & 0 \\ 1 & W^2 & 0 & 0 \\ 0 & 0 & 1 & W^1 \\ 0 & 0 & 1 & W^3 \end{bmatrix} \begin{bmatrix} x_1(0,0) \\ x_1(0,1) \\ x_1(1,0) \\ x_1(1,1) \end{bmatrix} ,
$$

das der Gl.(10-14) entspricht. Somit beschreibt die äußere Summe aus (11-6) die zweite Teilmatrix des Beispiels aus Abschnitt 10-2.

Aus den Gln.(11-6) und (11-10) folgt

$$(11-12) \quad X(n_1, n_0), = x_2(n_0, n_1) .$$

Das bedeutet, die Endergebnisse $x_2(n_0, n_1)$, die wir aus der äußeren Summation erhalten, treten, verglichen mit den gewünschten Größen $X(n_1, n_0)$, in der Bit-Umkehr-Reihenfolge auf. Dies entspricht exakt der Ergebnis-Umordnung, die sich aus dem FFT-Algorithmus ergibt.

Wenn wir die Gln.(11-7), (11-10) und (11-12) wie folgt kombinieren

$$
(11-13) \quad x_1(n_0, k_0) = \sum_{k_1=0}^{1} x_0(k_1, k_0) W^{2n_0 k_1} ,
$$

$$x_2(n_0,n_1) = \sum_{k_0=0}^{1} x_1(n_0,k_0) W^{(2n_1+n_0)k_0},$$

$$X(n_1,n_0) = x_2(n_0,n_1),$$

bringt das Gleichungssystem (11-13) die ursprüngliche COOLEY-TUKEY-Formulierung des FFT-Algorithmus für N = 4 zum Ausdruck [5]. Das Gleichungssystem ist sukzessiv in dem Sinne, daß die Auswertung der zweiten Gleichung Ergebnisse aus der ersten Gleichung benötigt.

Beispiel 11-1
Zur weiteren Erklärung der bei der COOLEY-TUKEY-Formulierung der FFT verwendeten Ausdrucksweise betrachten wir Gl.(11-1) für den Fall $N = 2^3 = 8$. Für diesen Fall erhalten wir

(11-14) $\quad n = 4n_2 + 2n_1 + n_0, \quad n_i = 0 \text{ oder } 1$
$\qquad\quad k = 4k_2 + 2k_1 + k_0, \quad k_i = 0 \text{ oder } 1$

und damit für (11-1)

$$X(n_2,n_1,n_0) = \sum_{k_0=0}^{1} \sum_{k_1=0}^{1} \sum_{k_2=0}^{1} x_0(k_2,k_1,k_0) W^{(4n_2+2n_1+n_0)(4k_2+2k_1+k_0)} \quad (11\text{-}15)$$

Wir schreiben W^p wie folgt aus

$$W^{(4n_2+2n_1+n_0)(4k_2+2k_1+k_0)} = W^{(4n_2+2n_1+n_0)(4k_2)} W^{(4n_2+2n_1+n_0)(2k_1)}$$
$$\cdot W^{(4n_2+2n_1+n_0)(k_0)} \quad (11\text{-}16)$$

Wegen $W^8 = (e^{j2\pi/8})^8 = 1$ gilt

$$W^{(4n_2+2n_1+n_0)(4k_2)} = \left[W^{8(2n_2k_2)}\right]\left[W^{8(n_1k_2)}\right] W^{4n_0k_2} = W^{4n_0k_2}$$
$$W^{(4n_2+2n_1+n_0)(2k_1)} = \left[W^{8(n_2k_1)}\right] W^{(2n_1+n_0)(2k_1)} = W^{(2n_1+n_0)(2k_1)} \quad (11\text{-}17)$$

und damit können wir Gl. (11-15) wie folgt umschreiben

(11-18) $\quad X(n_2,n_1,n_0) = \sum_{k_0=0}^{1} \sum_{k_1=0}^{1} \sum_{k_2=0}^{1} x_0(k_2,k_1,k_0) W^{4n_0k_2}$
$$\cdot W^{(2n_1+n_0)(2k_1)} W^{(4n_2+2n_1+n_0)(k_0)}$$

Wir setzen

(11-19) $\quad x_1(n_0,k_1,k_0) = \sum_{k_2=0}^{1} x_0(k_2,k_1,k_0) W^{4n_0k_2},$

$$(11-20) \quad x_2(n_o,n_1,k_o) = \sum_{k_1=0}^{1} x_1(n_o,k_1,k_o) W^{(2n_1+n_o)(2k_1)}$$

$$(11-21) \quad x_3(n_o,n_1,n_2) = \sum_{k_o=0}^{1} x_2(n_o,n_1,k_o) W^{(4n_2+2n_1+n_o)(k_o)},$$

$$(11-22) \quad X(n_2,n_1,n_o) = x_3(n_o,n_1,n_2)$$

und erhalten die gewünschte Matrixfaktorisierung bzw. den gesuchten Signalflußgraphen für N = 8. Bild 11-1 zeigt den sich aus Gln.(11-19),(11-20), (11-21) und (11-22) ergebenden Signalflußgraphen.

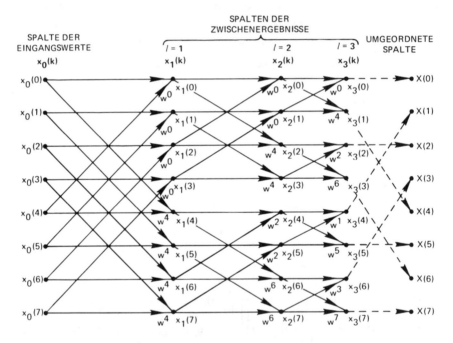

Bild 11-1: FFT-Signalflußgraph für N = 8.

11.3 Herleitung des COOLEY-TUKEY-Algorithmus für N = 2^γ

In den vorangegangenen Diskussionen wurde der COOLEY-TUKEY-Algorithmus für die Spezialfälle N = 4 und N = 8 behandelt. Nun wollen wir ihn für den allgemeinen Fall N = 2^γ mit γ als einer natürlichen Zahl herleiten.

11.3 Herleitung des COOLEY-TUKEY-Algorithmus für $N = 2^\gamma$

Für $N = 2^\gamma$ lassen sich n und k wie folgt als Binärzahlen darstellen:

(11-23) $\quad n = 2^{\gamma-1} n_{\gamma-1} + 2^{\gamma-2} n_{\gamma-2} + \ldots + n_0$,

$\quad k = 2^{\gamma-1} k_{\gamma-1} + 2^{\gamma-2} k_{\gamma-2} + \ldots + k_0$.

Unter Benutzung dieser Ausdrücke können wir für Gl.(11-1) schreiben:

(11-24) $\quad X(n_{\gamma-1}, n_{\gamma-2}, \ldots, n_0) = \sum_{k_0=0}^{1} \sum_{k_1=1}^{1} \ldots \sum_{k_{\gamma-1}=0}^{1} x(k_{\gamma-1}, k_{\gamma-2}, \ldots, k_0) W^p$

mit

(11-25) $\quad p = (2^{\gamma-1} n_{\gamma-1} + 2^{\gamma-2} n_{\gamma-2} + \ldots + n_0)(2^{\gamma-1} k_{\gamma-1} + 2^{\gamma-2} k_{\gamma-2} + \ldots + k_0)$.

Unter Anwendung der Beziehung $W^{a+b} = W^a W^b$ schreiben wir W^p aus:

$W^p = W^{(2^{\gamma-1} n_{\gamma-1} + 2^{\gamma-2} n_{\gamma-2} + \ldots + n_0)(2^{\gamma-1} k_{\gamma-1})} W^{(2^{\gamma-1} n_{\gamma-1} + 2^{\gamma-2} n_{\gamma-2} + \ldots + n_0)(2^{\gamma-2} k_{\gamma-2})}$

$\cdot \ldots W^{(2^{\gamma-1} n_{\gamma-1} + 2^{\gamma-2} n_{\gamma-2} + \ldots + n_0) k_0}$. $\qquad$ (11-26)

Nun betrachten wir den ersten Term aus (11-26); hierfür erhalten wir

(11-27) $\quad W^{(2^{\gamma-1} n_{\gamma-1} + 2^{\gamma-2} n_{\gamma-1} + \ldots + n_0)(2^{\gamma-1} k_{\gamma-1})}$

$= \left[W^{2^\gamma (2^{\gamma-2} n_{\gamma-1} k_{\gamma-1})} \right] \left[W^{2^\gamma (2^{\gamma-3} n_{\gamma-2} k_{\gamma-1})} \right]$

$\cdot \ldots \left[W^{2^\gamma (n_1 k_{\gamma-1})} \right] W^{2^{\gamma-1} (n_0 k_{\gamma-1})}$

$= W^{2^{\gamma-1} (n_0 k_{\gamma-1})}$,

da gilt

(11-28) $\quad W^{2^\gamma} = W^N = \left[e^{-j2\pi/N} \right]^N = 1$.

Entsprechend ergibt sich für den zweiten Term aus (11-26)

(11-29) $\quad W^{(2^{\gamma-1} n_{\gamma-1} + 2^{\gamma-2} n_{\gamma-2} + \ldots + n_0)(2^{\gamma-2} k_{\gamma-2})}$

$= \left[W^{2^\gamma (2^{\gamma-3} n_{\gamma-1} k_{\gamma-2})} \right] \left[W^{2^\gamma (2^{\gamma-4} n_{\gamma-2} k_{\gamma-2})} \right]$

$\cdot \ldots W^{2^{\gamma-1} (n_1 k_{\gamma-2})} W^{2^{\gamma-2} (n_0 k_{\gamma-2})}$

$= W^{(2n_1 + n_0) 2^{\gamma-2} k_{\gamma-2}}$.

11. Mathematische Herleitung des Basis-2-FFT-Algorithmus

Wenn wir einen weiteren Term aus (11-26) in Betracht ziehen, kommt noch ein Faktor hinzu, der sich nicht wegen $W^{2\gamma}=1$ aufheben läßt. Dieser Prozeß setzt sich solange fort, bis wir den letzten Term erreichen, bei dem sich kein Faktor mehr aufheben läßt.

Unter Benutzung obiger Beziehungen läßt sich die Gl.(11-24) wie folgt umschreiben:

$$(11\text{-}30)\quad X(n_{\gamma-1},n_{\gamma-2},\ldots,n_0) = \sum_{k_0=0}^{1}\sum_{k_1=0}^{1}\cdots\sum_{k_{\gamma-1}=0}^{1} x_0(k_{\gamma-1},k_{\gamma-2},\ldots,k_0)$$

$$\cdot W^{2^{\gamma-1}(n_0 k_{\gamma-1})}\, W^{(2n_1+n_0)2^{\gamma-2}k_{\gamma-2}}\cdots$$

$$\cdot W^{(2^{\gamma-1}n_{\gamma-1}+2^{\gamma-2}n_{\gamma-2}+\ldots n_0)k_0}\ .$$

Wenn wir die einzelnen Summationen getrennt ausführen und die Zwischenergebnisse gesondert kennzeichnen, erhalten wir

$$x_1(n_0,k_{\gamma-2},\ldots,k_0) = \sum_{k_{\gamma-1}=0}^{1} x_0(k_{\gamma-1},k_{\gamma-2},\ldots,k_0) W^{2^{\gamma-1}(n_0 k_{\gamma-1})}\ ,$$

$$x_2(n_0,n_1,k_{\gamma-3},\ldots,k_0) = \sum_{k_{\gamma-2}=0}^{1} x_1(n_0,k_{\gamma-2},\ldots,k_0) W^{(2n_1+n_0)2^{\gamma-2}k_{\gamma-2}}$$

$$x_\gamma(n_0,n_1,\ldots n_{\gamma-1}) = \sum_{k_0=0}^{1} x_{\gamma-1}(n_0,n_1,\ldots,k_0) W^{(2^{\gamma-1}n_{\gamma-1}+2^{\gamma-2}n_{\gamma-2}+\ldots+n_0)k_0}\ ,$$

$$X(n_{\gamma-1},n_{\gamma-2},\ldots,n_0) = x_\gamma(n_0,n_1,\ldots,n_{\gamma-1}) \tag{11-31}$$

Dieses sukzessive Gleichungssystem stellt die ursprüngliche COOLEY-TUKEY-Formulierung der FFT mit $N = 2^\gamma$ dar. Man erinnere sich daran, daß die direkte Auswertung einer N-Punkte Transformation ungefähr N^2 komplexe Multiplikationen erfordert. Nun betrachte man die Anzahl der für die Auswertung von (11-31) notwendigen Multiplikationen. Es gibt γ Summationsgleichungen, von denen jede N Gleichungen repräsentiert. Jede der letztgenannten Gleichungen benötigt zwei *komplexe* Multiplikationen; aber die erste Multiplikation jeder dieser Gleichungen ist eine Multiplikation mit eins. Dies folgt aus der Tatsache, daß diese ersten Multiplikationen stets die Form $W^{ak_{\gamma-i}}$ mit $k_{\gamma-i} = 0$ haben. Somit sind insgesamt $N\gamma$ *komplexe* Multiplikationen notwendig. Wie in Aufgabe 11-5 behandelt, kann man zeigen, daß bei der Berechnung einer Spalte stets die Beziehung $W^p = -W^{p+N/2}$ auftritt; die

Anzahl der Multiplikationen reduziert sich damit weiter um den Faktor 1/2. Die Gesamtzahl der *komplexen* Multiplikationen für $N = 2^\gamma$ beträgt somit $N\gamma/2$. Ähnlich kann man zeigen, daß die Anzahl der *komplexen* Additionen gleich $N\gamma$ ist.

Die Erweiterung dieser Ergebnisse auf den Fall N ungleich 2^γ wird in Kapitel 12 diskutiert. Aber vorher wollen wir die kanonische Form der FFT beschreiben.

11.4 Kanonische Formen der FFT

In unseren bisherigen Diskussionen haben wir den speziellen Algorithmus behandelt, der ursprünglich von COOLEY und TUKEY entwickelt wurde [5]. Aber es gibt viele Variationen des Algorithmus, die in einem gewissen Sinne *kanonisch* sind und jeweils zur Ausnutzung einer speziellen Eigenschaft des zu transformierenden Signals oder des benutzten Rechners formuliert wurden. Die meisten dieser FFT-Variationen basieren entweder auf dem COOLEY-TUKEY- oder auf dem SANDE-TUKEY-Algorithmus [7]. In diesem Abschnitt beschreiben wir die am meisten benutzten Formen der FFT.

COOLEY-TUKEY-Algorithmus

Wie bereits erwähnt, haben wir in unseren bisherigen Ausführungen nur den COOLEY-TUKEY-Algorithmus betrachtet. Wir erinnern uns an Gl.(11-13), wonach der FFT-Algorithmus sich speziell für $N = 4$ durch die Gleichungen

$$(11\text{-}32) \quad x_1(n_0,k_0) = \sum_{k_1=0}^{1} x_0(k_1,k_0) W^{2n_0 k_1},$$

$$x_2(n_0,n_1) = \sum_{k_0=0}^{1} x_1(n_0,k_0) W^{(2n_1+n_0)k_0}$$

beschreiben und durch den in Bild 11-2a gezeigten Signalflußgraphen graphisch darstellen läßt. An diesem Graphen erkennen wir, daß sich die Berechnung dieser Form des Algorithmus *speichersparend* durchführen läßt, i.e. man kann die einem dualen Knotenpaar zugehörigen Werte nach Errechnung in die Speicherplätze des hierzu benutzten Wertepaares abspeichern. Ferner stellen wir fest, daß bei dieser FFT-Form die Eingangswerte in der natürlichen, die Ausgangswerte jedoch in einer umgeordneten Reihenfolge auftreten.

11. Mathematische Herleitung des Basis-2-FFT-Algorithmus

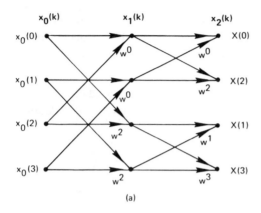

(a)

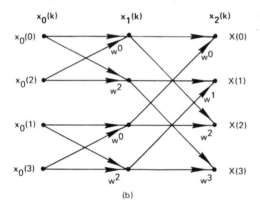

(b)

Bild 11-2: COOLEY-TUKEY-FFT-Signalflußgraph: a) Eingangswerte in der natürlichen Reihenfolge, b) Eingangswerte in der Bit-Umkehr-Reihenfolge.

Aus den Diskussionen in Abschnitt 10.5 ging hervor, daß zur Bestimmung von p, die Potenz von W, eine Bit-Umkehrung von k notwendig ist. Bezeichnend für diese Form des Algorithmus ist eben, daß die Potenzen von W in der Bit-Umkehr-Reihenfolge erscheinen. Dies steht im Gegensatz zu den anderen kanonischen Formen der FFT, die im folgenden besprochen werden und bei denen die Potenzen von W in der natürlichen Reihenfolge auftreten. FORTRAN- und ALGOL-Programme zur Auswertung der FFT entsprechend den Signalflußgraphen von Bild 11-2a finden sich nacheinander in [9] und [10].

Wenn man will, kann man den Signalflußgraphen aus Bild 11-2a derart umändern, daß die Eingangswerte in einer *umgeordneten* Reihenfolge und die Ausgangsgrößen in der natürlichen Reihenfolge auftreten. Hierzu vertausche man in Bild 11-2a einfach die

11.4 Kanonische Formen der FFT

Knoten(01) und (10) in jeder Spalte und versetze gleichzeitig die zugehörigen Pfade. Bild 11-2b zeigt den resultierenden Signalflußgraphen. An diesem Signalflußgraphen erkennt man leicht, daß sich der Algorithmus *speichersparend* durchführen läßt und daß die Potenzen von W in der natürlichen Reihenfolge auftreten.

Mathematisch gesehen, läßt sich der Signalfluß aus Bild 11-2b durch Gl.(11-32) beschreiben, jedoch mit der Änderung, daß die Eingangswerte $x_o(k_1,k_o)$ vor Berechnung der Spalten umgeordnet werden müssen. Ein ALGOL-Programm für die Auswertung der FFT entsprechend dem Signalflußgraphen von Bild 11-2b findet man in |10|.

Diese beiden Algorithmen werden in der Literatur oft als FFT-Algorithmen mit *Zeitdezimierung (decimation in time)* bezeichnet. Diese Bezeichnung rührt daher, daß einige alternative Herleitungen der Algorithmen [6] sich an das Konzept der Abtastrate-Reduktion bzw. des Weglassens von Abtastwerten anlehnen; daher entstand der Begriff Zeitdezimierung.

SANDE-TUKEY-Algorithmus

Eine andere selbständige Form der FFT wurde von SANDE [7] entwickelt. Zur Erläuterung setzen wir N = 4 und schreiben

$$(11\text{-}33) \quad X(n_1,n_o) = \sum_{k_o=0}^{1} \sum_{k_1=0}^{1} x_o(k_1,k_o) W^{(2n_1+n_o)(2k_1+k_o)}.$$

Im Gegensatz zum COOLEY-TUKEY-Algorithmus separieren wir hier die Komponenten von n statt von k:

$$(11\text{-}34) \quad W^{(2n_1+n_o)(2k_1+k_o)} = W^{(2n_1)(2k_1+k_o)} W^{n_o(2k_1+k_o)}$$

$$= \left[W^{4n_1 k_1} \right] W^{2n_1 k_o} W^{n_o(2k_1+k_o)}$$

$$= W^{2n_1 k_o} W^{n_o(2k_1+k_o)},$$

wobei die Identität $W^4 = 1$ benutzt wurde.

Damit können wir für Gl.(11-33) schreiben:

$$(11\text{-}35) \quad X(n_1,n_o) = \sum_{k_o=0}^{1} \left[\sum_{k_1=0}^{1} x_o(k_1,k_o) W^{2n_o k_1} W^{n_o k_o} \right] W^{2n_1 k_o}.$$

Wir kennzeichnen die Zwischenergebnisse und erhalten

$$(11-36) \quad x_1(n_o,k_o) = \sum_{k_1=0}^{1} x_o(k_1,k_o) W^{2n_o k_1} W^{n_o k_o},$$

$$x_2(n_o,n_1) = \sum_{k_o=0}^{1} x_1(n_o,k_o) W^{2n_1 k_o},$$

$$X(n_1,n_o) = x_2(n_o,n_1).$$

Bild 11-3a zeigt den der Gl.(11-36) entsprechenden Signalflußgraphen. Man beachte, daß die Eingangswerte in der natürlichen Reihenfolge, die Ausgangswerte in einer umgeordneten Reihenfolge und die Potenzen von W in der natürlichen Reihenfolge erscheinen. In [11] findet sich ein FORTRAN-Programm zur Auswertung der FFT entsprechend Bild 11-3a.

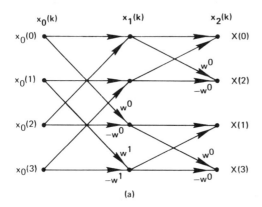

(a)

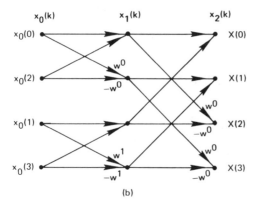

(b)

Bild 11-3: SANDE-TUKEY-FFT-Signalflußgraph: a) Eingangswerte in der natürlichen Reihenfolge, b) Eingangswerte in der Bit-Umkehr-Reihenfolge.

Um einen Signalflußgraphen mit Ergebnissen in der natürlichen Reihenfolge zu erhalten, gehen wir wie beim COOLEY-TUKEY-Algorithmus vor und vertauschen in Bild 11-3a die Knoten (01) und (10) miteinander. Bild 11-3b zeigt den resultierenden Signalflußgraphen. Nun erscheinen die Eingangswerte und die Potenzen von W in der Bit-Umkehr-Reihenfolge. In [12] ist ein FFT-Programm entsprechend dem Signalflußgraphen aus Bild 11-3b beschrieben.

Diese zwei Formen des FFT-Algorithmus werden auch als FFT-Algorithmus mit *Frequenzdezimierung (decimation in frequency)* bezeichnet; die Begründung für diese Bezeichnung verläuft analog zu der Begründung für die *Zeitdezimierung*.

Zusammenfassung

Zum Vergleich sind alle diese vier Varianten des FFT-Algorithmus in Bild 11-4 für den Fall N = 8 dargestellt. Aus diesen FFT-Formen können wir entweder einen Algorithmus mit natürlich geordneten Eingangswerten, einen mit natürlich geordneten Ausgangswerten oder einen mit natürlich geordneten Potenzen von W wählen. Zwei Formen, die am effektivsten zu sein scheinen, sind diejenigen der Bilder 11-4b,c da bei ihnen die Potenzen von W in einer für die Berechnung günstigen Reihenfolge auftreten. Dieser Vorteil eliminiert den Bedarf für abgespeicherte Tabellen.

Es ist möglich, eine Variante des FFT-Algorithmus zu entwickeln, bei der sowohl die Eingangswerte als auch die Ausgangswerte in der natürlichen Reihenfolge erscheinen [6]. Dieser Algorithmus erfordert jedoch im Vergleich zu den besprochenen Algorithmen die zweifache Speicherkapazität. Seine Brauchbarkeit ist daher fraglich, da die Bit-Umkehrung eine unkomplizierte und schnell durchführbare Operation ist.

11. Mathematische Herleitung des Basis-2-FFT-Algorithmus

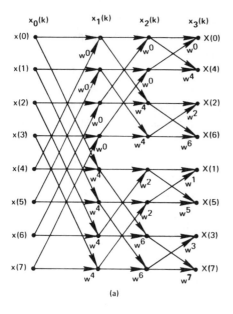

(a)

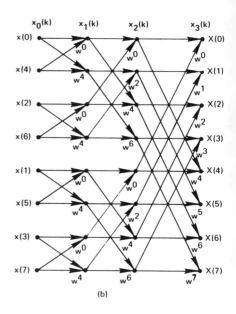

(b)

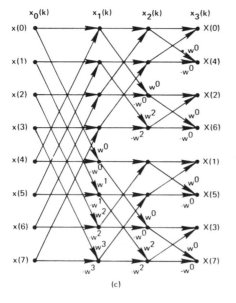

(c)

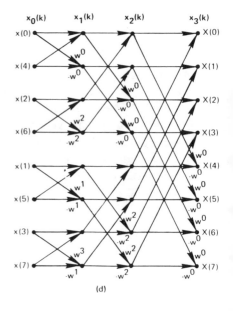

(d)

Bild 11-4: Kanonische FFT-Signalflußgraphen.

Aufgaben

11-1 Man benutze die kompakte Ausdrucksweise (Gl.(11-2)) zur Darstellung von k und n für N = 8, 16 und 32.

11-2 Für N = 8, 16, 32 gebe man die Terme aus der faktorisierten Form von W^p an, die gleich eins sind.

11-3 Analog zu Gln.(11-9) und (11-11) leite man die Matrixgleichungen für den Fall N = 8 her.

11-4 Man wiederhole Beispiel 11-1 für N = 16.

11-5 Für jede Spalte im Gleichungssystem (11-31) demonstriere man das Auftreten der Beziehung $W^p = -W^{p+N/2}$ und hieraus die Abnahme der Anzahl der notwendigen Multiplikationen um den Faktor 1/2.

11-6 Man zeichne den Signalflußgraphen des COOLEY-TUKEY-Algorithmus für N = 16 mit seinen Eingangswerten in der Bit-Umkehr-Reihenfolge.

11-7 Man leite die Gleichungen des SANDE-TUKEY-Algorithmus für N = 8 ab.

11-8 Man leite den SANDE-TUKEY-Algorithmus für den allgemeinen Fall $N = 2^\gamma$ her.

11-9 Man zeichne den Signalflußgraphen des SANDE-TUKEY-Algorithmus für N = 16 mit seinen Eingangswerten in der Bit-Umkehr-Reihenfolge.

Aufgaben mit Rechnerunterstützung

(Die folgenden Aufgaben erfordern die Benutzung eines Digitalrechners.)

11-10 Man entwickle ein Rechnerprogramm für den COOLEY-TUKEY-Algorithmus mit den Eingangswerten in der Bit-Umkehr-Reihenfolge und nutze dabei die Tatsache vorteilhaft aus, daß die Potenzen von W in einer für die Auswertung günstigen Reihenfolge auftreten.

11-11 Man entwickle ein Rechnerprogramm für den SANDE-TUKEY-Algorithmus mit Eingangsgrößen in der natürlichen Reihenfolge und nutze dabei die Tatsache vorteilhaft aus, daß die Potenzen von W in einer für die Auswertung günstigen Reihenfolge auftreten.

Literatur

1. BERGLAND, G.D., "The fast Fourier transform recursive equations for arbitrary length records," Math. Computation (April 1967), Vol. 21, pp. 236-238.

2. ———, "A guided tour of the fast Fourier transform," IEEE Spectrum (July 1969), Vol. 6, No. 7, pp. 41-52.

3. BRIGHAM, E.O., and R.E. MORROW, "The fast Fourier transform", IEEE Spectrum (December 1967), Vol. 4, pp. 63-70.

4. COOLEY, J.W., P.A.W. LEWIS, and P.D. WELCH, "The fast Fouriertransform algorithm and its applications." IBM Corp., Research Paper RC-1743, February 9, 1967.

5. COOLEY, J.W., and J.W. TUKEY, "An algorithm for machine calculation of complex Fourier series," Math. Computation (April 1965), Vol. 19, pp. 297-301.

6. G-AE Subcommittee on Measurement Concepts, "What is the fast Fourier transform?" IEEE Trans. Audio and Electroacoustics (June 1967), Vol. AU-15, pp. 45-55. Also Proc. IEEE (October 1967), Vol. 55, pp. 1664-1674.

7. GENTLEMAN, W.M., and G. SANDE, "Fast Fourier transforms for fun and profit," AFIPS Proc., 1966 Fall Joint Computer Conf., Vol. 29, pp. 563-678, Washington, D.C.: Spartan, 1966.

8. SINGLETON, R.C., "On computing the fast Fourier transform," Commun. ACM (October 1957), Vol. 10, pp. 647-654.

9. IBM Applications Program, System/360, Scientific Subroutine Package (360A-CM-03X), Version II, 1966.

10. SINGLETON, R.C., "ALGOL procedures for the Fast Fourier Transform," Communications of the ACM (Nov. 1968), Vol. 11, No. 11, pp. 773-776.

11. KAHANER, D.K., "Matrix Description of the Fast Fourier Transform," IEEE Trans. on Audio and Electroacoustics (Dec. 1970), Vol. AU-18, No. 4, pp. 442-450.

12. COOLEY, J.W., P.A. LEWIS, and P.D. WELCH, "The fast Fourier Transform and its Applications," IEEE Trans. on Education (March 1969), Vol. 12, No. 1.

12. FFT-Algorithmus mit bliebigen Basen

In den bisherigen Ausführungen sind wir davon ausgegangen, daß die Anzahl N der Abtastwerte, die der FOURIER-Transformation zu unterziehen sind, die Beziehung $N = 2^{\gamma}$ mit γ als einer positiven ganzen Zahl erfüllt. Wie wir gesehen haben, ermöglicht der Basis-2-Algorithmus eine erhebliche Reduzierung der Rechenzeit; andererseits jedoch kann die Bedingung $N = 2^{\gamma}$ zu einschränkend sein. In diesem Abschnitt beschreiben wir FFT-Algorithmen, bei denen diese Einschränkung nicht existiert. Wir werden zeigen, daß sich eine beachtliche Rechenzeitverkürzung erreichen läßt, solange N hochgradig teilbar ist, i.e. $N = r_1 r_2 \ldots r_m$ mit r_i als natürliche Zahlen gilt.

Zur Herleitung des FFT-Algorithmus für beliebige Basen werden wir zunächst den Fall $N = r_1 r_2$ behandeln. Dieser Weg ermöglicht uns, die für die Beweisführung des allgemeinen Falles notwendige Ausdrucksweise zu entwickeln. Beispiele für den Basis-4- und den Basis-"4 + 2"-Algorithmus werden herangezogen, um den Fall $N = r_1 r_2$ zu erweitern. Ferner werden wir den COOLEY-TUKEY- und den SANDE-TUKEY-Algorithmus für den Fall $N = r_1 r_2 \ldots r_m$ beschreiben.

12.1 FFT-Algorithmus für $N = r_1 r_2$

Man nehme an, daß die Anzahl der Abtastwerte N die Beziehung $N = r_1 r_2$ erfüllt, wobei r_1 und r_2 ganze positive Zahlen sind. Zur Herleitung des FFT-Algorithmus drücken wir die Indizes n und k in Gl.(11-1) in folgender Weise aus:

(12-1) $\quad n = n_1 r_1 + n_0, \quad n_0 = 0,1,\ldots,r_1-1, \quad n_1 = 0,1,\ldots,r_2-1,$
$\quad\quad\quad\quad k = k_1 r_2 + k_0, \quad k_0 = 0,1,\ldots,r_2-1, \quad k_1 = 0,1,\ldots,r_1-1.$

Diese Darstellungsart der Indizes n und k erlaubt eine spezifische Darstellung ganzer Dezimalzahlen. Mit (12-1) erhalten wir für Gl.(11-1)

(12-2) $\quad X(n_1, n_0) = \sum_{k_0=0}^{r_2-1} \left[\sum_{k_1=0}^{r_1-1} x_0(k_1, k_0) W^{nk_1 r_2} \right] W^{nk_0}.$

12. FFT-Algorithmus mit beliebigen Basen

Wir schreiben $W^{nk_1 r_2}$ in die Form

$$(12\text{-}3) \qquad W^{nk_1 r_2} = W^{(n_1 r_1 + n_o)k_1 r_2}$$

$$= W^{r_1 r_2 n_1 k_1} W^{n_o k_1 r_2}$$

$$= \left[W^{r_1 r_2} \right]^{n_1 k_1} W^{n_o k_1 r_2}$$

$$= W^{n_o k_1 r_2}$$

um, wobei wir die Identität $W^{r_1 r_2} = W^N = 1$ benutzt haben. Unter Anwendung von (12-3) schreiben wir die innere Summe von (12-2) als neue Wertereihe

$$(12\text{-}4) \qquad x_1(n_o, k_o) = \sum_{k_1=0}^{r_1-1} x_o(k_1, k_o) W^{n_o k_1 r_2}$$

Wenn wir die Terme W^{nk_o} entsprechend entwickeln, ergibt sich für die äußere Summe

$$(12\text{-}5) \qquad x_2(n_o, n_1) = \sum_{k_o=0}^{r_2-1} x_1(n_o, k_o) W^{(n_1 r_1 + n_o)k_o}.$$

Für das Endergebnis erhalten wir

$$(12\text{-}6) \qquad X(n_1, n_o) = x_2(n_o, n_1).$$

Die Ergebnisse erscheinen somit, wie im Falle des Basis-2-Algorithmus, in der Bit-Umkehr-Reihenfolge.

Gln.(12-4), (12-5) und (12-6) beschreiben den FFT-Algorithmus für den Fall $N = r_1 r_2$. Zur weiteren Erklärung dieses speziellen Algorithmus betrachte man das folgende Beispiel.

Basis-4-Algorithmus für N = 16

Wir betrachten den Fall $N = r_1 r_2 = 4 \cdot 4$; i.e. wir wollen den Basis-4-Algorithmus für $N = 16$ entwickeln. Entsprechend der Gl.(12-1) stellen wir n und k aus Gl.(11-1) im Basis-4-Zahlensystem dar:

$$(12\text{-}7) \qquad n = 4n_1 + n_o, \qquad n_1, n_o = 0,1,2,3,$$
$$k = 4k_1 + k_o, \qquad k_1, k_o = 0,1,2,3,$$

Damit erhalten wir für Gl.(12-2)

$$(12\text{-}8) \qquad X(n_1, n_o) = \sum_{k_o=0}^{3} \left[\sum_{k_1=0}^{3} x_o(k_1, k_o) W^{4nk_1} \right] W^{nk_o}.$$

Für W^{4nk_1} können wir schreiben

$$(12\text{-}9) \qquad W^{4nk_1} = W^{4(4n_1+n_o)k_1}$$

$$= W^{16n_1k_1} W^{4n_ok_1}$$

$$= \left[W^{16}\right]^{n_1k_1} W^{4n_ok_1}$$

$$= W^{4n_ok_1}.$$

Der Term in Klammern ist wegen $W^{16} = 1$ gleich eins.

Der Einsatz von (12-9) in (12-4) liefert die innere Summe des Basis-4-Algorithmus:

$$(12\text{-}10) \qquad x_1(n_o,k_o) = \sum_{k_1=0}^{3} x_o(k_1,k_o) W^{4n_ok_1}.$$

Aus (12-5) folgt für die äußere Summe

$$(12\text{-}11) \qquad x_2(n_o,n_1) = \sum_{k_o=0}^{3} x_1(n_o,k_o) W^{(4n_1+n_o)k_o}$$

und aus (12-6) für die Ergebnisse des Basis-4-Algorithmus

$$(12\text{-}12) \qquad X(n_1,n_o) = x_2(n_o,n_1).$$

Gln. (12-10), (12-11) und (12-12) beschreiben den Basis-4-Algorithmus für $N = 16$. Basierend auf diesen Gleichungen können wir nun einen Signalflußgraphen für den Basis-4-Algorithmus angeben.

Basis-4-Signalflußgraph für $N = 16$

Aus den Definitionsgleichungen (12-10) und (12-11) entnehmen wir, daß es $\gamma = 2$ Spalten gibt und daß jeder Knoten 4 Eingangsgrößen besitzt. Die Eingangsgrößen für den Knoten $x_1(n_o,k_o)$ sind $x_o(0,k_o)$, $x_o(1,k_o)$ $x_o(2,k_o)$ und $x_o(3,k_o)$. Das heißt, die vier Eingänge für den i-ten Knoten der ℓ-ten Spalte stammen aus denjenigen Knoten der $(\ell-1)$-ten Spalte, deren Indizes sich von i nur in der $(\gamma-\ell)$-ten quaternären Stelle unterscheiden.

In Bild 12-1 zeigen wir einen verkürzten Signalflußgraphen des Basis-4-Algorithmus für $N = 16$. Um Verwirrung zu vermeiden, werden nur einige repräsentative Pfade gezeigt und alle Faktoren W^p weggelassen. Die Faktoren W^p lassen sich aus Gln. (12-10) und (12-11) ermitteln. Die angegebenen Pfadkonfigurationen werden sukzessiv auf die aufeinander folgenden Knoten der zugehö-

12. FFT-Algorithmus mit beliebigen Basen

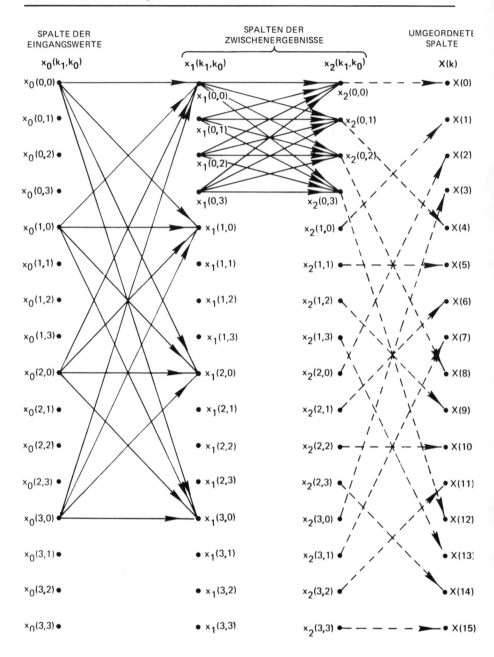

Bild 12-1: Abgekürzter Basis-4-Signalflußgraph für N = 16.

rigen Spalte angewendet, bis alle Knoten abgearbeitet sind. Bild 12-1 veranschaulicht ferner den Umordnungsprozess des Basis-4-Algorithmus.

Die Auswertung der Gln.(12-10) und (12-11) zeigt, daß der Basis-4-Algorithmus ≈30% weniger Multiplikationen benötigt als der entsprechende Basis-2-Algorithmus. Wir werden in Abschnitt 12-4 auf diesen Zusammenhang ausführlich eingehen.

Basis-"4 + 2"-Algorithmus für N = 8

Wir betrachten nun den Fall $N = r_1 r_2 = 4 \times 2 = 8$. Dieser Fall stellt die einfachste Form des Basis-"4 + 2"-Algorithmus dar. Der Term Basis-"4 + 2" bedeutet, daß wir zunächst soviele Spalten wie möglich mit einem Basis-4-Algorithmus ermitteln und dann eine Basis-2-Spalte errechnen.

Zur Entwicklung des Basis-"4 + 2"-Algorithmus setzen wir $r_1 = 4$ und $r_2 = 2$ in Gl.(12-1) ein:

(12-13) $\quad n = 4n_1 + n_o, \quad n_o = 0,1,2,3, \quad n_1 = 0,1$

$\quad\quad\quad\quad k = 2k_1 + k_o, \quad k_o = 0,1 \quad , \quad k_1 = 0,1,2,3$.

Damit ergibt sich für Gl.(12-2)

(12-14) $\quad X(n_1,n_o) = \sum_{k_o=0}^{1} \left[\sum_{k_1=0}^{3} x_o(k_1,k_o) W^{2nk_1} \right] W^{nk_o}$.

W^{2nk_1} läßt sich wie folgt entwickeln:

(12-15) $\quad W^{2nk_1} = W^{2(4n_1+n_o)k_1}$

$\quad\quad\quad\quad = \left[W^8 \right]^{n_1 k_1} W^{2n_o k_1}$

$\quad\quad\quad\quad = W^{2n_o k_1}$.

Mit (12-15) erhält man für die innere Summe von (12-14)

(12-16) $\quad x_1(n_o,k_o) = \sum_{k_1=0}^{3} x_o(k_1,k_o) W^{2n_o k_1}$.

Für die äußere Summe ergibt sich

(12-17) $\quad x_2(n_o,n_1) = \sum_{k_o=0}^{1} x_1(n_o,k_o) W^{(4n_1+n_o)k_o}$,

und die Umordnung erfolgt entsprechend der Beziehung

(12-18) $\quad X(n_1,n_o) = x_2(n_o,n_1)$.

228   12. FFT-Algorithmus mit beliebigen Basen

Gln.(12-16), (12-17) und (12-8) beschreiben den Basis-"4 + 2"-
FFT-Algorithmus für N = 8. Man beachte, daß Gl.(12-16) eine
auf die Signalspalte angewendete Basis-4-Operation darstellt
und Gl.(12-17) eine auf die Spalte $\ell = 1$ angewendete Basis-2-
Operation. Bild 12-2 zeigt hierzu einen verkürzten Signalflußgraphen.

Der Basis-"4 + 2"-Algorithmus ist zwar effizienter als der Basis-
2-Algorithmus, jedoch bezüglich der Wahl von N in gleichem Maße
eingeschränkt. Wir werden nun einen FFT-Algorithmus für hochgradig teilbares N herleiten.

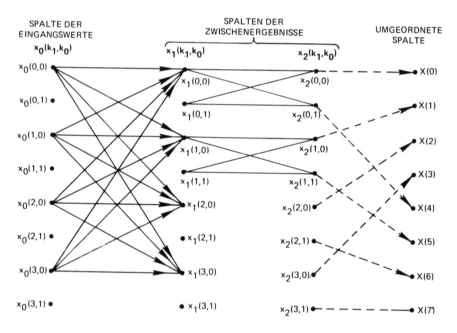

Bild 12-2: Abgekürzter Basis-"4+2"-Signalflußgraph für N = 8.

12.2   COOLEY-TUKEY-Algorithmus für $N = r_1 r_2 \ldots r_m$

Man nehme an, daß die Anzahl der diskret zu transformierenden
Abtastwerte die Beziehung $N = r_1 r_2 \ldots r_m$ erfüllt, wobei
$r_1, r_2 \ldots r_m$ positive ganze Zahlen sind. Wir stellen zuerst die
Indizes n und k in einer Zahlendarstellung mit einer variablen
Basis dar:

12.2 COOLEY-TUKEY-Algorithmus für $N = r_1 r_2 \ldots r_m$

(12-19)
$$n = n_{m-1}(r_1 r_2 \ldots r_{m-1}) + n_{m-2}(r_1 r_2 \ldots r_{m-2}) + \ldots + n_1 r_1 + n_0,$$

$$k = k_{m-1}(r_2 r_3 \ldots r_m) + k_{m-2}(r_3 r_4 \ldots r_m) + \ldots + k_1 r_m + k_0$$

mit

$$n_{i-1} = 0, 1, 2, \ldots, r_i - 1, \qquad 1 \leq i \leq m$$

$$k_i = 0, 1, 2, \ldots, r_{m-i} - 1, \qquad 0 \leq i \leq m-1.$$

Für Gl.(11-1) können wir nun schreiben

$$X(n_{m-1}, n_{m-2}, \ldots, n_1, n_0) = \sum_{k_0} \sum_{k_1} \ldots \sum_{k_{m-1}} x_0(k_{m-1}, k_{m-2}, \ldots, k_0) W^{nk},$$
(12-20)

wobei Σ_{k_i} eine Summation über $k_i = 0, 1, 2 \ldots, r_{m-i} - 1$, $0 \leq i \leq m-1$ symbolisiert. Man beachte, daß

(12-21)
$$W^{nk} = W^{n[k_{m-1}(r_2 r_3 \ldots r_m) + \ldots + k_0]}$$

gilt und der erste Term der Summe sich in die Form

$$W^{nk_{m-1}(r_2 r_3 \ldots r_m)} = W^{[n_{m-1}(r_1 r_2 \ldots r_{m-1}) + \ldots + n_0][k_{m-1}(r_2 r_3 \ldots r_m)]}$$

$$= \left[W^{r_1 r_2 \ldots r_m} \right]^{[n_{m-1}(r_2 r_3 \ldots r_{m-1}) + \ldots + n_1] k_{m-1}}$$

$$\cdot W^{n_0 k_{m-1}(r_2 \ldots r_m)}$$
(12-22)

entwickeln läßt. Wegen $W^{r_1 r_2 \ldots r_m} = W^N = 1$ ergibt sich für Gl.(12-22)

(12-23)
$$W^{nk_{m-1}(r_2 r_3 \ldots r_m)} = W^{n_0 k_{m-1}(r_2 \ldots r_m)},$$

und hieraus erhalten wir für Gl.(12-21)

(12-24)
$$W^{nk} = W^{n_0 k_{m-1}(r_2 \ldots r_m)} W^{n[k_{m-2}(r_3 \ldots r_m) + \ldots + k_0]}.$$

Für Gl. (12-20) können wir nun schreiben

$$X(n_{m-1}, n_{m-2}, \ldots n_1, n_0) = \sum_{k_0} \sum_{k_1} \ldots \left[\sum_{k_{m-1}} x_0(k_{m-1}, k_{m-2}, \ldots, k_0) \right.$$

(12-25)
$$\left. \cdot W^{n_0 k_{m-1}(r_2 \ldots r_m)} \right] W^{n[k_{m-2}(r_3 \ldots r_m) + \ldots + k_0]}.$$

Man beachte, daß die innere Summe sich über k_{m-1} erstreckt und daher nur eine Funktion von n_o und $k_{m-2}, \ldots, k_o$ ist. Damit definieren wir eine neue Wertereihe als

$$x_1(n_o, k_{m-2}, \ldots, k_o) = \sum_{k_{m-1}} x_o(k_{m-1}, \ldots, k_o) W^{n_o k_{m-1}(r_2 \cdots r_m)}. \qquad (12\text{-}26)$$

Für Gl.(12-25) können wir somit schreiben:

$$X(n_{m-1}, n_{m-2}, \ldots, n_1, n_o) = \sum_{k_o} \sum_{k_1} \cdots \sum_{k_{m-2}} x_1(n_o, k_{m-2}, \ldots, k_o)$$
$$\cdot W^{n[k_{m-2}(r_3 \cdots r_m) + \ldots + k_o]} \qquad (12\text{-}27)$$

Mit ähnlichen Überlegungen, die zu Gl.(12-23) führten, erhalten wir

$$(12\text{-}28) \qquad W^{n k_{m-2}(r_3 r_4 \cdots r_m)} = W^{(n_1 r_1 + n_o) k_{m-2}(r_3 r_4 \cdots r_m)}.$$

Die Identität (12-28) erlaubt uns, für die innere Summe aus (12-27) zu schreiben:

$$x_2(n_o, n_1, k_{m-3}, \ldots, k_o) = \sum_{k_{m-2}} x_1(n_o, k_{m-2}, \ldots, k_o) W^{(n_1 r_1 + n_o) k_{m-2}(r_3 r_4 \cdots r_m)}. \qquad (12\text{-}29)$$

Wir können nun (12-27) in die Form

$$X(n_{m-1}, n_{m-2}, \ldots, n_1, n_o) = \sum_{k_o} \sum_{k_1} \cdots \sum_{k_{m-3}} x_2(n_o, n_1, k_{m-3}, \ldots, k_o)$$
$$\cdot W^{n[k_{m-3}(r_4 r_5 \cdots r_m) + \ldots + k_o]} \qquad (12\text{-}30)$$

umschreiben.

Wenn wir in dieser Weise mit der weiteren Reduzierung von (12-30) fortsetzen, erhalten wir ein System sukzessiver Gleichungen der Form

$$(12\text{-}31) \qquad x_i(n_o, n_1, \ldots, n_{i-1}, k_{m-i-1}, \ldots, k_o)$$
$$= \sum_{k_{m-i}} x_{i-1}(n_o, n_1, \ldots, n_{i-2}, k_{m-i}, \ldots, k_o)$$
$$\cdot W^{[n_{i-1}(r_1 r_2 \cdots r_{i-1}) + \ldots + n_o] k_{m-i}(r_{i+1} \cdots r_m)}.$$
$$i = 1, 2, \ldots, m$$

Der Ausdruck (12-31) ist gültig, falls wir $(r_{i+1}\cdots r_m)=1$ für $i > m-1$ und $k_{-1} = 0$ definierten. Das Endergebnis ist gegeben durch

$$(12-32) \quad X(n_{m-1},\ldots,n_o) = x_m(n_o,\ldots,n_{m-1}).$$

Der Ausdruck (12-31) ist eine Erweiterung des ursprünglichen COOLEY-TUKEY-Algorithmus nach BERGLAND [1]. Spalte x_1 enthält N Elemente, von denen jedes Element r_1 Operationen (komplexe Multiplikationen und komplexe Additionen) benötigt. Die Berechnung der Spalte x_1 erfordert somit insgesamt Nr_1 Operationen. In ähnlicher Weise benötigt die Berechnung der Spalte x_2 aus der Spalte x_1 insgesamt Nr_2 Operationen. Somit erfordert die Berechnung der Spalte x_m insgesamt $N(r_1+r_2+\ldots+r_m)$ Operationen. Dieses Ergebnis berücksichtigt nicht die Symmetrieeigenschaften der komplexen Exponentialfunktion, die man zur Reduzierung der Anzahl der Operationen ausnutzen kann; sie werden in Abschnitt 12.4 ausführlich diskutiert.

Für $N = r_1 r_2 \cdots r_m$ findet man in [13] ein FORTRAN-Programm und in [14] ein ALGOL-FFT-Programm.

12.3 SANDE-TUKEY-Algorithmus für $N = r_1 r_2 \cdots r_m$

Wie in Abschnitt 11.4 besprochen, erhalten wir einen alternativen Algorithmus, wenn wir das Produkt nk nicht nach k, sondern nach n entwickeln. Mit der Darstellung

$$(12-33) \quad W^{nk} = W^{n_o k} W^{[n_1 r_1 + n_2(r_1 r_2) + \ldots + n_{m-1}(r_1 \cdots r_{m-1})]k}$$

erhalten wir für die innere Summe analog zu Gl.(12-26)

$$x_1'(n_o,k_{m-2},\ldots,k_o) = \sum_{k_{m-1}} x_o(k_{m-1},\ldots,k_o) W^{n_o[k_{m-1}(r_2 r_3 \cdots r_m)+\ldots+k_o]} \quad (12-34)$$

Ähnliche Ergebnisse erhält man für $x_2',\ldots,x_m'$. Der allgemeine Ausdruck für diese sukzessiven Gleichungen lautet

$$(12-35) \quad x_i'(n_o,n_1,\ldots,n_{i-1},k_{m-i-1},\ldots,k_o)$$

$$= \sum_{k_{m-i}} x_{i-1}'(n_o,n_1,\ldots,n_{i-2},k_{m-i},\ldots,k_o)$$
$$\cdot W^{n_{i-1}[k_{m-i}(r_{i+1}\cdots r_m)+\ldots+k_o](r_1\cdots r_{i-1})}$$

$$i = 1,2,\ldots,m.$$

Wie vorher, sind die Endergebnisse gegeben durch

(12-36) $X(n_{m-1},\ldots n_o) = x'_m(n_o,\ldots,n_{m-1})$.

Das sukzessive Gleichungssystem (12-35) stellt den allgemeinen Ausdruck des SANDE-TUKEY-Algorithmus dar. In Abschnitt 12.4 geben wir einen effizienten Auswertungsweg dieser Gleichungen an.

12.4 Drehfaktor-FFT-Algorithmus

Im letzten Abschnitt haben wir kurz darauf hingewiesen, daß durch Benutzung der Symmetrieeigenschaften der Sinus- und Cosinusfunktion die Effektivität des FFT-Algorithmus sich weiter erhöhen läßt. In diesem Abschnitt beschreiben wir zunächst für N = 16 einen Basis-4-Algorithmus mit *Drehfaktoren (twiddle factors)*. Es zeigt sich, daß die Einführung dieser *Drehfaktoren* zu einem effizienteren Algorithmus führt. Ferner werden wir die allgemeinen Formen des COOLEY-TUKEY- und des SANDE-TUKEY-Algorithmus mit *Drehfaktoren* herleiten. Schließlich begründen wir die rechnerische Effizienz dieser Algorithmen für die Basen 2, 4, 8, 16.

Basis-4-Algorithmus mit Drehfaktoren für N = 16

Man sei daran erinnert, daß nach Gl.(12-10) und Gl.(12-11) die sukzessiven Gleichungen des Basis-4-Algorithmus für N = 16 lauten

(12-37) $x_1(n_o,k_o) = \sum_{k_1=0}^{3} x_o(k_1,k_o) W^{4n_o k_1}$,

$x_2(n_o,n_1) = \sum_{k_o=0}^{3} x_1(n_o,k_o) W^{(4n_1+n_o)k_o}$,

$X(n_1,n_o) = x_2(n_o,n_1)$.

Um das *Drehfaktor-Konzept* zu erklären, schreiben wir (12-37) um:

(12-38) $X(n_1,n_o) = \sum_{k_o=0}^{3} \left[\sum_{k_1=0}^{3} x_o(k_1,k_o) W^{4n_o k_1} \right] W^{4n_1 k_o} W^{n_o k_o}$

Man beachte, daß wir den Term $W^{n_o k_o}$ hier willkürlich zu der äußeren Summe hinzugenommen haben; ebensogut könnte man ihn zu

12.4 Drehfaktor-FFT-Algorithmus

der inneren Summe hinzunehmen. Mit einer Umgruppierung der Gl. (12-38) erhalten wir

$$(12\text{-}39) \quad X(n_1,n_0) = \sum_{k_0=0}^{3} \left[\left\{ \sum_{k_1=0}^{3} x_0(k_1,k_0) W^{4n_0 k_1} \right\} W^{n_0 k_0} \right] W^{4n_1 k_0}$$

bzw. in der sukzessiven Form

$$(12\text{-}40) \quad x_1(n_0,k_0) = \left[\sum_{k_1=0}^{3} x_0(k_1,k_0) W^{4n_0 k_1} \right] W^{n_0 k_0},$$

$$(12\text{-}41) \quad x_2(n_0,n_1) = \left[\sum_{k_0=0}^{3} x_1(n_0,k_0) W^{4n_1 k_0} \right],$$

$$(12\text{-}42) \quad X(n_1,n_0) = x_2(n_0,n_1).$$

In dieser Form des Algorithmus werden die Symmetrieeigenschaften der Sinus- und Cosinusfunktion vorteilhaft ausgenutzt. Um diesen Punkt zu erläutern, betrachten wir den in Klammern stehenden Term $W^{4n_0 k_1}$ in Gl.(12-40). Wegen $N = 16$ erhalten wir

$$(12\text{-}43) \quad W^{4n_0 k_1} = (W^4)^{n_0 k_1} = (e^{-j2\pi(4)/16})^{n_0 k_1} = (e^{-j\pi/2})^{n_0 k_1}.$$

Somit nimmt $W^{4n_0 k_1}$ je nach dem ganzzahligen Wert von $n_0 k_1$ einen der Werte ± 1 und $\pm j$ an. Folglich läßt sich die in Klammern stehende 4-Punkte-Transformation in Gl.(12-40) ohne Multiplikationen ausführen. Die resultierenden Werte werden dann durch Multiplikation mit dem außerhalb der Klammern stehenden Drehfaktor $W^{n_0 k_0}$ von Gl.(12-40) *in der Phase* gedreht [10]. Man beachte, daß sich auch Gl.(12-41) nach ähnlichen Überlegungen ohne Multiplikation auswerten läßt.

Wir sehen, daß die zur Auswertung des Basis-4-Algorithmus notwendige Gesamtzahl mit dieser Umgruppierung abnimmt. Bevor wir die exakte Anzahl der Operationen ermitteln, wollen wir eine allgemeine Formulierung dieses Umgruppierungskonzepts herleiten.

COOLEY-TUKEY- und SANDE-TUKEY-Drehfaktor-Algorithmus

Die ursprüngliche Formulierung des COOLEY-TUKEY-Algorithmus ist durch das sukzessive Gleichungssystem (12-31) gegeben. Mit der Umgruppierung der Gleichungen (12-31) erhalten wir für die erste Spalte

$$\tilde{x}_1(n_0,k_{m-2},\dots,k_0) = \left[\sum_{k_{m-1}} x_0(k_{m-1},\dots,k_0) W^{n_0 k_{m-1}(N/r_1)} \right] W^{(n_0 k_{m-2})(r_3 \dots r_m)} \quad (12\text{-}44)$$

234   12. FFT-Algorithmus mit beliebigen Basen

und für die darauf folgenden Gleichungen

$$\tilde{x}_i(n_o,n_1,\ldots,n_{i-1},k_{m-i-1},\ldots,k_o)$$
$$= \left[\sum_{k_{m-i}} \tilde{x}_{i-1}(n_o,\ldots,n_{i-2},k_{m-i},\ldots,k_o) W^{n_{i-1}k_{m-i}(N/r_i)} \right]$$
$$\cdot W^{n_{i-1}(r_1 r_2 \cdots r_{i-1}) + \ldots + n_1 r_1 + n_o) k_{m-i-1}(r_{i+2} \cdots r_m)}. \qquad (12\text{-}45)$$

Wir benutzen das Symbol $\tilde{x}$, um anzudeuten, daß diese Ergebnisse durch Phasendrehung entstanden sind. Gl. (12-45) gilt für $i = 1,2,\ldots,m$, falls wir den Fall $i = 1$ im Sinne von (12-44) interpretieren sowie $(r_{i+2} \cdots r_m) = 1$ für $i > m-2$ und $k_{-1} = 0$ definieren.

In ähnlicher Weise erhalten wir nach einer Umgruppierung der SANDE-TUKEY-Gleichungen

$$\tilde{x}'_i(n_o,n_1,\ldots,n_{i-1},k_{m-i-1},\ldots,k_o)$$
$$= \left[\sum_{k_{m-i}} \tilde{x}'_{i-1}(n_o,\ldots,n_{i-2},k_{m-i},\ldots,k_o) W^{n_{i-1}k_{m-i}(N/r_i)} \right]$$
$$\cdot W^{n_{i-1}(k_{m-i-1}(r_{i+2}\cdots r_m) + \ldots + k_1 r_m + k_o)(r_1 r_2 \cdots r_{i-1})}. \qquad (12\text{-}46)$$

Man beachte, daß die in Klammern stehenden Terme in (12-45) und (12-46) identisch sind. In der Tat repräsentiert Gl.(12-46) in einer nur geringfügig abgeänderten Schreibweise die Gl.(12-35), während Gl.(12-45) eine Umgruppierung der Faktoren W^p in Gl. (12-31) zum Ausdruck bringt.

Die Berechnung jeder der Gln.(12-45) und (12-46) erfordert die Auswertung einer r_i-Punkte FOURIER-Transformation, gefolgt von einer Drehoperation. Der Vorteil dieser Formulierung liegt darin, daß die in Klammern stehenden r_i-Punkte FOURIER-Transformationen sich mit einer minimalen Anzahl von Multiplikationen auswerten lassen. Zum Beispiel nimmt der Faktor W^p für $r_i = 8$ (i.e. für einen Basis-8-Algorithmus) die Werte ± 1, $\pm j$, $\pm e^{j\pi/4}$ und $\pm e^{-j\pi/4}$ an. Da die ersten zwei Faktoren keine Multiplikation erfordern und eine Multiplikation einer komplexen Zahl mit jedem der letzten zwei Faktoren nur je zwei reelle Multiplikationen benötigt, erfordert die Auswertung jeder der 8-Punkte Transformationen lediglich vier reelle Multiplikationen.

12.5 Rechenaufwand des Basis-2, Basis-4, Basis-8 und Basis-16-Algorithmus

Wie wir sehen, erlauben die Drehfaktor-Algorithmen, die Eigenschaften der Sinus- und Cosinusfunktionen vorteilhaft auszunutzen. Nun befassen wir uns mit der Anzahl der Operationen, die zur Auswertung dieser Algorithmen mit verschiedenen Basen erforderlich sind.

12.5 Rechenaufwand der Basis-2, Basis-4, Basis-8 und Basis-16-Algorithmus

Wir betrachten den Fall $N = 2^{12} = 4096$. Tabelle 12-1 zeigt die Anzahl der zur Auswertung der sukzessiven Gln.(12-45) und (12-46) notwendigen Multiplikationen und Additionen. Diese Ergebnisse wurden zum ersten Mal von BERGLAND berichtet [2]. Bei der Zusammenzählung der Additionen und Multiplikationen wurde davon ausgegangen, daß jede Drehoperation eine komplexe Multiplikation benötigt, ausgenommen die Fälle, in denen ein Multiplikand W^O ist.

Tabelle 12-1: Notwendige Operationen für den Basis-2-, Basis-4-, Basis-8- und Basis-16-FFT-Algorithmus.

Algorithmus	Anzahl der reellen Mulitplikationen	Anzahl der reellen Additionen
Basis 2	81 924	139 266
Basis 4	57 348	126 978
Basis 8	49 156	126 978
Basis 16	48 132	125 442

Tabelle 12-2 zeigt die Anzahl der erforderlichen Operationen für N als 2-er Potenzen. Auch diese Tabelle wurde von BERGLAND aufgestellt [2]. Hier wird davon ausgegangen, daß in allen Algorithmen so viele Operationen wie möglich in der günstigsten Weise durchgeführt werden.

Aus Tabelle 12-2 geht hervor, daß der Rechenaufwand sich immer weiter reduziert, je mehr Rechnungen mit größerer Basis ausgeführt werden. Mit Vergrößerung der Basis des Algorithmus wird der Algorithmus selbst jedoch komplizierter. Basis-4- und Basis-8-Algorithmen scheinen am effizientesten und zugleich relativ leichter auswertbar zu sein.

12. FFT-Algorithmus mit beliebigen Basen

Tabelle 12-2:[*]) Vergleich der notwendigen arithmetischen Operationen für den Basis-2-, Basis-4-, Basis-8- und Basis-16-FFT-Algorithmus.

Algorithmus	Rechenoperationen für	Reelle Multiplikationen	Reelle Additionen
Basis-2-Algorithmus für $N = 2^\gamma$ $\gamma = 0, 1, 2, \ldots$	Auswertung von $(N/2)\,\gamma$ 2-Punkte-FOURIER-Transformationen	0	$2N\gamma$
	Phasendrehung	$((\gamma/2 - 1)N + 1)(4)$	$((\gamma/2 - 1)N + 1)(2)$
	Vollständige Transformation	$(2\gamma - 4)N + 4$	$(3\gamma - 2)N + 2$
Basis-4-Algorithmus für $N = (2^2)^{\gamma/2}$ $\gamma/2 = 0, 1, 2, \ldots$	Auswertung von $(N/4)\,(\gamma/2)$ 4-Punkte FOURIER-Transformationen	0	$2N\gamma$
	Phasendrehung	$((3\gamma/8 - 1)N + 1)(4)$	$((3\gamma/8 - 1)N + 1)(2)$
	Vollständige Transformation	$(1.5\gamma - 4)N + 4$	$(2.75\gamma - 2)N + 2$
Basis-8-Algorithmus für $N = (2^3)^{\gamma/3}$ $\gamma/3 = 0, 1, 2, \ldots$	Auswertung von $(N/8)\,(\gamma/3)$ 8-Punkte FOURIER-Transformationen	$N\gamma/6$	$13N\gamma/6$
	Phasendrehung	$((7\gamma/24 - 1)N + 1)(4)$	$((7\gamma/24 - 1)N + 1)(2)$
	Vollständige Transformation	$(1.333\gamma - 4)N + 4$	$(2.75\gamma - 2)N + 2$
Basis-16-Algorithmus für $N = (2^4)^{\gamma/4}$ $\gamma/4 = 0, 1, 2, \ldots$	Auswertung von $(N/16)\,(\gamma/4)$ 16-Punkte FOURIER-Transformationen	$3N\gamma/8$	$9N\gamma/4$
	Phasendrehung	$((15\gamma/64 - 1)N + 1)(4)$	$((15\gamma/64 - 1)N + 1)(2)$
	Vollständige Transformation	$(1.3125\gamma - 4)N + 4$	$(2.71875\gamma - 2)N + 2$

[*]) Aus G.D. BERGLAND: "A FAST FOURIER Transform Algorithmus Using Base 8 Iteration", Math.Computation, Vol.22, April 1968, S.275 - 279.

12.6 Zusammenfassung der FFT-Algorithmen

Die Zahl der Varianten des FFT-Algorithmus scheint unbegrenzt zu sein. Jede Version wurde entworfen, um spezielle Eigenschaften des zu analsysierenden Signals, des verwendeten Digitalrechners oder des speziellen FFT-Hardwareprozessors auszunutzen. Die meisten dieser verschiedenen Algorithmen basieren allerdings auf dem COOLEY-TUKEY- oder SANDE-TUKEY-Algorithmus, die wir bereits beschrieben haben. In diesem Abschnitt werden wir abschließend kurz auf einige jener Varianten des ursprünglichen FFT-Algorithmus eingehen.

FFT-Algorithmus für beliebiges N

Ein FFT-Algorithmus für den Fall eines beliebigen N wurde von BLUESTEIN entwickelt [6]. Zur Beschreibung dieses Algorithmus gehen wir von der diskreten FOURIER-Transformation

$$(12-47) \qquad X(n) = \sum_{k=0}^{N-1} x(k) W^{nk}$$

mit $W = e^{-j2\pi/N}$ aus. Wir schreiben die Gl. (12-47) in die Form

$$(12-48) \qquad X(n) = \sum_{k=0}^{N-1} x(k) W^{nk+[(k^2-k^2+n^2-n^2)/2]}$$

$$= W^{n^2/2} \left\{ \sum_{k=0}^{N-1} \left[W^{k^2/2} x(k) \right] W^{-(n-k)^2/2} \right\}$$

um. Wenn wir $y(k) = W^{k^2/2} x(k)$ und $h(n-k) = W^{-(n-k)^2/2}$ setzen, dann erhalten wir für Gl.(12-48)

$$(12-49) \qquad X(n) = W^{n^2/2} \left\{ \sum_{k=0}^{N-1} y(k) h(n-k) \right\}$$

Gl.(12-49) hat die Form einer Faltung.

Wir werden in Kapitel 13 zeigen, daß der effektivste Weg der Auswertung einer Gleichung der Form (12-49) darin besteht, die Funktionen y(k) und h(k) zunächst auf eine Länge N' mit Nullen zu *verlängern*, wobei N' eine hochgradig teilbare ganze Zahl ist, und dann hierauf den FFT-Algorithmus anzuwenden. Unter Benutzung dieses Konzepts erhalten wir einen FFT-Algorithmus für beliebiges N, wenn wir das Ergebnis der Faltung noch mit dem Faktor $W^{n^2/2}$ multiplizieren.

Umstrukturierung des FFT-Algorithmus für reelle Funktionen

In Abschnitt 10.10 haben wir ein Verfahren zur Errechnung der diskreten FOURIER-Transformierten einer 2N-Punkte reellen Funktion unter Anwendung einer N-Punkte Transformation behandelt. Ein alternatives Verfahren hierfür besteht in einer Umstrukturierung des FFT-Algorithmus derart, daß die Rechenschritte eliminiert werden, die zu redundanten Ergebnisse führen [3]. In [4] findet sich ein Basis-8-FFT-Programm zur Realisierung dieses Verfahrens.

FFT-Algorithmus für lange Wertereihen

Generell ist die maximale Anzahl N der nach FOURIER zu transformierenden Werte nur durch die Größe des jeweiligen Rechnerspeichers begrenzt. Übersteigt N die Größe des Arbeitsspeichers, müssen wir die Werte in einem langsameren Speichermedium wie Trommelspeicher, Plattenspeicher oder Magnetbandspeicher abspeichern. Dann ist es notwendig, mehrere Transformationen getrennt durchzuführen und die Ergebnisse in einer ähnlichen Weise zu kombinieren, wie wir es bei der Berechnung der diskreten FOURIER-Transformation eines 2N-Punkte reellen Abtastsignals unter Anwendung einer N-Punkte Transformation gemacht haben. In [7], [8] und [12] finden sich Ausführungen über die FFT für lange Wertereihen sowie entsprechende Computerprogramme.

Aufgaben

12-1 Man leite den FFT-Algorithmus mit $N = r_1 r_2$ für den Fall ab, daß n in seine komponente zerlegt wird, wie e.g. bei dem SANDE-TUKEY-Algorithmus.

12-2 Man gebe den Signalflußgraphen des Basis-4-SANDE-TUKEY-Algorithmus für $N = 16$ an.

12-3 Man entwickle den Basis-"4 + 2"-SANDE-TUKEY-Algorithmus für $N = 8$.

12-4 Man entwickle vollständig den SANDE-TUKEY-Algorithmus für $N = r_1 r_2 \ldots r_m$.

12-5 Man entwickle den Basis-8-COOLEY-TUKEY-Algorithmus für $N = 64$.

12.6 Zusammenfassung der FFT-Algorithmen

12-6 Man wiederhole die Aufgabe 12-5 für den SANDE-TUKEY-Algorithmus.

12-7 Man setze N = 16 und leite die Gleichungen des SANDE-TUKEY-Drehfaktor-Algorithmus her.

12-8 Man setze N = 8. Ist es vorteilhaft, zur Auswertung der FFT mit dem COOLEY-TUKEY-Basis-2-Algorithmus Drehfaktoren zu benutzen? Man rechtfertige seine Antwort durch Vergleich der Anzahl der notwendigen Multiplikationen in den interessierenden Fällen.

12-9 Man wiederhole die Aufgabe 12-8 für den Basis-"4 + 2"-Algorithmus.

Aufgaben mit Rechnerunterstützung

(Die folgenden Aufgaben erfordern die Benutzung eines Digitalrechners.)

12-10 Man erstelle ein FFT-Computerprogramm für den Basis-"4 + 2"-COOLEY-TUKEY-Algorithmus mit Eingangswerten in der Bit-Umkehr-Reihenfolge.

12-11 Man erstelle ein FFT-Computerprogramm für den Basis-"4 + 2"-SANDE-TUKEY-Algorithmus mit Eingangswerten in der natürlichen Reihenfolge.

12-12 Man erstelle ein FFT-Computerprogramm für den Basis-"8+4+2"-SANDE-TUKEY-Algorithmus mit Eingangswerten in der natürlichen Reihenfolge. Das Programm soll zunächst die Anzahl der Basis-8-Berechnungen und dann die Anzahl der Basis-4-Berechnungen maximieren.

Literatur

| 1| BERGLAND, G.D., "The fast Fourier transform recursive equations for arbitrary length records," Math. Computation (April 1967), Vol. 21, pp. 236-238.

| 2| ———, "A fast Fourier transform algorithm using base eight iterations," Math. Computation (April 1968), Vol. 22, pp. 275-279.

| 3| ———, "A fast Fourier transform algorithm for real-valued series," Commun. ACM (October 1968) Vol. 11, pp. 703-710.

| 4| ———, "A radix-eight fast Fourier transform subroutine for real-valued series," IEEE Trans. Audio and Electroacoustics (June 1969), Vol. AU-17, No. 2, pp. 138-144.

| 5| ———, "A guided tour of the fast Fourier transform," IEEE Spectrum, (July 1969), Vol. 6, No. 7, pp. 41-52.

| 6| BLUESTEIN, L.I., "A linear filter approach to the computation of the discrete Fourier transform," 1968 Nerem Rec., pp. 218-219.

| 7| BRENNER, N.M., "Fast Fourier transform of externally stored data," IEEE Trans. Audio and Electroacoustics (June 1969), Vol. AU-17, 128-132.

| 8| BUIJS, H.L., "Fast Fourier transformation of lage arrays of data," Applied Optics (January 1969), Vol. 8, 211-212.

| 9| COOLEY, j.W., and J.W. TUKEY, "An algorithm for machine calculation of complex Fourier series," Math. Computation Vol. 19, pp. 297-301.

[10] GENTLEMAN, W.M., and G. SANDE, "Fast Fourier transforms for fun and profit," 1966 Fall Joint Computer Conf., AFIPS Proc., Vol. 29, pp. 563-678, Washington, D.C.: Spartan, 1966.

[11] RADER, C.M., "Discrete Fourier transforms when the number of data samples is prime," Proc. IEEE (Letters) (June 1968), Vol. 56 pp. 1107-1108.

[12] SINGLETON, R.C., "A method for computing the fast Fourier transform with auxiliary memory and limited high-speed storage," IEEE Trans. Audio and Electroacoustics (June 1967), Vol. AU-15, pp. 91-98.

[13] ———, "An Algol procedure for the fast Fourier transform with arbitrary factors," Comm. ACM (Nov. 1968), Vol. 11, No. 11, 776-779.

[14] ———, "An algorithm for computing the mixed radix fast Fourier transform," IEEE Trans. Audio and Electroacoustics (June 1969), Vol. AU-17, No. 2, pp. 93-103.

13. FFT-Faltung und FFT-Korrelation

Die FFT-Anwendungen in Gebieten wie digitaler Filterung, Spektralanalyse, Simulation, Systemanalyse, Nachrichtentechnik etc., basieren i.a. entweder auf einer speziellen Ausführungsart des Faltungs- bzw. des Korrelationsintegrals oder auf der Benutzung der FFT als eine Approximation für die kontinuierliche FOURIER-Transformation. Mit unseren Erläuterungen über die beiden Anwendungen der FFT entwickeln wir zugleich die wichtigsten Grundlagen der allgemeinen Anwendung der FFT.

In Kap. 9 haben wir die Anwendung der diskreten FOURIER-Transformation zur Auswertung der kontinuierlichen FOURIER-Transformation beschrieben. Da die FFT lediglich ein schnelles Rechenverfahren für die diskrete FOURIER-Transformation darstellt, haben wir somit die Grundlagen dieser wichtigen FFT-Anwendung bereits dargelegt.

Es bleibt also noch die Beschreibung der FFT zur Berechnung des Faltungs- und des Korrelationsintegrals. Wie in Kap. 6 gezeigt, lassen sich beide Integrale mittels der diskreten FOURIER-Transformation auswerten. Im ersten Augenblick scheint eine Auswertung sowohl der Faltung als auch der Korrelation im Frequenzbereich wegen der offensichtlichen Erhöhung der Anzahl der Multiplikationen nicht vorteilhaft zu sein. Doch erweist sich die Auswertung über den Frequenzbereich als sehr effizient, wenn man die FFT hierzu benutzt und die damit verbundene enorme Erhöhung der Rechengeschwindigkeit ausnutzt. In diesem Kapitel beschreiben wir Verfahren für die FFT-Anwendung zur schnellen Faltung und schnellen Korrelation.

13.1 FFT-Faltung zeitbegrenzter Signale

Der Ausdruck der diskreten Faltung - cf. Gl.(7-1) - lautet:

$$(13-1) \qquad y(k) = \sum_{i=0}^{N-1} x(i)h(k-i),$$

wobei $x(k)$ und $h(k)$ periodische Funktionen der Periode N sind. Wie in Kap. 7 gezeigt, liefert die diskrete Faltung bei korrekter Ausführung ein Ergebnis, das dem der kontinuierlichen Faltung entspricht, falls beide Funktionen x(t) und h(t) von endlicher Dauer sind. Wir besprechen nun hierfür ein effizientes Rechenverfahren unter Anwendung der FFT.

Man betrachte die in Bild 13-1a dargestellten zeitbegrenzten bzw. *aperiodischen* Funktionen x(t) und h(t). Das Bild zeigt ebenfalls das Ergebnis der kontinuierlichen Faltung dieser beiden Funktionen. Wir wollen das Ergebnis der kontinuierlichen Faltung nun mit Hilfe der diskreten Faltung reproduzieren. Aus Kap. 7 wissen wir, daß man zur diskreten Faltung die beiden Funktionen x(t) und h(t) abtasten muß und die Abtastsignale, wie in Bild 13-1b angedeutet, mit der Periode N zu periodizieren hat. Das diskrete Faltungsprodukt (Bild 13-1c) ist ebenfalls periodisch und entspricht innerhalb jeder Periode dem kontinuierlichen Faltungsprodukt. Der Skalierungsfaktor T (die Abtastperiode) wurde hinzugenommen, damit wir Ergebnisse erhalten, die mit denen der kontinuierlichen Faltung (in gleichem Maßstab) vergleichbar sind. Man beachte, daß, da x(t) und y(t) vom Nullpunkt verschoben sind, eine große Periode N notwendig ist, um das Auftreten des in Kap. 7 besprochenen *Überlappungs-* bzw. *Randeffekts* zu verhindern. Bezüglich des Rechenaufwands ist die in Bild 13-1c durchgeführte diskrete Faltung wegen der großen Anzahl von Nullen im Bereich [0,a+b] sehr ungünstig. Zur Erhöhung der Recheneffizienz der diskreten Faltung verschieben wir die Eingangswerte.

Verschiebung der Eingangswerte

Wie in Bild 13-2 gezeigt, verschieben wir beide Abtastsignale aus Bild 13-1b zum Nullpunkt; entsprechend Gl.(7-4) wählen wir die Periode nach der Beziehung N > P+Q-1, um den *Überlappungseffekt* zu eliminieren. Da wir einen Basis-2-FFT-Algorithmus zur Auswertung der Faltung einsetzen wollen, haben wir außerdem die Bedingung $N = 2^\gamma$ mit γ als einer positiven ganzen Zahl zu erfüllen. Unsere Ergebnisse lassen sich leicht auf andere Algorithmen erweitern.

Die Funktionen x(k) und h(k) müssen eine Periode N besitzen mit

(13-2) $N > P + Q - 1$,

$N = 2^\gamma$, γ ganzzahlig

13.1 FFT-Faltung zeitbegrenzter Signale

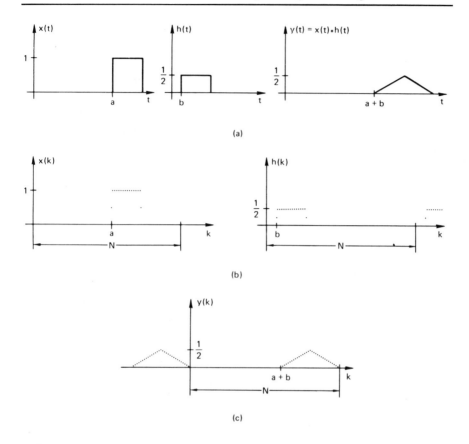

Bild 13-1: Beispiel einer ineffizienten diskreten Faltung.

Bild 13-2b zeigt das diskrete Faltungsprodukt für das gewählte N; das Ergebnis unterscheidet sich von dem aus Bild 13-1c nur in einer Verschiebung des Nullpunktes. Aber diese Verschiebung ist *a priori* bekannt. Nach Bild 13-1a entspricht die Verschiebung des Faltungsprodukts y(t) der Summe der Verschiebungen der zu faltenden Funktionen. Folglich entstehen keine Informationsverluste, wenn wir vor der Faltung beide Funktionen zum Nullpunkt verschieben.

Um mit Hilfe der FFT das gleiche Ergebnis wie in Bild 13-2b zu erhalten, verschieben wir zunächst x(t) und h(t) zum Nullpunkt, wir bezeichnen die Größen dieser Verschiebung der Reihe nach mit a und b. Beide Funktionen werden dann abgetastet. Anschließend legen wir N gemäß (13-2) fest. Die resultierenden periodischen Abtastsignale lassen sich wie folgt beschreiben:

(13-3) $x(k) = x(kT+a)$, $k = 0,1,\ldots,P-1$,
$x(k) = 0$, $k = P,P+1,\ldots,N-1$,
$h(k) = h(kT+b)$, $k = 0,1,\ldots,Q-1$,
$h(k) = 0$, $k = Q,Q+1,\ldots,N-1$.

Durch diese Ausdrucksweise wollen wir betonen, daß unsere Ausführungen sich ausschließlich auf periodische und zum Nullpunkt verschobene Funktionen beziehen. Nun berechnen wir das diskrete Faltungsprodukt nach dem diskreten Faltungstheorem (7-8). Dazu errechnen wir zunächst die diskreten FOURIER-Transformierten von $x(k)$ und $h(k)$

(13-4) $$X(n) = \sum_{k=0}^{N-1} x(k) e^{-j2\pi nk/N},$$

(13-5) $$H(n) = \sum_{k=0}^{N-1} h(k) e^{-j2\pi nk/N}.$$

Dann bilden wir das Produkt

(13-6) $Y(n) = X(n)H(n)$,

und schließlich ermitteln wir die inverse FOURIER-Transformierte von $Y(n)$ und erhalten damit das diskrete Faltungsprodukt $y(k)$

(13-7) $$y(k) = \frac{1}{N} \sum_{n=0}^{N-1} Y(n) e^{j2\pi nk/N}$$

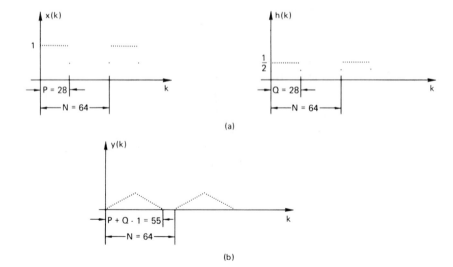

Bild 13-2: Diskrete Faltung der Signale aus Bild 13-1 nach deren Verschiebung zum Nullpunkt.

Man beachte, daß hierbei eine einzige diskrete Faltungsgleichung (13-1) durch drei Gln.(13-4), (13-5),(13-6) und (13-7) ersetzt wurde. Dies gibt Anlaß zu der Bezeichnung des Verfahrens als *"langer Lösungsumweg"*. Aufgrund der enormen Recheneffizienz der FFT bewirken diese vier Gleichungen jedoch durch den sog. langen Lösungsumweg letztlich eine *Wegverkürzung*.

Rechengeschwindigkeit der FFT-Faltung

Die Berechnung der N Werte des Faltungsproduktes y(k) nach Gl.(13-1) erfordert eine Rechenzeit proportional N^2, der Anzahl der Multiplikationen. Aus Abschnitt 11.3 wissen wir, daß die Rechenzeit der FFT proportional $Nlog_2N$ ist; die Gesamtrechenzeit für die Gln.(13-4), (13-5) und (13-6) ist also proportional $3Nlog_2N$ und die Rechenzeit für die Gl.(13-7) proportional N. Mit der Benutzung der FFT und der Gln.(13-4) bis (13-7) zur Berechnung des diskreten Faltungsprodukts ist man im allgemeinen schneller als mit der direkten Auswertung der Gl.(13-1).

In welchem Maß man mit der FFT-Methode schneller ist als mit dem herkömmlichen Verfahren, hängt nicht nur von der Anzahl der Eingangswerte, sondern auch von den Einzelheiten des benutzten FFT- und des Faltungsprogramms ab. Um festzustellen, ab wann die FFT-Faltung schneller ist, und um das Maß der Rechenzeitverkürzung zu ermitteln, das man mit Hilfe der FFT-Faltung erreicht, haben wir die für die Berechnung des Ausdrucks (13-1) erforderlichen Rechenzeiten sowohl für die FFT-Methode als auch für die konventionelle Methode als Funktion von N ermittelt; die Ergebnisse wurden auf einem GE-630 Computer erzielt. Tabelle 13-1 zeigt diese Simulationsergebnisse. Wie aus ihr zu ersehen, ist man für N > 64 mit der FFT-Faltung unter Benutzung unseres Computerprogramms schneller als mit der konventionellen Methode. In Abschnitt 13.4 werden wir ein Verfahren zur weiteren Reduzierung der FFT-Rechenzeit um den Faktor 1/2 angeben; somit sinkt die Effizienzgrenze auf N = 32.

In Bild 13-3 sind die Rechenschritte der FFT-Anwendung zur Faltung diskreter Funktionen zusammengestellt. Man beachte, daß im Schritt (7) die alternative Inversionsbeziehung (8-9) benutzt wird. Die Ergebnisse müssen mit dem Faktor T skaliert werden, falls man sie mit den Ergebnissen der kontinuierlichen Faltung vergleichen will.

13. FFT-Faltung und FFT-Korrelation

Tabelle 13-1: Rechenzeiten (Sekunden).

N	Direkte Methode	FFT-Methode	Schnelligkeits-faktor
16	0,0008	0,003	0,27
32	0,003	0,007	0,43
64	0,012	0,015	0,8
128	0,047	0,033	1,4
256	0,19	0,073	2,6
512	0,76	0,16	4,7
1024	2,7	0,36	7,5
2048	11,0	0,78	14,1
4096	43,7	1,68	26,0

---

1. $x(t)$ und $h(t)$ seien zwei zeitbegrenzte Funktionen; $x(t)$ sei um a und $h(t)$ um b vom Nullpunkt verschoben.

2. Man verschiebe $x(t)$ und $h(t)$ zum Nullpunkt und taste sie ab:

$$x(k) = x(kT + a) \quad , \quad k = 0, 1, \ldots, P - 1$$
$$h(k) = h(kT + b) \quad , \quad k = 0, 1, \ldots, Q - 1 \, ,$$

3. wähle N entsprechend den Beziehungen

$$N \geq P + Q - 1 \, ,$$
$$N = 2^\gamma \quad \gamma \text{ ganzzahlig}$$

mit P als Anzahl der Abtastwerte von $x(t)$ und Q als Anzahl der Abtastwerte von $h(t)$,

4. vergrößere den Definitionsbereich der Abtastsignale aus Schritt 2) durch Hinzufügen von Nullen

$$x(k) = 0 \quad , \quad k = P, P + 1, \ldots, N - 1$$
$$h(k) = 0 \quad , \quad k = Q, Q + 1, \ldots, N - 1 \, ,$$

5. berechne die diskreten FOURIER-Transformierten von $x(k)$ und $h(k)$

$$X(n) = \sum_{k=0}^{N-1} x(k) e^{-j2\pi nk/N}$$
$$H(n) = \sum_{k=0}^{N-1} h(k) e^{-j2\pi nk/N} \, ,$$

6. bilde das Produkt

$$Y(n) = X(n)H(n)$$

7. und berechne die inverse diskrete Transformierte von $Y(n)$ unter Anwendung der Vorwärtstransformation

$$y(k) = \sum_{n=0}^{N-1} \left[\frac{1}{N} Y^*(n) \right] e^{-j2\pi nk/N} \, .$$

Bild 13-3: Rechengang der FFT-Faltung zweier zeitbegrenzter Funktionen.

13.2 FFT-Korrelation zeitbegrenzter Signale

Die Anwendung der FFT zur Korrelation ist der FFT-Faltung sehr ähnlich. Daher beschränken wir unsere Ausführungen über die Korrelation auf die Beschreibung der Unterschiede dieser beiden Verfahren.

Man betrachte die Beziehung der diskreten Korrelation

$$(13-8) \qquad z(k) = \sum_{i=0}^{N-1} h(i)x(k+i),$$

wobei beide Funktionen $x(k)$ und $h(k)$ periodische Funktionen der Periode N sind. Bild 13-4a zeigt die gleichen periodischen Funktionen $x(k)$ und $h(k)$ wie Bild 13-1b. Das Korrelationsprodukt dieser beiden Funktionen nach Gl.(13-8) ist in Bild 13-4b dargestellt. Zum Zweck des einfacheren Vergleichs mit dem kontinuierlichen Korrelationsprodukt wurde der Skalierungsfaktor T hinzugefügt. Aus Bild 13-4b geht hervor, daß die Verschiebung des resultierenden Korrelationsprodukts vom Nullpunkt der Differenz des Abstands der Rückflanke von $h(k)$ und des Abstands der Vorderflanke von $x(k)$ entspricht. Wie im Fall unseres Faltungsbeispiels ist die Berechnung des Korrelationsprodukts - wie in Bild 13-4b geschehen - wegen der vielen Nullen innerhalb der N-Punkte Periode der periodischen Korrelationsfunktion uneffizient. Zur Erhöhung der Recheneffizienz bietet sich wieder die Verschiebung der Signalwerte an.

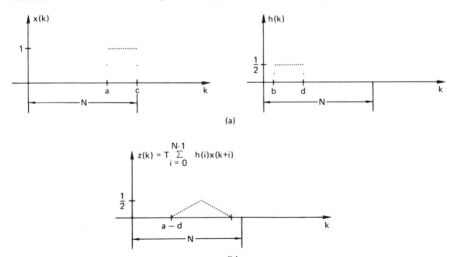

Bild 13-4: Beispiel einer ineffizienten diskreten Korrelation.

Mit der Verschiebung der beiden Funktionen zum Nullpunkt, wie in Bild 13-5b gezeigt, erhalten wir das in Bild 13-5b dargestellte Korrelationsprodukt. Obwohl die Form des Korrelationsprodukts korrekt ist, ist dessen Lage unkorrekt. Eine Abhilfe hierfür schaffen wir dadurch, daß wir das Signal x(k) wie in Bild 13-5c versetzen. Für diese Situation zeigt Bild 13-5d das resultierende Korrelationsprodukt. Ausgenommen einer allerdings bekannten Verschiebung ist dies das gesuchte Ergebnis.

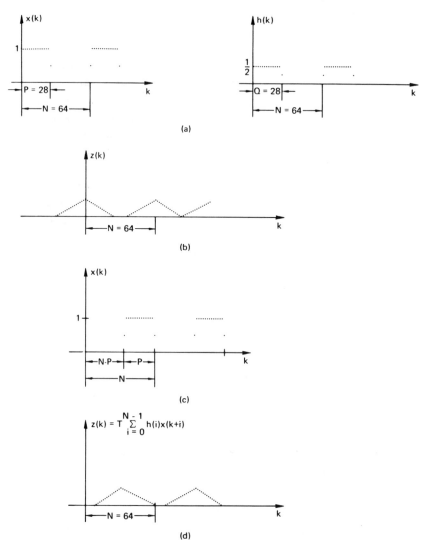

Bild 13-5: Diskrete Korrelation der Signale aus Bild 13-14 nach deren Verschiebung zum Nullpunkt.

13.2 FFT-Korrelation zeitbegrenzter Signale

Zur Anwendung der FFT auf (13-8) wählen wir die Periode N gemäß der Beziehung

(13-9) $\quad N \geq P + Q - 1,$
$\quad\quad\quad\quad N = 2^\gamma,\ \gamma$ ganzzahlig.

Wir verschieben und tasten x(t) in folgender Weise ab:

(13-10) $\quad x(k) = 0, \quad\quad\quad\quad k = 0,1,\ldots,N-P,$
$\quad\quad\quad\quad x(k) = x[kT+a], \quad k = N-P+1,\ N-P+2,\ldots,N-1.$

Das heißt, wir schieben die P Abtastwerte von x(k) innerhalb der N-Punkte Periode ganz nach rechts. Die Funktion h(t) wird entsprechend der Beziehung

(13-11) $\quad h(k) = h(kT+b), \quad k = 0,1,\ldots,Q-1,$
$\quad\quad\quad\quad h(k) = 0, \quad\quad\quad\quad k = Q,\ Q+1,\ldots,N-1$

verschoben und abgetastet. Unter Anwendung des diskreten Korrelationstheorems (7-13) werten wir folgende Gleichungen aus:

(13-12) $\quad X(n) = \sum_{k=0}^{N-1} x(k) e^{-j2\pi nk/N},$

(13-13) $\quad H(n) = \sum_{k=0}^{N-1} h(k) e^{-j2\pi nk/N},$

(13-14) $\quad Z(n) = X(n) H^*(n),$

(13-15) $\quad z(k) = \frac{1}{N} \sum_{n=0}^{N-1} Z(n) e^{j2\pi nk/N}.$

Das Ergebnis z(k) ist der Funktion von Bild 13-5d identisch.

Die Rechenzeiten für die Gln.(13-12) bis (13-15) sind im wesentlichen die gleichen wie für die Faltungsgleichungen (13-4) bis (13-7), und die Ergebnisse des letzten Abschnitts lassen sich entsprechend übernehmen. Die Rechenschritte, die zu Gl.(13-15) führen, sind in Bild 13-6 zusammengestellt.

Da sich die Anwendungen der FFT für die Faltung und die Korrelation sehr ähneln, beschränken wir uns im Rest des Kapitels auf eine Diskussion über die FFT-Faltung.

1. $x(t)$ und $h(t)$ seien zwei zeitbegrenzte Funktionen; $x(t)$ sei um a und $h(t)$ um b vom Nullpunkt verschoben.

2. P sei die Anzahl der Abtastwerte von $x(t)$ und Q die Anzahl der Abtastwerte von $h(t)$.

3. Man wähle N entsprechend den Beziehungen

$$N \geq P + Q - 1,$$
$$N = 2^\gamma \quad \gamma \text{ ganzzahlig,}$$

4. definiere $x(k)$ und $h(k)$ wie folgt:

$$x(k) = 0 \quad , k = 0, 1, \ldots, N - P$$
$$x(k) = x(kT + a) \quad , k = N - P + 1, N - P + 2, \ldots, N - 1$$
$$h(k) = h(kT + b) \quad , k = 0, 1, \ldots, Q - 1$$
$$h(k) = 0 \quad , k = Q, Q + 1, \ldots, N - 1,$$

5. berechne die diskreten FOURIER-Transformierten von $x(k)$ und $h(k)$

$$X(n) = \sum_{k=0}^{N-1} x(k) e^{-j 2\pi n k/N}$$

$$H(n) = \sum_{k=0}^{N} h(k) e^{-j 2\pi n k/N} ,$$

6. ändere das Vorzeichen des Imaginärteils von $H(n)$, um $H^*(n)$ zu erhalten,

7. bilde das Produkt

$$Z(n) = X(n) H^*(n)$$

8. und berechne die inverse diskrete Transformierte von $Z(n)$ unter Anwendung der Vorwärtstransformation

$$z(k) = \sum_{n=0}^{N-1} \left(\frac{1}{N} Z^*(n)\right) e^{-j 2\pi n k/N} .$$

Bild 13-6: Rechengang der FFT-Korrelation zweier zeitbegrenzter Funktionen.

13.3 FFT-Faltung eines zeitunbegrenzten mit einem zeitbegrenzten Signal

Bisher haben wir nur eine Funktionsklasse betrachtet, bei der beide Funktionen x(t) und h(t) zeitbegrenzt sind. Ferner haben wir angenommen, daß $N = 2^\gamma$ genügend klein ist, so daß die Zahl der Abtastwerte die Speicherkapazität unseres Rechners nicht übersteigt. Trifft eine der beiden Annahmen nicht zu, so müssen wir das *Segmentierungskonzept* anwenden.

Man betrachte die in Bild 13-7 dargestellten Signale x(t), h(t) und ihr Faltungsprodukt. Wir nehmen an, daß x(t) entweder zeitunbegrenzt ist oder daß die Zahl der Abtastwerte von x(t) die Speicherkapazität des Rechners übersteigt. Folglich ist es not-

13.3 FFT-Faltung eines zeitunbegrenzten mit einem zeitbegrenzten Signal

wendig, x(t) in Segmente zu unterteilen und die gewünschte diskrete Faltung durch viele diskrete Faltungen mit kleineren Signallängen zu ersetzen. NT sei die Zeitdauer eines jeden der zu verarbeitenden Segmente von x(t); diese Segmente sind in Bild 13-7a angegeben. Wie in Bild 13-8a gezeigt, bilden wir das periodische Abtastsignal x(k), wobei eine Periode von x(k) durch das erste Segment von x(t) definiert wird; h(t) wird abgetastet und mit so vielen Nullen verlängert, daß sie die gleiche Periode wie x(k) erhält. Bild 13-8a zeigt ebenfalls das Faltungsprodukt y(k) dieser Funktionen. Man beachte, daß wir die ersten Q-1 Werte des diskreten Faltungsprodukts nicht angeben; diese Werte sind aufgrund des *Randeffekts* verfälscht. Wir wissen aus Abschnitt 7.3, daß mit h(k), bestehend aus Q Werten, die ersten Q-1 Werte von y(k) mit den entsprechenden Werten des kontinuierlichen Faltungsprodukts in keinem eindeutigen Zusammenhang stehen und deswegen außer acht gelassen werden können.

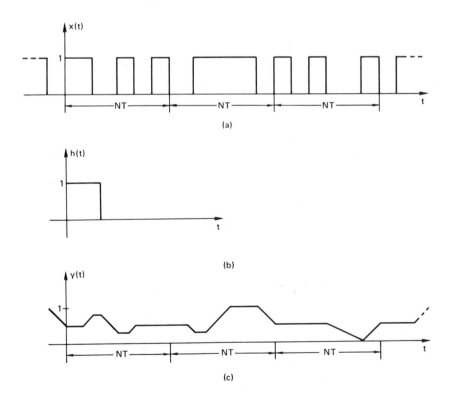

Bild 13-7: Beispiel zur Faltung eines zeitunbegrenzten mit einem zeitbegrenzten Signal.

In Bild 13-8b zeigen wir das diskrete Faltungsprodukt des in Bild 13-7a dargestellten zweiten Signalsegments der Länge NT. Zur Erhöhung der Recheneffizienz haben wir - cf. die Ausführungen des Abschnitts 13.1 - dieses Signalsegments zum Nullpunkt verschoben. Es wird dann abgetastet und periodisiert. Bild 13-8b zeigt ebenfalls h(k) und das resultierende Faltungsprodukt y(k). Wieder werden die ersten Q-1 Werte wegen des *Randeffekts* weggelassen.

Das letzte Segment von x(k) wird, wie in Bild 13-8c gezeigt, ebenfalls zum Nullpunkt verschoben und abgetastet; Bild 13-8c zeigt das Faltungsprodukt ohne Berücksichtigung der ersten Q-1 Werte.

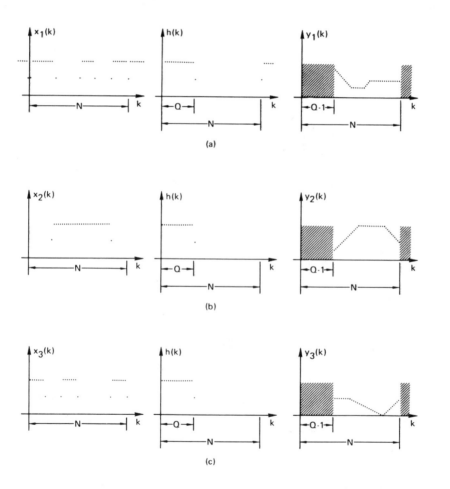

Bild 13-8: Diskrete Faltung einzelner Signalsegmente aus Bild 13-7a.

13.3 FFT-Faltung eines zeitunbegrenzten mit einem zeitbegrenzten Signal

Die Segmente des diskreten Faltungsprodukts der Bilder 13-8a,b, c sind nacheinander in den Bildern 13-9a,b,c rekonstruiert. Wir haben dabei die zur Erhöhung der Recheneffizienz vorgenommenen Verschiebungen zum Nullpunkt wieder rückgängig gemacht. Man beachte, daß Bild 13-9d das gewünschte kontinuierliche Faltungsprodukt von Bild 13-9e sehr gut approximiert bis auf die *Löcher*, die bei der Zusammensetzung der Teilsegmente entstanden sind. Durch eine einfache Überlappung der Segmente von x(t) um die Zeitdauer (Q-1) läßt sich dieser Mangel völlig beseitigen.

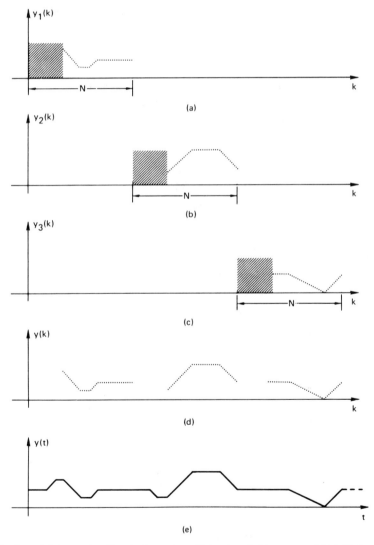

Bild 13-9: Verschiebung der Ergebnisse der diskreten Faltung aus Bild 13-8.

13. FFT-Faltung und FFT-Korrelation

Overlap-Save-Segmentierung

In Bild 13-10a zeigen wir nochmals die Funktion x(t) von Bild 13-7a. Hier sind die Signalsegmente jedoch um (Q-1)T, also um die Zeitdauer der Funktion h(t) minus T, überlappt. Wir schieben jedes Segment von x(t) zum Nullpunkt, tasten es ab und bilden eine periodische Funktion. Die Bilder 13-10b,c,d,e zeigen die Ergebnisse der diskreten Faltung für jedes Segment. Man beachte, daß wegen der Überlappung zusätzliche Segmente benötigt werden. Die ersten Q-1 Abtastwerte eines jeden Segments werden - wie vorher auch - wegen des Randeffekts außer acht gelassen.

Die einzelnen Segmente des diskreten Faltungsprodukts setzen wir, wie in Bild 13-11 gezeigt, nach Verschiebung um jeweils ein geeignetes Intervall wieder zusammen. Nun entstehen keine *Löcher*, weil der Randeffekt im Teilbereich eines jeden Faltungssegments auftritt, der bereits beim jeweils unmittelbar vorangegangenen Segment ermittelt worden ist. Die Kombination dieser Segmente entspricht über dem gesamten Bereich dem gewünschten kontinuierlichen Faltungsprodukt (Bild 13-7c). Der einzige *Randeffekt*, der hier nicht kompensiert werden kann, tritt, wie dargestellt, beim ersten Segment auf. Alle Darstellungen wurden zum Vergleich mit den kontinuierlichen Ergebnissen mit dem Faktor T skaliert. Nun werden die mathematischen Beziehungen besprochen, worauf die vorangegangenen graphischen Überlegungen basieren.

Man betrachte die Funktion in Bild 13-10a. Wir wählen die Länge des ersten Segments gleich NT. Um die FFT anwenden zu können, erfüllen wir die Bedingung

(13-16) $N = 2^\gamma$, γ ganzzahlig

und selbstverständlich auch die Bedingung N > Q. (Die optimale Wahl von N wird später besprochen). Wir bilden das periodische Abtastsignal

$$x_1(k) = x(kT), \quad k = 0,1,\ldots,N-1$$

und rechnen mit Hilfe der FFT den Ausdruck

(13-17) $$X_1(n) = \sum_{k=0}^{N-1} x_1(k) e^{-j2\pi nk/N}$$

13.3 FFT-Faltung eines zeitunbegrenzten mit einem zeitbegrenzten Signal

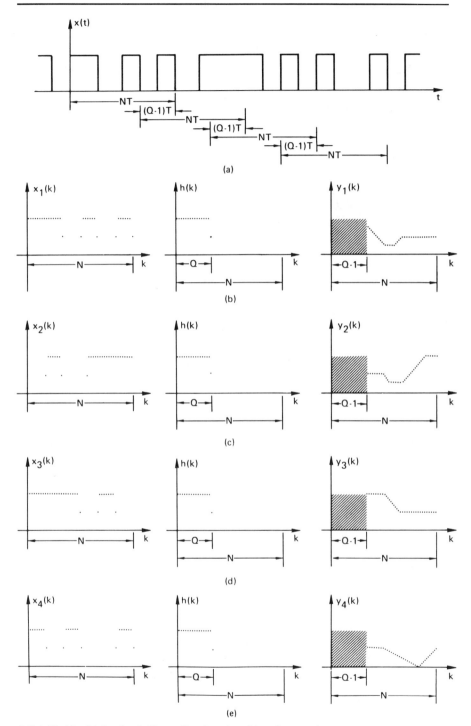

Bild 13-10: Diskrete Faltung überlappter Signalsegmente.

256   13. FFT-Faltung und FFT-Korrelation

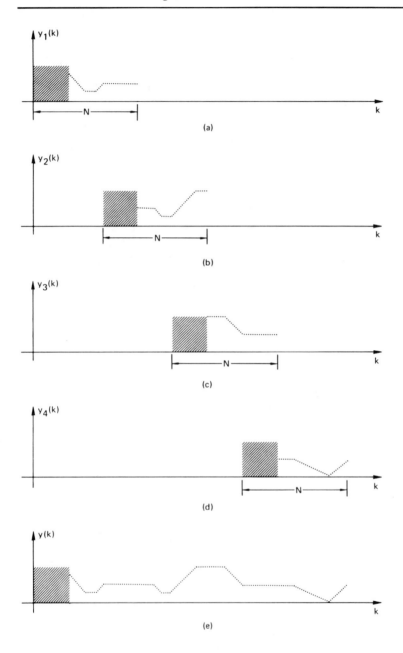

Bild 13-11: Verschiebung der Ergebnisse der diskreten Faltung aus Bild 13-10.

13.3 FFT-Faltung eines zeitunbegrenzten mit einem zeitbegrenzten Signal

aus. Als nächstes tasten wir h(t) Q mal ab und fügen soviel Nullen hinzu, daß wir damit eine periodische Funktion der Periode N bilden können,

(13-18)
$$h(k) = \begin{cases} h(kT), & k = 0,1,\ldots,Q-1 \\ 0, & k = Q,Q+1,\ldots,N-1. \end{cases}$$

War h(t) nicht bereits wie in Bild 13-7b zum Nullpunkt verschoben, so verschieben wir h(t) erst zum Nullpunkt, und dann wenden wir Gl.(13-18) an. Mit Hilfe der FFT berechnen wir

(13-19) $\quad H(n) = \sum_{k=0}^{N-1} h(k) e^{-j2\pi nk/N}$

und dann das Produkt

(13-20) $\quad Y_1(n) = X_1(n) H(n)$.

Schließlich ermitteln wir die inverse FOURIER-Transformierte von $Y_1(n)$

(13-21) $\quad y_1(k) = \frac{1}{N} \sum_{n=0}^{N-1} Y_1(n) e^{j2\pi nk/N}$;

wegen des Randeffekts lassen wir die ersten Q-1 Werte von y(k), i.e. y(0), y(1), ... , y(Q-2), weg. Die restlichen Werte sind denen aus Bild 13-11a identisch und werden für die später folgende Zusammensetzung beibehalten.

Nun wird das zweite Segment von x(t), dargestellt in Bild 13-10a, zum Nullpunkt verschoben und abgetastet:

(13-22) $\quad x_2(k) = x[(k+[N-Q+1])T] \quad k = 0,1,\ldots,N-1$.

Dann werden Gln.(13-19) bis (13-21) wiederholt. Die Frequenzfunktion H(n) wurde bereits aus Gl.(13-19) ermittelt und braucht nicht erneut errechnet zu werden. Die Multiplikation nach Gl.(13-20) und die anschließende inverse FOURIER-Transformation gemäß Gl.(13-21) liefern die in Bild 13-11b dargestellte Funktion $y_2(k)$. Wieder werden die ersten Q-1 Werte von $y_2(k)$ wegen des Randeffekts fallengelassen. Alle restlichen Segmente des Faltungsprodukts werden in einer ähnlichen Weise ermittelt.

Wie in Bild 13-11e veranschaulicht, läßt sich die Zusammensetzung der Segmente von y(k) beschreiben mit

(13-23) $\quad y(k)$ undefiniert, $\quad k = 0,1,\ldots,Q-2$,

$\quad\quad\quad\quad y(k) = y_1(k)$, $\quad k = Q-1, Q,\ldots,N-1$,

$\quad\quad\quad\quad y(k+N) = y_2(k+Q-1)$, $\quad k = 0,1,\ldots,N-Q$,

$\quad\quad\quad\quad y(k+2N) = y_3(k+Q-1)$, $\quad k = 0,1,\ldots,N-Q$,

$\quad\quad\quad\quad y(k+3N) = y_4(k+Q-1)$, $\quad k = 0,1,\ldots,N-Q$.

Für das behandelte Segmentierungsverfahren wird in der Literatur [3,5] die Bezeichnung *select-saving* oder *overlap-save* verwendet.

Overlap-Add-Segmentierung

Ein alternatives Segmentierungsverfahren wird als *overlap-add-Verfahren* bezeichnet [3,5]. Man betrachte Bild 13-12. Wir nehmen an, daß die zeitbegrenzte Funktion x(t) eine Länge besitzt, die die Speicherkapazität des Rechners übersteigt. Wir unterteilen das Signal, wie in Bild 13-12a gezeigt, in Segmente der Länge (N-Q)T. Bild 13-12c zeigt das gesuchte Faltungsprodukt. Zur Ausführung des Verfahrens tasten wir zunächst das erste Signalsegment von Bild 13-12a ab; Bild 13-13a zeigt die Abtastwerte. Zwecks Erzeugung einer periodischen Funktion der Periode N werden den Abtastwerten Nullen hinzugefügt. Wir wählen speziell $N = 2^\gamma$, N-Q Abtastwerte der Funktion x(t),

(13-24) $\quad x_1(k) = x(kT)$, $\quad k = 0,1,\ldots N-Q$

und Q-1 Nullen

(13-25) $\quad x_1(k) = 0$, $\quad k = N-Q+1,\ldots,N-1$.

Man beachte, daß das Hinzufügen von Q-1 Nullen sicherstellt, daß kein Randeffekt auftritt. Die Funktion h(t) wird, wie gezeigt, N mal zur Bildung einer periodischen Funktion h(k) der Periode N abgetastet; Bild 13-13a zeigt ebenfalls das resultierende Faltungsprodukt.

Das zweite Segment von x(t) wird - cf. Bild 13-12a - zum Nullpunkt verschoben und abgetastet:

(13-26) $\quad x_2(k) = x[(k+N-Q+1)T]$, $\quad k = 0,\ldots,N-Q$,

$\quad\quad\quad\quad\quad = 0$, $\quad k = N-Q+1,\ldots,N-1$.

Wie vorher fügen wir dem Abtastsignal x(k) Q-1 Nullen hinzu. Die Faltung mit h(k) liefert die in Bild 13-13b gezeigte Funk-

13.3 FFT-Faltung eines zeitunbegrenzten mit einem zeitbegrenzten Signal

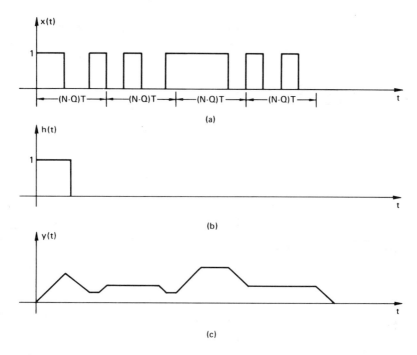

Bild 13-12: Beispiel zur Signalsegmentierung für diskrete Faltungen nach der overlap-add-Methode.

tion $y_2(k)$. Die Faltung aller anderen Segmente mit $h(k)$ erfolgt in ähnlicher Weise; die Ergebnisse sind in den Bildern 13-13c,d dargestellt.

Nun setzen wir - cf. Bild 13-14 - die Segmente des Faltungsprodukts zusammen. Jedes Segment wird zu einer jeweils geeigneten Stelle verschoben. Die Überlagerung dieser Segmente liefert das gesuchte Faltungsprodukt. Der Trick bei diesem Verfahren ist das Hinzufügen einer genügenden Anzahl von Nullen zur Vermeidung des Randeffekts. Die Faltungsergebnisse *überlappen* und addieren sich genau an den Stellen, an denen die Nullen hinzugefügt wurden. Daher kommt auch die Bezeichnung *Overlap-Add-Segmentierung*.

Rechengeschwindigkeit segmentierter FFT-Faltung

Bei den beiden bereits beschriebenen Segmentierungsverfahren läßt sich N außer mit der Einschränkung $N = 2^\gamma$ ziemlich beliebig wählen. Die Wahl von N bestimmt die Anzahl der zu bearbeitenden Signalsegmente und damit auch die Rechenzeit. Wenn

13. FFT-Faltung und FFT-Korrelation

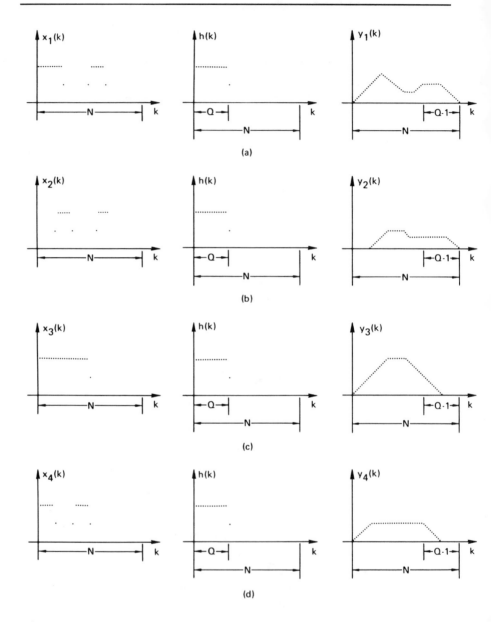

Bild 13-13: Diskrete Faltung einzelner Signalsegmente aus Bild 13-12.

13.3 FFT-Faltung eines zeitunbegrenzten mit einem zeitbegrenzten Signal 261

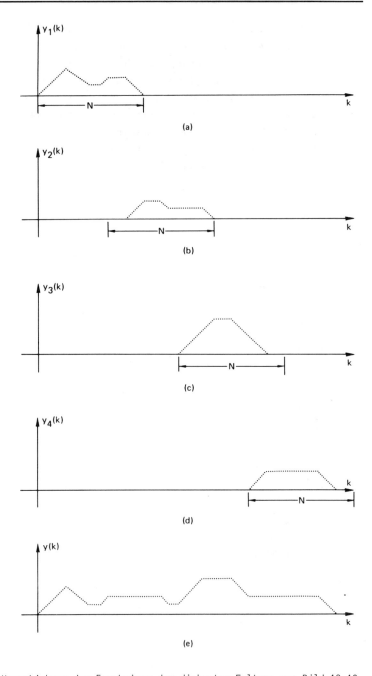

Bild 13-14: Verschiebung der Ergebnisse der diskreten Faltung aus Bild 13-13.

eine M-Punkte Faltung durchzuführen ist, müssen näherungsweise M/(N-Q+1) Segmente ausgewertet werden. Mit der Annahme, daß M viel größer als (N-Q+1) ist, kann man die Rechenzeit für die Berechnung von H(n) mit der FFT vernachlässigen. Jedes Segment erfordert eine vorwärts gerichtete und eine inverse FOURIER-Transformation; daher ist die FFT etwa 2M/(N-Q+1) mal zu wiederholen. Wir haben den optimalen Wert von N experimentell ermittelt und die Ergebnisse in Tabelle 13-2 aufgeführt. Man kann mit den dort angegebenen Werten von N arbeiten, ohne daß sich die zugehörigen Rechenzeiten wesentlich erhöhen. In Bilder 13-15 und 13-16 sind die einzelnen Rechenschritte der *Overlap-Save-* sowie der *Overlap-Add-Segmentierung* zusammengestellt.

Tabelle 13-2: Optimalwerte von N für die FFT-Faltung.

Q	N	γ
$\geqslant 10$	32	5
11 – 19	64	6
20 – 29	128	7
30 – 49	256	8
50 – 99	512	9
100 – 199	1024	10
200 – 299	2048	11
300 – 599	4096	12
600 – 999	8192	13
1000 – 1999	16.384	14
2000 – 3999	32.768	15

Hinsichtlich des Rechenaufwands verhalten sich beide Verfahren näherungsweise gleich.

Wenn die Funktionen x(t) und h(t) reell sind, können wir, wie im nächsten Abschnitt beschrieben, zusätzliche Verfahren zur weiteren Erhöhung der Recheneffizienz der FFT-Faltung einsetzen.

13.3 FFT-Faltung eines zeitunbegrenzten mit einem zeitbegrenzten Signal

1. Für die graphische Interpretation des Algorithmus betrachte man Bilder 13-10 und 13-11.
2. Q sei die Anzahl der Abtastwerte von $h(k)$.
3. Man wähle N entsprechend Tabelle 13.-2,
4. bilde das periodische Abtastsignal $h(k)$

$$h(k) = h(kT) \quad , \quad k = 0, 1, \ldots, Q - 1$$
$$= 0 \quad , \quad k = Q, Q + 1, \ldots, N - 1 ,$$

5. berechne die diskrete FOURIER-Transformierte von $h(k)$

$$H(n) = \sum_{k=0}^{N-1} h(k) e^{-j2\pi nk/N} ,$$

6. bilde das periodische Abtastsignal

$$x_i(k) = x(kT) \quad , \quad k = 0, 1, \ldots, N - 1 ,$$

7. berechne die diskrete FOURIER-Transformierte von $x_i(k)$

$$X_i(n) = \sum_{k=0}^{N-1} x_i(k) e^{-j2\pi nk/N} ,$$

8. bilde das Produkt

$$Y_i(n) = X_i(n) H(n),$$

9. berechne die inverse diskrete Transformierte von $Y_i(n)$

$$y_i(k) = \sum_{n=0}^{N-1} \left(\frac{1}{N} Y_i(n) \right) {}^* e^{-j2\pi nk/N} ,$$

10. vernachlässige die Abtastwerte $y_i(0), y_i(1), \ldots, y_i(Q - 2)$ und behalte die restlichen Abtastwerte,
11. wiederhole die Schritte 6) – 10) solange, bis alle Segmente berechnet worden sind, und
12. kombiniere die Segmente in folgender Weise

$$y(k) \text{ undefiniert} \quad , \quad k = 0, 1, \ldots, Q - 2$$
$$y(k) = y_i(k) \quad , \quad k = Q - 1, Q, \ldots, N - 1$$
$$y(k + N) = y_2(k + Q - 1) \quad , \quad k = 0, 1, \ldots, N - Q$$
$$y(k + 2N) = y_3(k + Q - 1) \quad , \quad k = 0, 1, \ldots, N - Q$$
$$\vdots$$

Bild 13-15: Rechengang der overlap-save-Methode der FFT-Faltung.

1. Für die graphische Interpretation des Algorithmus betrachte man Bilder 13-13 und 13-14.
2. Q sei die Anzahl der Abtastwerte von $h(k)$.
3. Man wähle N entsprechend Tabelle 13.-2,
4. bilde das periodische Abtastsignal $h(k)$

$$h(k) = h(kT) \quad , \quad k = 0, 1, \ldots, Q - 1$$
$$= 0 \quad , \quad k = Q, Q + 1, \ldots, N - 1 \, ,$$

5. berechne die diskrete FOURIER-Transformierte von $h(k)$

$$H(n) = \sum_{k=0}^{N-1} h(k) e^{-j2\pi nk/N} \, ,$$

6. bilde das periodische Abtastsignal

$$x_i(k) = x(kT) \quad , \quad k = 0, 1, \ldots, N - Q$$
$$= 0 \quad , \quad k = N - Q + 1, \ldots, N - 1 \, ,$$

7. berechne die diskrete FOURIER-Transformierte von $x_i(k)$

$$X_i(n) = \sum_{k=0}^{N-1} x_i(k) e^{-j2\pi nk/N} \, ,$$

8. bilde das Produkt

$$Y_i(n) = X_i(n) H(n) \, ,$$

9. berechne die inverse diskrete Transformierte von $Y_i(n)$

$$y_i(k) = \sum_{n=0}^{N-1} \left(\frac{1}{N} Y_i(n) \right)^* e^{-j2\pi nk/N} \, ,$$

10. wiederhole die Schritte 6) – 9)) solange, bis alle Segmente berechnet worden sind, und
12. kombiniere die Segmente in folgender Weise

$$y(k) = y_1(k) \qquad\qquad , \quad k = 0, 1, \ldots, N - Q$$
$$y(k + N - Q + 1) = y_1(k + N - Q + 1) + y_2(k) \quad , \quad k = 0, 1, \ldots, N - Q$$
$$y(k + 2(N - Q + 1)) = y_2(k + N - Q + 1) + y_3(k) \quad , \quad k = 0, 1, \ldots, N - Q$$
$$\vdots$$

Bild 13-16: Rechengang der overlap-add-Methode der FFT-Faltung.

13.4 Recheneffiziente FFT-Faltung

In unseren Ausführungen haben wir bis jetzt angenommen, daß die miteinander zu faltenden Zeitfunktionen reell sind. Folglich konnten wir die Möglichkeiten der FFT nicht voll ausnutzen. Der FFT-Algorithmus wurde eigentlich für komplexe Eingangsfunktionen entwickelt; wenn wir nur reelle Funktionen berücksichtigen, bleibt daher der imaginäre Teil des Algorithmus ungenutzt. In diesem Abschnitt beschreiben wir, wie man eine reelle Funktion in zwei Teile, einen Realteil und einen Imaginärteil, aufteilen und wie man dann die Faltung in der Hälfte der normalen FFT-Rechenzeit durchführen kann. Alternativ läßt sich dieses Verfahren auch zur simultanen Faltung zweier reeller Signale mit einer dritten Funktion anwenden.

Man betrachte die reellen periodischen Abtastsignale g(k) und s(k). Die Aufgabe bestehe darin, diese beiden Funktionen mit Hilfe der FFT gleichzeitig mit der reellen Funktion h(k) zu falten. Wir lösen diese Aufgabe unter Anwendung des in Abschnitt 10-10 besprochenen effizienten Rechenverfahrens für die diskrete FOURIER-Transformation. Zunächst berechnen wir die diskrete FOURIER-Transformierte von h(k), wobei wir den Imaginärteil von h(k) gleich Null setzen:

$$(13-27) \quad H(n) = \sum_{k=0}^{N-1} h(k) e^{-j2\pi nk/N}$$

$$= H_r(n) + jH_i(n).$$

Als nächstes bilden wir die komplexe Funktion

$$(13-28) \quad p(k) = g(k) + js(k), \quad k = 0,1,\ldots,N-1$$

und berechnen

$$(13-29) \quad P(n) = \sum_{k=0}^{N-1} p(k) e^{-j2\pi nk/N}$$

$$= R(n) + jI(n).$$

Unter Anwendung des diskreten Faltungstheorems (Gl.(7-8)) berechnen wir

$$(13-30) \quad y(k) = y_r(k) + jy_i(k) = p(k)*h(k) = \frac{1}{N} \sum_{k=0}^{N-1} P(n)H(n) e^{j2\pi nk/N}.$$

Nach (10-25) und (10-26) setzt sich die Frequenzfunktion P(n) wie folgt zusammen:

$$(13-31) \quad P(n) = R(n) + jI(n)$$
$$= [R_g(n) + R_u(n)] + j[I_g(n) + I_u(n)]$$
$$= G(n) + jS(n)$$

mit

$$G(n) = R_g(n) + jI_u(n)$$
$$S(n) = I_g(n) - jR_u(n).$$

Für das Produkt P(n)H(n) erhält man dann

(13-33) $P(n)H(n) = G(n)H(n) + jS(n)H(n)$,

und die inverse Beziehung liefert schließlich

(13-34) $y(k) = y_r(k) + jy_i(k) = \dfrac{1}{N}\sum_{n=0}^{N-1} P(n)H(n)e^{j2\pi nk/N}$

mit

(13-35) $y_r(k) = \dfrac{1}{N}\sum_{k=0}^{N-1} G(n)H(n)e^{j2\pi nk/N}$

$jy_i(k) = \dfrac{1}{N}\sum_{k=0}^{N-1} jS(n)H(n)e^{j2\pi nk/N}$.

Letztere sind die interessierenden Ergebnisse. Das heißt, $y_r(k)$ ist das Faltungsprodukt von g(k) und h(k) und $y_i(k)$ das Faltungsprodukt von s(k) und h(k). Setzen wir für g(k) und s(k) gemäß den Ausführungen vom letzten Abschnitt zwei aufeinanderfolgende Segmente eines einzigen Signals ein, so erreichen wir mit dieser Methode eine Reduzierung der Rechenzeit um den Faktor 1/2. Die Ergebnisse sind noch entsprechend des gewählten Sigmentierungsverfahrens zusammenzusetzen.

Nun betrachten wir die Aufgabe, das diskrete Faltungsprodukt von x(k) und h(k) unter Ausnutzung des Imaginärteils der komplexen Zeitfunktion, wie in Abschnitt 10-10 beschrieben, in der halben Zeit zu ermitteln. Man nehme an, x(k) bestehe aus 2N Abtastwerten; wir definieren

(13-36) $g(k) = x(2k)$, $k = 0,1,\ldots,N-1$,
          $s(k) = x(2k+1)$, $k = 0,1,\ldots,N-1$

und setzen

(13-37) $p(k) = g(k) + js(k)$, $k = 0,1,\ldots,N-1$.

Gl.(13-37) ist Gl.(13-28) identisch; also gilt

$z(k) = z_r(k) + jz_i(k) = \dfrac{1}{N}\sum_{n=0}^{N-1} P(n)H(n)e^{j2\pi nk/N}$,

woraus man für das gesuchte Faltungsprodukt y(k)

(13-38) $y(2k) = z_r(k)$, $k = 0,1,\ldots,N-1$,
          $y(2k+1) = z_i(k)$, $k = 0,1,\ldots,N-1$

erhält. Wie bei der vorangegangenen Methode sind auch hier die Resultate entsprechend des gewählten Segmentierungsverfahrens zusammenzusetzen. Ein ALGOL-Programm für die FFT-Faltung findet sich in [4].

13.5 Abschließende Bemerkung zur FFT-Anwendung

Wie in früheren Ausführungen dargelegt, wird die FFT hauptsächlich zur Berechnung von FOURIER-Transformierten, Faltungs- und Korrelationsintegralen angewendet. Es dürfte wenig erfolgreich sein, die FFT ohne gründliche Kenntnis ihrer Grundlagen auf Probleme wie digitale Filterung, Systemanalyse, etc., anzuwenden. Wir hoffen, daß dieses Buch, abgesehen von der gewünschten FFT-Anwendung, seinen Lesern fundamentale Wege zu Problemlösungen aufzeigt.

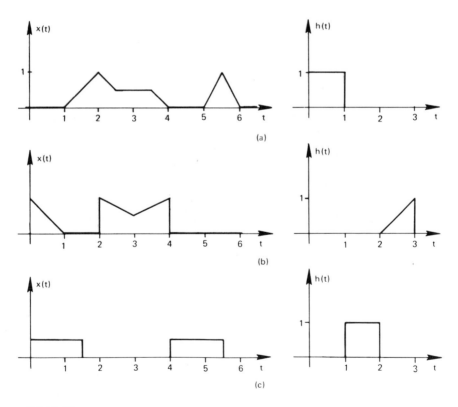

Bild 13-17.

Aufgaben

13-1 Für die Faltung und Korrelation der Funktionen x(t) und h(t) aus Bild 13-17 bestimme man zur Eliminierung des Randeffekts die optimale Größe von N. Man nehme die Abtastperiode T = 0.1 an und benutze einen Basis-2-FFT Algorithmus. Man zeige graphisch, wie eine recheneffiziente Faltung durch eine Verschiebung der Abtastwerte erreicht werden kann.

13-2 Man betrachte die Funktionen x(t) und h(t) aus Bild 13-17, demonstriere graphisch die Anwendung der Overlap-Save- sowie der Overlap-Add-Segmentierung zur Faltung von x(t) mit h(t) und veranschauliche die Ergebnisse ähnlich wie in Bilder 13-10, 13-11, 13-13 und 13-14.

13-3 Man wiederhole die Aufgabe 13-2 für die Korrelation von x(t) und h(t).

13-4 Man wiederhole die Aufgabe 13-3 mit den Funktionen x(t) und h(t) aus Bild 13-7.

Aufgaben mit Rechnerunterstützung

(Die folgenden Aufgaben erfordern die Benutzung eines Digitalrechners.)

13-5 Unter Benutzung des früher entwickelten FFT-Programms rekonstruiere man die Ergebnisse der Bilder 13-8, 13-10, 13-11, 13-13 und 13-14 und benutze hierzu die in Abschnitt 13.4 beschriebene recheneffiziente Methode der FFT-Faltung.

13-6 Man wiederhole Aufgabe 13-5 für die Korrelation der beiden Funktionen.

Literatur

[1] COOLEY, J.W., "Applications of the fast Fourier transform method," Proc. IBM Scientific Computing Symp. on Digital Simulation of Continuous Systems. Yorktown Heights, N.Y.: Thomas J. Watson Research Center, 1966.

[2] COOLEY, J.W., P.A.W. LEWIS, and P.D. WELCH, "Application of the fast Fourier transform to computation of Fourier integrals, Fourier series, and convolution integrals," IEEE Trans. Audio and Electroacoustics (June 1967), Vol. AU-15, pp. 79-84.

[3] HELMS, H.D., "Fast Fourier transform method of computing difference equations and simulating filters," IEEE Trans. Audio and Electroacoustics (June 1967), Vol. AU-15, pp. 85-90.

[4] SINGLETON, R.C., "Algorithm 345, an Algol convolution procedure based on the fast Fourier transform," Commun. Assoc. Comput. (March 1969), Vol. 12.

[5] STOCKHAM, T.G., "High-speed convolution and correlation," AFIPS Proc., 1966 Spring Joint Computer Conf., Vol. 28, pp. 229-233. Washington, D.C.: Spartan.

[6] GENTLEMAN, W.M., and G. SANDE, "Fast Fourier transform for fun and profit," AFIPS Proc., 1966 Fall Joint Computer Conf., Vol. 29, pp. 563-578. Washington, D.C.: Spartan.

[7] BINGHAM, C., M.D. GODFREY, and J.W. TUKEY, "Modern techniques of power spectrum estimation," IEEE Trans. Audio and Electroacoustics (June 1967), Vol. AU-15, No.2.

[8] COOLEY, J.W., P.A.W. LEWIS, and P.D. WELCH, "The finite Fourier transform," IEEE Trans. Audio and Electroacoustics (June 1969), Vol. AU-17, No. 2, pp. 77-85.

Anhang A
Die Deltafunktion: eine Distribution

Die Deltafunktion $\delta(t)$ ist ein sehr wichtiges mathematisches Instrument für die diskrete und kontinuierliche FOURIER-Analyse. Ihre Anwendung vereinfacht viele Herleitungen, die ansonsten komplizierte und langwierige Überlegungen erfordern würden. Obwohl das Konzept der Deltafunktion zur Lösung vieler Probleme korrekt angewendet wird, ist der Ausgangspunkt bzw. die Definition der Deltafunktion, aus der Sicht der konventionellen Mathematik bedeutungslos. Zu einer sinnvollen Definition der Deltafunktion gelangen wir, wenn wir die Deltafunktion nicht als eine normale Funktion ansehen, sondern als ein Konzept innerhalb der Distributionen-Theorie.

Den Ausführungen von PAPOULIS[1, Anhang I] und GUPTA [2, Kapitel 2] folgend, beschreiben wir eine einfache und trotzdem exakte Theorie der Distributionen. Aus dieser allgemeinen Theorie leiten wir dann einige spezielle Eigenschaften der Deltafunktion zur Unterstützung der Ausführungen von Kap. 2 ab.

A-1   Definitionen der Deltafunktion

Normalerweise wird die Deltafunktion (δ-Funktion) definiert durch den Ausdruck

(A-1) $\quad \delta(t-t_o) = 0, \quad t \neq t_o,$

(A-2) $\quad \int_{-\infty}^{\infty} \delta(t-t_o)dt = 1.$

Das heißt, wir definieren die δ-Funktion als eine Funktion, die an ihrer Auftrittsstelle undefiniert ist und sonst den Wert Null hat, mit der spezifischen Eigenschaft, daß die Fläche unterhalb der Funktion gleich eins ist. Offensichtlich ist es nicht sehr leicht, eine Deltafunktion als ein physikalisches Signal zu erklären. Wir können uns jedoch die Deltafunktion als einen Impuls mit einer sehr großen Impulshöhe, einer sehr kurzen Impulsdauer und der Fläche eins vorstellen.

Man beachte, daß wir die Deltafunktion bei dieser Interpretation als Grenzwertfunktion einer Folge von Funktionen (e.g. von Impulsen) konstruieren können, deren Höhe fortlaufend steigt, deren Dauer sich jedoch gleichzeitig in der Weise verringert, daß die Fläche unter den Funktionen konstant bleibt. Das ist eine alternative Definition der δ-Funktion. Man betrachte die in Bild A-1a dargestellte Funktion. Die Fläche ist gleich eins, und wir können damit die δ-Funktionen formal definieren durch

(A-3) $\delta(t) = \lim_{a \to 0} f(t,a)$.

In gleicher Weise erfüllen die in Bilder A-1b,c,d dargestellten Funktionen Gln.(A-1) und (A-2) und lassen sich daher zur Definition der Deltafunktion heranziehen.

Aus diesen Definitionen lassen sich die verschiedenen Eigenschaften der Deltafunktion direkt ableiten. Diese Definitionen sind jedoch im streng mathematischen Sinn bedeutungslos, wenn man $\delta(t)$ als eine gewöhnliche Funktion ansieht. Mit der Definition der Deltafunktion als eine verallgemeinerte Funktion bzw. eine Distribution lassen sich jedoch die mathematischen Schwierigkeiten beheben.

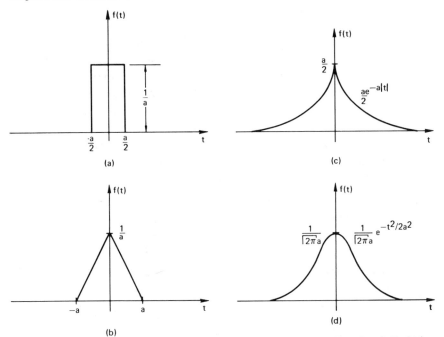

Bild A-1: Repräsentationsmöglichen der δ-Funktion.

A-2 Distributions-Konzepte

Die Theorie der Distributionen ist eine abstrakte und vage Theorie und i.a. bedeutungslos für praktisch engagierte Wissenschaftler, die eine Beschreibung physikalischer Größen mit anderen Mitteln als mit den gewöhnlichen Funktionen nicht gern akzeptieren. Wir können jedoch dagegen argumentieren, daß die Darstellung physikalischer Größen durch gewöhnliche Funktionen lediglich eine nützliche Idealisierung und tatsächlich fragwürdig ist. Um diesen Punkt zu erläutern, betrachten wir das in Bild A-2 angegebene Beispiel.

Wie gezeigt, ist hier die physikalische Größe V eine Spannungsquelle. Üblicherweise nehmen wir an, daß v(t) eine wohl definierte Funktion der Zeit ist und daß ihre Werte sich durch Messung ermitteln lassen. Aber wir wissen andererseits, daß es in der Tat kein Voltmeter gibt, das die Werte von v(t) exakt wiedergeben kann. Trotzdem bestehen wir darauf, daß wir die physikalische Größe V durch eine wohl definierte Funktion v(t) darstellen, obwohl wir v(t) nicht exakt messen können. Die naheliegende Frage ist, auf welcher Basis wir denn die Spannung V durch eine wohl definierte Funktion beschreiben wollen, wenn wir diese Größe doch nicht messen können?

Eine sinnvollere Art der Interpretation der physikalischen Größe V ist, diese mit Hilfe ihrer Wirkung zu definieren. Um diese Interpretationsart zu verdeutlichen, beachte man, daß im vorigen Beispiel die physikalische Größe V das Voltmeter veranlaßt, als Antwort auf v(t) eine Zahl anzuzeigen. Für jede Änderung von V wird eine andere Zahl als Antwort ausgegeben. Wir erfassen nie v(t), sondern nur die von v(t) erzeugten Antworten des Voltmeters; daher kann die Signalquelle nur durch die Gesamtheit dieser Antworten charakterisiert werden.

Es ist denkbar, daß es keine gewöhnliche Funktion v(t) gibt, die die Spannungsgröße V repräsentiert. Da andererseits die Antworten oder die Zahlenwerte trotzdem gültig sind, müssen wir annehmen, daß es eine Quelle V gibt, die sie erzeugt, und daß diese Antworten oder Zahlenwerte die einzigen Mittel zur Charakterisierung der Quelle sind. Wir zeigen nun, daß diese Zahlenwerte die Größe V tatsächlich als eine Distribution beschreiben.

Eine Distribution oder eine verallgemeinerte Funktion ist ein Prozeß der Zuordnung einer Antwort oder eine Zahl

A-2 Distributions-Konzepte

(A-4) $R[\phi(t)]$

zu einer beliebigen Funktion $\phi(t)$. Die Funktion $\phi(t)$ wird als *Testfunktion* bezeichnet, ist stetig, außerhalb eines endlichen Intervalls identisch Null und besitzt stetige Ableitungen beliebig hoher Ordnung. Die Zahl, die durch die Distribution $g(t)$ der Testfunktion $\phi(t)$ zugeordnet wird, ist definiert durch

(A-5) $\int_{-\infty}^{\infty} g(t)\phi(t)dt = R[\phi(t)]$.

Die linke Seite von (A-5) hat im Sinne der konventionellen Integration keinen Sinn und ist im Grunde durch die Zahl $R[\phi(t)]$ definiert, die von der Distribution $g(t)$ bestimmt wird. Wir versuchen nun, diese mathematischen Aussagen anhand des vorherigen Beispiels zu erläutern.

Mit Bezug auf Bild A-2 stellen wir fest, daß, vorausgesetzt das Voltmeter stelle ein lineares System dar, die Ausgangsfunktion zur Zeit t_o durch das Faltungsintegral

$$\int_{-\infty}^{\infty} v(t) h(t_o - t) dt$$

gegeben ist mit $h(t)$ als Impulsantwort des Meßgeräts. Wenn wir $h(t)$ als eine Testfunktion ansehen (Begründung: Jedes spezielle Voltmeter besitzt eine unterschiedliche interne Charakteristik und reagiert daher auf das gleiche Eingangssignal mit einem ihm spezifischen Ausgangssignal; deswegen sagen wir, daß das Meßgerät die Distribution $v(t)$ *testet* bzw.*abfühlt*), dann erhält das Faltungsintegral die Form

(A-6) $\int_{-\infty}^{\infty} v(t)\phi(t,t_o)dt = R[\phi(t,t_o)]$.

Somit ist die Antwort auf ein festes Eingangssignal V eine von der Systemfunktion $\phi(t,t_o)$ abhängige Zahl R.

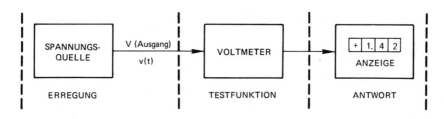

Bild A-2: Physikalische Interpretation einer Distribution.

Wenn wir (A-6) als konventionelles Integral interpretieren und wenn diese Integralgleichung wohl definiert ist, dann können wir sagen, daß die Spannungsquelle durch die gewöhnliche Funktion v(t) beschrieben wird. Aber es ist möglich, wie bereits erwähnt, daß (A-6) von keiner gewöhnlichen Funktion erfüllt wird. Da jedoch die Antwort $R[\phi(t,t_o)]$ existiert, müssen wir annehmen, daß eine Spannungsquelle V existiert, die diese Antwort erzeugt, und daß man sie mit Hilfe der Distribution (A-6) charakterisieren kann.

Zur Interpretation der Distributionstheorie wurden in der vorangegangenen Diskussion der Einfachheit halber physikalische Messungen als Modell benutzt. Nun werden wir, von der Definition (A-5) ausgehend, die Eigenschaften einer speziellen Distribution, nämlich der δ-Funktion, beschreiben.

A-3 Eigenschaften der Distributionstheorie

Die Deltafunktion $\delta(t)$ ist eine Distribution, die der Testfunktion $\phi(t)$ den Wert $\phi(0)$ zuweist:

(A-7) $$\int_{-\infty}^{\infty} \delta(t)\phi(t)dt = \phi(0).$$

Es sei nochmals darauf hingewiesen, daß die Beziehung (A-7) als Integral keinen Sinn hat, aber das Integral sowie die Funktion $\delta(t)$ durch die Zuweisung von $\phi(0)$ zu der Funktion $\phi(t)$ definiert sind.

Nun beschreiben wir die nützlichen Eigenschaften der Deltafunktion.

Ausblendeigenschaft (Siebeigenschaft)

Die Funktion $\delta(t-t_o)$ ist definiert durch

(A-8) $$\int_{-\infty}^{\infty} \delta(t-t_o)\phi(t)dt = \phi(t_o).$$

Diese Eigenschaft besagt, daß die δ-Funktion jeweils den Wert der Funktion $\phi(t)$ an der Stelle annimmt, an der die Deltafunktion auftritt. Die Bezeichnung *Ausblendeigenschaft* bzw. *Siebeigenschaft* rührt daher, daß wir mit einer kontinuierlichen Variation von t_o jeden Wert der Funktion $\phi(t)$ *ausblenden* können. Dies ist die wohl wichtigste Eigenschaft der δ-Funktion.

A-3 Eigenschaften der Distributionstheorie

Skalierungseigenschaft

Die Distribution $\delta(at)$ ist definiert durch die Gleichung

(A-9) $\quad \int_{-\infty}^{\infty} \delta(at)\phi(t)dt = \frac{1}{|a|} \int_{-\infty}^{\infty} \delta(t)\phi(\frac{t}{a})dt,$

die sich durch eine einfache Substitution der unabhängigen Variablen beweisen läßt. Somit ist $\delta(at)$ gegeben durch

(A-10) $\quad \delta(at) = \frac{1}{|a|} \delta(t).$

Multiplikation einer Deltafunktion mit einer gewöhnlichen Funktion

Das Produkt einer δ-Funktion und einer gewöhnlichen Funktion $h(t)$ ist definiert durch

(A-11) $\quad \int_{-\infty}^{\infty} [\delta(t)h(t)]\phi(t)dt = \int_{-\infty}^{\infty} \delta(t)[h(t)\phi(t)]dt.$

Wenn $h(t)$ an der Stelle $t = t_0$ kontinuierlich ist, gilt

(A-12) $\quad h(t)\delta(t-t_0) = h(t_0)\delta(t-t_0).$

Im allgemeinen ist das Produkt zweier Distributionen undefiniert.

Faltung

Der Ausdruck für die Faltung zweier Deltafunktionen lautet

(A-13) $\quad \int_{-\infty}^{\infty} \left[\int_{-\infty}^{\infty} \delta_1(\tau)\delta_2(t-\tau)d\tau \right] \phi(t)dt = \int_{-\infty}^{\infty} \delta_1(\tau) \left[\int_{-\infty}^{\infty} \delta_2(t-\tau)\phi(t)dt \right] d\tau.$

Hieraus folgt

(A-14) $\quad \delta_1(t-t_1) * \delta_2(t-t_2) = \delta[t-(t_1+t_2)]$

δ-Funktionen als verallgemeinerte Grenzwertfunktionen

Man betrachte die Folge der Distributionen $g_n(t)$. Wenn es eine Distribution $g(t)$ gibt, so daß für jede Testfunktion $\phi(t)$ gilt

(A-15) $\quad \lim_{n \to \infty} \int_{-\infty}^{\infty} g_n(t)\phi(t)dt = \int_{-\infty}^{\infty} g(t)\phi(t)dt,$

dann sprechen wir von g(t) als Grenzwertfunktion von $g_n(t)$:

(A-16) $\quad g(t) = \lim\limits_{n \to \infty} g_n(t)$.

Wir können auch eine Distribution als eine verallgemeinerte Grenzwertfunktion einer Folge $f_n(t)$ von gewöhnlichen Funktionen definieren. Man nehme an, $f_n(t)$ sei von der Art, daß der Grenzwert

$$\lim_{n \to \infty} \int_{-\infty}^{\infty} f_n(t)\phi(t)dt$$

für jede beliebige Testfunktion existiert. Dieser Grenzwert ist dann eine Zahl, die von $\phi(t)$ abhängt und daher eine Distribution g(t) definiert mit

(A-17) $\quad g(t) = \lim\limits_{n \to \infty} f_n(t)$,

wobei der Grenzübergang im Sinne der Gl.(A-15) zu interpretieren ist. Wenn (A-17) als eine gewöhnliche Grenzwertfunktion existiert, wird damit eine äquivalente Funktion definiert, vorausgesetzt, daß wir die Reihenfolge des Grenzübergangs und der Integration in (A-15) vertauschen können. Auf diesen Argumenten beruht, daß die herkömmlichen Grenzwertüberlegungen bezüglich Distributionen, wenn auch unhandlich, mathematisch korrekt sind.

Die δ-Funktion läßt sich also als eine verallgemeinerte Grenzwertfunktion einer Folge von gewöhnlichen Funktionen mit der Bedingung

(A-18) $\quad \lim\limits_{n \to \infty} \int_{-\infty}^{\infty} f_n(t)\phi(t)dt = \phi(0)$

definieren. Wenn (A-18) erfüllt ist, gilt:

(A-19) $\quad \delta(t) = \lim\limits_{n \to \infty} f_n(t)$.

Alle in Bild A-1 dargestellten Funktionen erfüllen (A-18) und definieren im Sinne der Gl.(A-19) die Deltafunktion. Eine andere wichtige Funktionalform, die die δ-Funktion definiert, ist

(A-20) $\quad \delta(t) = \lim\limits_{a \to \infty} \dfrac{\sin at}{\pi t}$.

Mit (A-20) läßt sich die Beziehung

(A-21) $\quad \int_{-\infty}^{\infty} \cos(2\pi ft)\, df = \int_{-\infty}^{\infty} e^{j2\pi ft}\, df = \delta(t)$

nachweisen [PAPOULIS, S. 281], die sich bei der Auswertung spezieller FOURIER-Transformationen als besonders nützlich erweist.

Literatur

[1] PAPOULIS, A., The Fourier Integral and Its Applications. New York: McGraw-Hill, 1962.

[2] GUPTA, S.C., Transform and State Variable Methods in Linear Systems. New York: Wiley 1966.

[3] BRACEWELL, R.M., The Fourier Transform and Its Applications. New York: McGraw-Hill, 1965.

[4] LIGHTHILL, M.J., An Introduction to Fourier Analysis and Generalized Function. New York: Cambridge University Press, 1959.

[5] ARSAC, J., Fourier Transform and the Theory of Distributions. Englewood Cliffs, N.J.: Prentice-Hall, 1966.

[6] FRIEDMAN, B., Principles and Techniques of Applied Mathematics. New York: Wiley, 1956.

[7] ZEMANIAN, A.H., Distribution Theory and Transform Analysis. New York: McGraw-Hill, 1965.

Bibliographie

ALLEN, J. B., "Estimation of transfer functions using the Fourier transform ratio method," American Institute of Astronautics and Aeronautics Journal. Vol. 8, pp. 414-423, March 1970.

ALSOP, L. E., and A.A. NOWROOZI, "Fast Fourier analysis," J. Geophys. Res. Vol. 71, pp. 5482-5483, November 15, 1966.

ANDREWS, H., "A high-speed algorithm for the computer generation of Fourier transforms," IEEE Trans. on Computers (Short Notes). Vol. C-17, pp. 373-375, April 1968.

ANDREWS, H. C., "Multidimensional rotations in feature selection," IEEE Symp. on Feature Extraction and Selection in Pattern Recognition. pp. 10-18, Argonne, Ill., October 1970.

ANDREWS, H. C., and K. L. CASPARI, "Degrees of freedom and modular structure in matrix multiplication," IEEE Trans. on Computers. Vol. C-20, pp. 133-141, February 1971.

ANDREWS, H. C., and K. L. CASPARI, "A generalized technique for spectral analysis," IEEE Trans. on Computers. Vol. C-19, pp. 16-25, January 1970.

ANUTA, P.E., "Use of fast Fourier transform techniques for digital registration of multispectral imagery" and "Spatial registration of multispectral and multitemporal digital imagery using fast Fourier transform techniques," IEEE Trans. Geoscience Electronics. GE8, pp. 353-368, October 1970.

AOKI, Y., "Computer simulation of synthesizing images by digital phased arrays," Proceedings of the IEEE. Vol. 58, pp. 1856-1858, November 1970.

AOKI, Y., "Optical and numerical reconstructions of images from soundwave holograms," IEEE Trans. Audio and Electroacoustics. Vol. AU-18, pp. 258-267, September 1970.

AOKI, Y., and A. BOIVIN, "Computer reconstruction of images from a microwave hologram," Proceedings of the IEEE. Vol. 58, pp. 821-822, May 1970.

ARONSON, E. A., "Fast Fourier integration of piecewise polynominal functions," Proseedings of the IEEE. Vol. 57, pp. 691-692, April 1969.

BAILEY, J. S., "A fast Fourier transform without multiplications," Proc. Symp. on Computer Processing in Communications. Vol. 19, MRI Symposia Ser., New York: Polytechnic Press, 1969.

BASTIDA, E., and D. DOTTE, "Applications and developments of the fast Fourier transform techniques," Alta Frequenza. Vol.37, pp. 237-240, August 1968.

BATES, R. H. T., P. J. NAPIER, and Y. P. CHANG, "Square wave Fourier transform," Electron Letters (GB). Vol. 6, pp. 741-742, November 12, 1970.

BENIGNUS, V. A., "Estimation of the coherence spectrum and its confidence interval using the fast Fourier transforms," IEEE Trans. Audio and Electroacoustics. Vol. AU-17, pp. 145-150, June 1969; Correction, Vol. 18, p. 320, September 1970.

BENIGNUS, V. A., "Estimation of coherence spectrum of non-Gaussian time series populations," IEEE Trans. Audio and Electroacoustics. Vol. AU-17, pp. 198-201, September 1969.

BERGLAND, G. D., "A fast Fourier transform algorithm for real-valued series," Commun. ACM. Vol. 11, pp. 703-710, October 1968.

BERGLAND, G. D., "A fast Fourier transform algorithm using base eight iterations," Math, Computation. Vol. 22, pp. 275-279, April 1968.

BERGLAND, G. D., "Fast Fourier transform hardware implementations. I. An overview. II. A survey," IEEE Trans. Audio and Electroacoustics. Vol. AU-17. pp. 104-108, 109-199, June 1969.

BERGLAND, G. D., "The fast Fourier transform recursive equations for arbitrary length records," Math. Computation. Vol. 21, pp. 236-238, April 1967.

BERGLAND, G. D., "Guided tour of the fast Fourier transform," IEEE Spectrum Vol. 6, pp. 41-52, July 1969.

BERGLAND, G. D., "A radix-eight fast Fourier transform subroutine for real-valued series," IEEE Trans. Audio and Electroacoustics. Vol. 17, pp. 138-144, June 1969.

BERGLAND, G. D., and H. W. HALE, "Digital real-time spectral analysis," IEEE Trans. Electronic Computers. Vol. EC-16, pp. 180-185, April 1967.

BERGLAND, G. D., and D. E. WILSON, "A fast Fourier transform algorithm for a global, highly parallel processor," IEEE Trans. Audio and Electroacoustics. Vol. AU-17, pp. 125-127, June 1969.

BERTRAM, S., "On the derivation of the fast Fourier transform," IEEE Trans. Audio and Electroacoustics. Vol. AU-18, pp. 55-58, March 1970.

BINGHAM, C., M. D. GODFREY, and J. W. TUKEY, "Modern techniques of power spectral estimation," IEEE Trans. Audio and Electroacoustics. Vol. AU-15, pp. 56-66, June 1967.

BLUESTEIN, L. I., A linear filter approach to the computation of the discrete Fourier transform, 1968 Nerem Record, pp. 281-219.

BOCKMAN, R., Fast Fourier transform PMR studies of stereochemistry and amide hydrogen exchange rates in Polymyxin B1. 62nd Annual Meeting of the American Society of Biological Chemists, San Francisco, Calif., 13-18 June 1971.

BOGART, B. P., and E. PARZEN, "Informal comments on the uses of power spectrum analysis," IEEE Trans. Audio and Electroacoustics. Vol. AU-15, pp. 74-76, June 1967.

BOGNER, R. E., "Frequency sampling filters-Hilbert transformations and resonators," Bell Systems Tech. Jl. Vol. 48, pp. 501-510, March 1969.

BOHMAN, H., "On the maximum deviation in random walks," BIT (Sweden). Vol. 11, No. 2, pp. 133-138, 1971.

BOND, W. H., and J. M. MYATT, "Investigation of distortion of diverse speech using power spectral estimates based on the fast Fourier transform," CFSTI. AD 707 729, p. 93, June 1969.

BOOTHROYD, J., "Complex Fourier series," Computer J. Vol. 10, pp. 414-416, February 1968; Correction, Vol. 11, p. 115, May 1968.

BORGIOLI, R. C., "Fast Fourier transform correlation versus direct discrete time correlation," Proseedings of the IEEE. Vol. 56, pp. 1602-1604, September 1968.

BRAYLEY, W. L., "A general signal processing program," Marconi Review. Vol. 33, pp. 232-238, 1970.

BRENNER, N. M., "Fast Fourier transform of externally stored data," IEEE Trans. Audio and Electroacoustics. Vol. AU-17, pp. 128-132, June 1969.

BRENNER, N. M., Three Fortran programs that perform the Cooley-Tukey Fourier transform. Tech. Note 1967-2, M. I. T. Lincoln Lab., Lexington, Mass., July 1967.

BRIGHAM, E. O., and R. E. MORROW, "The fast Fourier transform," IEEE Spectrum. Vol. 4, pp. 63-70, December 1967.

BRUCE, J. D., "Discrete Fourier transforms, linear filters and spectrum weighting," IEEE Trans. Audio and Electroacoustics. Vol. AU-16, pp. 495-499, December 1968.

BRUMBACH, R. P., Digital computer routines for power spectral analysis. Tech. Rept. 68-31, AC Electronics-Defense Research Labs., Santa Barbara, Calif., July 1968.

BUIJS, H. L., "Fast Fourier transformation of large arrays of data," Applied Optics. Vol. 8, pp. 211-212, January 1969.

BURCKHARDT, C. B., "Use of a random phase mask for the recording of Fourier transform holograms of data masks," Applied Optics. Vol. 9, pp. 695-700, March 1970.

BUTCHER, W. E., and G. E. COOK, Application of fast Fourier transform to process identification. 8th Annual IEEE region III convention, pp. 187-192, 1969.

BUTCHER, W. E., and G. E. COOK, "Comparison of two impulse response identification techniques, IEEE Automatic Control. Vol. AC-15, pp. 129-130, February 1970.

BUTCHER, W. E., and G.E. COOK, "Identification of linear sampled data systems by transform techniques," IEEE Trans. Automatic Control. Vol. AC-14, pp. 582-584, October 1969.

CAIRNS, THOMAS W., "On the fast Fourier transform on finite Abelian groups," IEEE Trans. on Computers, Vol. C-20, pp. 569-571, May 1971.

CAPRINI, M. R., S. COHN-SFETCHI, and A. M. MANOF, "Application of digital filtering in improving the resolution and the signal to noise ratio of nuclear and magnetic resonance spectra," IEEE Trans. Audio and Electroacoustics. Vol. AU-18, pp. 389-393, December 1970.

CARSON, C. T., "The numerical solution of waveguide problems by fast Fourier transforms," IEEE Trans. Microwave Theory. Vol. MTT-16, pp. 955-958, November 1968.

CHANOUS, D., "Synthesis of recursive digital filters using the FFT," IEEE Trans. Audio and Electroacoustics. Vol. 18, pp. 211-212, June 1970.

CHIU, R. F., and C. F. CHEN, "Inverse Laplace transform of irrational and transcendental transfer functions via fast Fourier transform," IEEE Symp. on Circuit Theory, p. 6, December 8-10, 1969.

CHIU, R. F., C. F. CHEN, and C. J. HUANG, A new method for the inverse Laplace transformation via the fast Fourier transform, 1970 SWIEECO Record, pp. 201-203.

COCHRAN, W. T., et al., "What ist the fast Fourier transform?" IEEE Trans. Audio and Electroacoustics. Vol. AU-15, pp. 45-55, June 1967; and Proceedings of the IEEE, Vol. 55, pp. 1644-1673, October 1967.

COFFY, J., Manuel pratique d' analyse spectrale rapide, Rept. E-12, 77 Fontainebleau, France: Centre d'Automatique de L'Ecole Nationale Superieure des Mines de Paris, 1968.

COOLEY, J. W., Applications of the fast Fourier transform method, Proc. IBM Scientific Computing Symp., Yorktown Height, N.Y.: Thomas J. Watson Research Center, June 1966.

COOLEY, J. W., Complex finite Fourier transform subroutine, SHARE Doc. 3465, September 8, 1966.

COOLEY, J. W., Harmonic analysis of complex Fourier series. SHARE Program Library no. SDA 3425, February 7, 1966.

COOLEY, J. W., P. A. W. LEWIS, and P. D. WELCH, "The application of the fast Fourier transform algorithm to the estimation of spectra and cross-spectra," Journal of Sound Vibration. Vol. 12, pp. 339-352, July 1970; also Proc. of Symp. on Computer Processing in Communications. New York, pp. 5-20, 8-10 April 1969.

COOLEY, J. W., P. A. W. LEWIS, and P. D. WELCH, The fast Fourier transform algorithm and its applications, Research Paper RC-1743, IBM Corp., February 9, 1967.

COOLEY, J. W., P. A. W. LEWIS, and P. D. WELCH, "The fast Fourier transform algorithm: programming considerations in the calculation of Sine, Cosine, and Laplace transforms," Journal of Sound Vibration. Vol. 12, pp. 315-337, July 1970.

COOLEY, J. W., P. A. W. LEWIS, and P. D. WELCH, "The fast Fourier transform and its applications," IEEE Trans. Education. Vol. E-12, pp. 27-34, March 1969.

COOLEY, J. W., P. A. W. LEWIS, and P. D. WELCH, "The finite Fourier transform," IEEE Trans, Audio and Electroacoustics. Vol. 17, pp. 77-85, June 1969.

COOLEY, J. W., P. A. W. LEWIS, and P. D. WELCH, "Historical notes on the fast Fourier transform," IEEE Trans. Audio and Electroacoustics. Vol. AU-15, pp. 76-79, June 1967; also Proceedings of the IEEE. Vol. 55, pp. 1675-1677, October 1967.

COOLEY, J. W., P. A. W. LEWIS, and P. D. WELCH, "The use of the fast Fourier transform algorithm for the estimation of spectra and cross spectra," Proc. Symp. on Computer Processing in Communications. Vol. 19, MRI Symposia Ser., New York: Polytechnic Press, 1969.

COOLEY, J. W., and J. W. TUKEY, "An algorithm for machine calculation of complex Fourier series," Math. Computation. Vol. 19, pp. 297-301, April 1965.

CORINTHIOS, M. J., "Design of a class of fast Fourier transform computers," IEEE Trans. on Computers. Vol. C-20, pp. 617-622, June 1971.

CORINTHIOS, M. J., "A fast Fourier transform for high-speed signal processing," IEEE Trans. on Computers. Vol. C-20, pp. 843-846, August 1971.

CORINTHIOS, M. J., "A time-series analyzer," Proc. Symp. on Computer Processing in Communications. Vol. 19, MRI Symposia Ser., New York: Polythechnic Press, 1969.

CORYELL, D. A., Address generator for fast Fourier transform, IBM Technical Disclosure Bull., Vol. 12, pp. 1687-1689, March 1970.

CUSHING, R. J., New techniques in fast Fourier transformation (FFT) processing of NMR data, Pittsburgh Conference on Analytical Chemistry and Applied Spectroscopy, 28 February-5 March 1971.

CUSHLEY, R. J., Sensitivity enhancement by fast Fourier transform Spectroscopy, 160th National American Chemical Society Meeting, 13-18 September 1970.

DANIELSON, G. C., and C. LANCZOS, "Some improvements in practical Fourier analysis and their application to X-ray scattering form liquids," J. Franklin Inst. Vol. 233, pp. 365-380, 435-452, 1942.

DEPEYROT, M., Fondements algebriques de la transformation de Fourier rapide, Rept. E-11, 77 Fontainebleau, France: Centre d' Automatique de L'Ecole Nationale Suptérieure des Mines de Paris, November 1968.

DERE, WARREN Y., and D. J. SAKRISON, "Berkeley array processor," IEEE Trans. on Computers. Vol. C-19, pp. 444-446, May 1970.

DOLLAR, C. R., R. W. MIERILL, and C. L. SMITH, Criteria for evaluation Fourier transform computational results, 1970 Joint automatic control conference, pp. 66-71.

DRUBIN, M., "Computation of the fast Fourier transform data stored in external auxiliary memory for any general radix (r=2 exp n, n greater than or equal to 1.)," IEEE Trans. on Computers. Vol. C-20, No.12, pp. 1552-1558, December 1971.

DRUBIN, MEIR, "Kronecker produkt factorization of the FFT matrix," IEEE Trans. on Computers. Vol. C-20, pp. 590-593, May 1970.

DUMERMUTH, G., and H. FLUHLER, "Some modern aspects in numerical spectrum analysis of multichannel electoencephalographic data," Med. and Biol. Engrg. Vol. 5., pp. 319-331, 1967.

DUMERMUTH, G., P. J. HUBER, B. KLEINER, and T. GASSER, "Numerical analysis of electroencephalographic data," IEEE Trans. Audio and Electroacoustics. Vol. AU-18, pp. 404-411, December 1970.

ENOCHSON, L. D., and A. G. PIERSOL, "Application of fast Fourier transform procedures to shock and vibration data analysis," Society of Automotive Engineers. Rept. 670874.

EPSTEIN, G., "Recursive fast Fourier transform," AFIPS Proc. 1968 Fall Joint Computer Conf., Vol. 33, p. 1, Washington, D.C.: Thompson, pp. 141-143, 1968.

FABER, A. S., and C. E. HO, "Wide-band network characterization by Fourier transformation of time domain measurements," IEEE Journal of Solid-State Circuits. Vol. SC-4, No. 4, pp. 231-235, August 1969.

FAVOUR, J.D., and J. M. LEBRUN, "Transient synthesis for mechanical testing," Instruments and Control Systems. Vol. 43, pp. 125-127, September 1970.

FERGUSON, M. J., "Communication at low data rates-spectral analysis receivers," IEEE Trans. Commun. Tech. Vol. 16, pp. 657-668, October 1968.

FISHER, j. R., Fortran program for fast Fourier transform, NRL-7041, CFSTI AD 706 003, 25 pp., April 1970.

FORMAN, M. L., "Fast Fourier transform technique and its application to Fourier spectroscopy," J. Opt. Soc. Am. Vol. 56, pp. 978-997, July 1966.

FRASER, D., "Incrementing a bit-reversed integer," IEEE Trans. on Computers (Short Notes). Vol. C-18, p. 74, January 1969.

FREUDBERG, R., J. DELELLIS, C. HOWARD, and H. SHAFFER, An all digital pitch excited vocoder technique using the FFT algorithm, Conf. on Speech Communication and Processing Reprints, pp. 297-310, November 1967.

G-AE Subcommittee on Measurement Concepts, "What is the fast Fourier transform?" IEEE Trans. Audio and Electroacoustics. Vol. AU-15, pp. 45-55, June 1967; also Proceedings of the IEEE. Vol. 55, pp. 1664-1674, October 1967.

GAMBARDELLA, G., "Time scaling and short-time spectral analysis," Acoustical Society of America Journal. Vol. 44, pp. 1745-1747, December 1968.

GENTLEMAN, W. M., "Matrix multiplication and fast Fourier transforms," Bell Sys. Tech. J. Vol. 47, pp. 1099-1103, July-August 1968.

GENTLEMAN, W. M., "An error analysis of Goertzel's (Watt's) method of computing Fourier coefficients," Computer J. Vol. 12, pp. 160-165, May 1969.

GENTLEMAN, W. M., "Using the finite Fourier transform," Proc. Symp. on Computer Aided Engineering. Waterloo, Ontario, Canada, pp. 189-205, 11-13 May 1971.

GENTLEMAN, W. M., and G. SANDE, "Fast Fourier transforms-for fun and profit," AFIPS Proc. 1966 Fall Joint Computer Conf., Vol. 29, Washington, D.C.: Spartan, pp. 563-578, 1966.

GILOI, W., "A hybrid special computer for high-speed FFT," Proceedings of the IEEE, 1970 International Computer Group Conference, Washington, D.C., pp. 165-170, June 16-18 1970.

GLASSMAN, J. A., "A generalization of the fast Fourier transform," IEEE Trans. on Computers. Vol. C-19, pp. 105-116, February 1970.

GLISSON, T. H., "Correlation using Fast Fourier transform," CFSTI. AD676803, April 1968.

GLISSON, T. H., C. I. BLACK, and A. P. SAGE, "The digital computation of discrete spectra using the Fast Fourier Transform," IEEE Trans. Audio and Electroacoustics. Vol. AU-18, pp. 271-287, September 1970.

GLISSON, T. H., and C. I. BLACK, "On digital replica correlation algorithm with applications to active sonar," IEEE Trans. Audio and Electroacoustics. Vol. AU-17, pp. 190-197, September 1969.

GOLD, B., I. LEBOW, P. MCHUGH, and C. RADER, "The FDP, a Fast programmable signal processor," IEEE Trans. on Computers. Vol. C-20, pp. 33-38, January 1971.

GOLD, B., and C. E. MUEHE, Digital signal processing for range-gated pulse doppler radars, XIX Advisory group for Aerospace Research and Development Avionics Panel Tech. Sym. AGARD66, Sec. 3, pp. 31-33, 1970.

GOOD, I. J., "The interaction algorithm and practical Fourier series," J. Roy, Stat. Soc. Ser. B, Vol. 20, pp. 361-372, 1958; Addendum, Vol. 22, pp. 372-375, 1960.

GOOD, I. J., "The relationship between two fast Fourier transforms," IEEE Trans. on Computers. Vol. C-20, pp. 310-317, March 1971.

GOODEN, D. S., Use of fast Fourier transforms in reactor kinetics studies, Atomic Industrial Forum 1970 Annual Conference/ American Nuclear Society Winter Meeting, 15-19 November.

GRACE, O. D., "Two finite Fourier transforms for bandpass signals," IEEE Trans. Audio and Electroacoustics. Vol. AU-18, pp. 501-502, December 1970.

GROGINSKY, HERBERT L., "An FFT chart-letter, fast Fourier transform processors; chart summarizing relations among variables," Proceedings of the IEEE. Vol. 58, pp. 1782-1784, October 1970.

GROGINSKY, H. L., and G. A. WORKS, A pipeline fast Fourier transform, 1969 EASCON Convention Record, pp. 22-29; also IEEE Trans. on Computers. Vol. C-19, pp. 1015-1019, November 1970.

GUERRIERO, J. R., "Computerizing Fourier analysis," Control Engineering. Vol. 17, pp. 90-94, March 1970.

HARRIS, B., Spectral Analysis of Time Series. New York: Wiley, 1967.

HARTWELL, J. W., "A procedure for implementing the fast Fourier transform on small computers," IBM Journal of Research and Development. Vol. 15, pp. 355-363, September 1971.

HAUBRICH, R. A., and J. W. TUKEY, "Spectrum analysis of geophysical data," Proc. IBM Scientific Computing Symp. on Environmental Sciences. pp. 115-128, 1967.

HELMS, H. D., "Fast Fourier transform method of computing difference equations and simulating filters," IEEE Trans. Audio and Electroacoustics. Vol. AU-15, pp. 85-90, June 1967.

HOCKNEY, R. W., "FOUR 67, a fast Fourier transform package," Computer Physics Communications (Netherlands). Vol. 2, No. 3, pp. 127-138.

HONG, J. P., Fast two-dimensional Fourier transform, 3rd Hawaii International Conference on System Science, pp. 990-993, 1970.

HOPE, G. S., "Machine identification using fast Fourier transform," IEEE Power Engineering Society 1971 Winter Meeting and Environmental Symposium, 31 January-5 February 1971.

HUMPHREY, R. E., "A technique for computing the discrete Fourier transform of long time series," CFSTI.SCL-DR-69-73, p. 32, July 1969.

HUNT, B. R., Spectral effects in use of higher ordered approximation for computing discrete Fourier transforms, 3rd Haswaii International Conference on System Science, pp. 970-973, 1970.

"Industrial fast Fourier transform computer bows," Electronics. Vol. 42, pp. 171-172, October 27, 1969.

IZUMI, M., "Application of fast Fourier transform algorithm to on-line digital reactor noise analysis," Journal of Nuclear Science and Technology (Japan). Vol. 8, No. 4, pp. 236-239, April 1971.

JAGADEESAN, M., "n-dimensional fast Fourier transform," Proceedings of the IEEE. 13th Midwest Symposium on Circuit Theory, Minneapolis, Minn., 8 pp., 7-8 May 1970.

JENKINS, G. M., and D. G. WATTS, Spectral Analysis and its Applications, San Francisco: Holden-Day, 1968.

JOHNSON, N., and P. K. BENNET, A study of spectral analysis of short-time records, Final Rept., Signatron, Inc. Lexington, Mass., Contract N00014-67-C-0184, September 29, 1967.

KAHANER, D. K., "Matrix description of the fast Fourier transform," IEEE Trans. Audio and Electroacoustics. Vol. AU-18, pp. 442-450, December 1970.

KANEKO, T., and B. LIU, " Accumulation of round-off error in fast Fourier transforms," Journal of the Association for Computing Machinery. Vol. 17, pp. 637-654, October 1970.

KANEKO, T., and B. LIU, Computation error in fast Fourier transform, 3rd Asilomar Conference on Circuits and Systems, pp. 207-211, 1969.

KIDO, K., "On the fast Fourier transform," J. Inst. Electronics Commun. Engrs. (Japan). Vol. 52, pp. 1534-1541, December 1969.

KLAHN, R., and R. R. SHIVELY, "FFT-shortcut to Fourier analysis," Electronics. pp. 124-129, April 15, 1968.

KLEINER, B., H. FLUHLER, P. J. HUBER, and G. DUMMERMUTH, "Spectrum analysis of the electroencephalogram," Computer Programs in Biomedicine (Netherlands). Vol. 1, pp. 183-197, December 1970.

KNAPP, C. H., "An algorithm for estimation of the inverse spectral matrix," CFSTI. Rept. U417-70-010, 34 pp. February 1970.

KRYTER, R. C., "Application of the fast Fourier transform algorithm to on-line reactor diagnosis," IEEE Trans. Nuclear Sci. Vol. 16, pp. 210-217, February 1969.

LANFENTHAL, I. M., and S. GOWRINATHAN "Advanced digital processing techniques," CFSTI. 112 pp., May 1970

LARSON, A. G., and R. C. SINGLETON, "Real-time spectral analysis on a small general-purpose computer," AFIPS Proc. 1967 Fall Joint Computer Conf., Vol. 31, Washington, D.C.: Thompson, pp. 665-674, 1967.

LEBLANC, L. R., "Narrow-band sampled data techniques for detection via the underwater acoustic communication channel," IEEE Trans. Commun. Tech. Vol. 17, pp. 481-488, August 1969.

LEE, W. H., "Sampled Fourier transform hologram generated by computer," Applied Optics. Vol. 9, pp. 639-643, March 1970.

LEEDHAM, R. V., J. A. BARKER, and I. F. D. MILLER, Spectrum equalization using the fast Fourier transform, Colloquium on Engineering Applications of Spectral Analysis, London, England, 6 pp. January 7, 1969.

LEESE, J. A., C. S. NOVAK, and V. R. TAYLOR, "The determination of cloud pattern motions from geosynchronous satellite image data," Pattern Recognition (GB). Vol. 2, pp. 279-292, December 1970.

LESEM, L. B., P. M. HIRSCH, and J. A. JORDAN, JR., "Computer synthesis of holograms for 3-D display," Commun. ACM. Vol. 11, pp. 661-674, October 1968.

LIANG, C. S., and R. CLAY, "Computation of short-pulse response from radar targets-and application of the fast Fourier transform technique," Proceedings of the IEEE. Vol. 58, No. 1, pp. 169-171, January 1970.

LIU, S. C., and L. W. FAGEL, "Earthquake interaction by fast Fourier transform," Proceedings of the American Society of Civil Engineers. Bibliog. diag., 97 (EM-4 No. 8324), pp. 1223-1237, August 1971.

MALING, G. C., JR., W. T. MORREY, and W. W. LANG, "Digital determination of third-octave and full-octave spectra of acoustical noise," IEEE Trans. Audio and Electroacoustics. Vol. AU-15, pp. 98-104, June 1967.

MARKEL, J. D., "FFT pruning," IEEE Trans. Audio and Electroacoustics (USA). Vol. AU-19, No. 4, pp. 305-311, December 1971.

MCCALL, J. R., and C. E. FRERKING, "Conversational Fourier analysis," CFSTI. N-68-26821, February 1968.

MCCOWAN, D. W., Finite Fourier transform theory and its application to the computation of convolutions, correlations, and spectra, Earth Sciences Div., Teledyne Industries, Inc., October 11, 1966.

MCDOUGAL, J. R., L. C. SURRATT, and L. F. STOOPS, Computer aided design of small superdirective antennas using Fourier integral and fast Fourier transform techniques, 1970 SWIEECO Record, pp. 421-425.

MCKINNEY, T. H., A digital spectrum channel analyzer, Conf. on Speech Communication and Processing Reprints, pp. 442-444, November 1967.

MCLEOD, I. D. G., "Comment on a high-speed algorithm for the computer generation of Fourier transforms," IEEE Trans. on Computers, Vol. C-18, p. 182, February 1969.

MERMELSTEIN, PAUL, "Computer-generated spectrogram displays for on-line speech research," IEEE Trans. Audio and Electroacoustics. Vol. AU-19, pp. 44-47, March 1971.

MILLER, S. A., A PDP-9 assembly-language program for the fast Fourier transform, ACL Memo 157, Analog/Hybrid Computer Lab., Dept. of Elec. Engrg., University of Arizona, Tucson, Ariz, April 1968.

MORGERA, A. D., and L. R. LEBLANC, "Digital data techniques applied to real-time sonar data," Proc., Symp. on Computer Processing in Communications. pp. 825-845.

NAIDU, P. S., Estimation of spectrum and cross-spectrum of astromagnetic field using fast digital Fourier transform (FDFT) techniques, Geophysical prospecting (Netherlands). Vol. 17, pp. 344-361, September 1969.

NEILL, T. B. M., An improved method of analysing nonlinear electrical networks, IEEE London International conference on computer aided design, pp. 456-462, 15-18 April 1969.

NEILL, T. B. M., "Nonlinear analysis of a balanced diode modulator," Electronics Letters (GB). Vol. 6, pp. 125-128, March 5, 1970.

NESTER, W. H., "The fast Fourier transform and the Butler matrix," IEEE Trans. Antennas Propagations. Vol. AP-16, p. 360 (correspondence), May 1968.

NICOLETTI, B., and S. CRESCITELLI, Simulation of chemical reactors transients, Proceedings of the 11th Automation and Instrumentation Conference, Milan, Italy, pp. 468-481, 23-25 November 1970.

NOAKS, D. R., and R. F. G. WATERS, A digital signal processor for real-time spectral analysis. Conference on computer science and technology, Manchester, pp. 202-209, June 30-July 3, 1969 (London IEE).

NUTTALL, ALBERT H., "Alternate froms for numerical evaluation of cummulative probability distributions directly from characteristic functions," Proceedings of the IEEE. Vol. 58, pp. 1872-1873, November 1970.

OBERFIELD, J. A., Application of fast Fourier analysis to compression and retrieval of digitized magnetometers records, 15th General Assembly of the International Union of Geodesy and Geophysics, Moscow, USSR, 30 July-14 August 1971.

O'LEARY, G. C., "Nonrecursive digital filtering using cascade fast Fourier transformers," IEEE Trans. Audio and Electroacoustics. Vol. AU-18, pp. 177-183, June 1970.

OPPENHEIN, A. V., "Speech spectrograms using the fast Fourier transforms," IEEE Spectrum. Vol. 7, pp. 57-62, August 1970.

OPPENHEIN, A. and K STEIGLITZ, "Computation of spectra with unequal resolution using fast Fourier transform," Proceedings of the IEEE. Vol. 59, pp. 299-301, February 1971.

OPPENHEIM, A. V., and C. WEINSTEIN, "A bound on the output of a circular convolution with application to digital filtering," IEEE Trans. Audio and Electroacoustics. Vol. AU-17, pp. 120-124, June 1969.

OSTRANDER, L. E., "The Fourier transform of spline function approximations to continuous data," IEEE Trans. Audio and Electroacoustics. Vol. AU-19, pp. 103-104, March 1971.

PARZEN, E., Statistical spectral analysis (single channel case) in 1968, Tech. Rept. 11, ONR Contract Nonr-225 (80) (NR-042-234), Stanford University, Dept. of Statistics, Stanford, Calif., June 10, 1968.

PEASE, C. B., "Obtaining the spectrum and loudness of transients by computer," CFSTI. N-68-28799, December 1967.

PEASE, M. C., "An adaption of the fast Fourier transform for parallel processing," J.ACM. Vol. 15, pp. 252-264, April 1968.

PEASE, M. C., "Organization of large scale Fourier processors," J. ACM. Vol. 16, No. 3, pp. 474-482, July 1969.

PEASE, M. C., and J. GOLDBERG, Investigation of a special-purpose digital computer for on-line Fourier analysis, Special Tech. Rept. 1, Project 6557, Stanford Research Inst., Menlo Park, Calif., April 1967 (available from U.S. Army Missile Command, Redstone Arsenal, Ala., Attn: AMSMI-RNS).

PETERSEN, D., "Discrete and fast Fourier transformations on N-dimensional latices," Proceedings of the IEEE. Vol. 58, pp. 1286-1288, August 1970.

PIPES, L. A., and S. A. HOVANESSIAN, Matrix-Computer Methods in Engineering, New York: Wiley, 333 pp., 1969.

POLLARD, J. M., "Fast Fourier transform in a finite field," Math. Computation (Bibliog.). Vol. 25, pp. 365-374, April 1971.

PRIDHAM, R. G., and R. E. KOWALCZYK, "Use of FFT subroutine in digital filter design program," Proceedings of the IEEE (Letters). Vol. 57, p. 106, January 1969.

RABINER, L. R., and R. W. SCHAFER, The use of an FFT algorithm for signal processing, 1968 NEREM Record, pp. 224-225.

RABINER, L. R., R. W. SCHAFER, and C. M. RADER, "The chrip z-transform algorithm," IEEE Trans. Audio and Electroacoustics. Vol. AU-17 pp. 86-92, June 1969.

RADER, C. M., "Discrete Fourier transform when the number of data samples is prime," Proceedings of the IEEE (Letters). Vol. 56, pp. 1107-1108, June 1968.

RADER, C. M., "An improved algorithm for high speed autocorrelation with applications to spectral estimation," IEEE Trans. Audio and Electroacoustics. Vol. 18, pp. 439-441, December 1970.

RAMOS, G., "Analog computation of the fast Fourier transform," Proceedings of the IEEE. Vol. 58, pp. 1861-1863, November 1970.

RAMOS, G. U., Roundoff error analysis of the fast Fourier transform, Stanford Comput. Sci Rep. STAN-CS-70-146, Stanford, Calif., February 1970.

READ, R., and J. MEEK, "Digital filters with poles via FFT," IEEE Trans. Audio and Electroacoustics. Vol. AU-19, pp. 322-323, December 1971.

REED, R. R., A method of computing the fast Fourier transform, M. A. thesis in electrical engineering, Rice University, Houston, Tex., May 1968.

REQUICHA, A. A. G., "Direct computation of distribution functions from characteristic functions using the fast Fourier transform," Proceedings of the IEEE. Vol. 58, No. 7 pp. 1154-1155, July 1970.

RIFE, D. C., and G. A. VINCENT, "Use of the discrete Fourier transform in the measurement of frequencies and levels of tones," Bell System Tech. Journal. Vol. 149, pp. 197-228, February 1970.

ROBINSON, E. A., Multichannel Time Series Analysis with Digital Computer Programs. San Francisco: Holden-Day, 1967.

ROBINSON, G. S., Fast Fourier transform speech compression, 1970 International Conference on Communications, pp. 26-33, 36-38, 1970.

ROTHAUSER, E., and D. MAIWALD, "Digitalized sound spectrograph using FFT and multiprint techniques," Acoustical Society of America Journal. Vol. 45, p. 308, 1969.

RUDNIK, P. "Note on the calculation of Fourier series," Math. Computation. Vol. 20, pp. 429-430, July 1966.

RUNGE, C., Zeitschrift für Math. und Physik. Vol. 48, p. 443, 1903.

RUNGE, C., Zeitschrift für Math. und Physik. Vol. 53, p. 117, 1905.

RUNGE, C., and KOENIG, "Die Grundlehren der mathematischen Wissenschaften," Vorlesungen über Numerisches Rechnen. Vol. 11, Berlin: Springer, 1924.

SAIN, M. K., and S. A. LIBERTY, "Performance-measure densities for a class of LOG control systems," IEEE Trans. Automatic Control. Vol. AC-16, No. 5, pp. 431-439, October 1971.

SALTZ, J., and S. B. WEINSTEIN, "Fourier transform communication system," Proc. ACM Symp. on Problems in the Optimization of Data Communications Systems. pp. 99-128, 1969.

SHERING, G., and S. SUMMERHILL, On-line high energy physics analysis with a PDP-9, Decus Proceedings of the Spring Symposium 1969, Wakefield MA., pp. 61-68, 12-13 May 1969.

SHIRLEY, R. S., "Application of a modified fast Fourier transform to calculate human operator describing functions," IEEE Trans. Man-Machine Systems. Vol. MMS-10, pp. 140-144, December 1969.

SHIVELY, R. R., "A digital processor to generate spectra in real time," Proc. 1st Ann. IEEE Computer Conf. pp. 21-24, September 1967.

SILBERBERG, M., "Improving the efficiency of Laplace-transform inversion for network analysis." Electronics Letters (GB). Vol. 6, pp. 105-106, February 19, 1970.

SILVERMAN, H. F., Identification of linear systems using fast Fourier transform techniques, Report AFOSR-70-2263TR, AD711104, 135 pp., June 1970.

SILVERMAN, H. F., and A. E. PEARSON, "Impulse response identification from truncated input data using FFT techniques," CFSTI. Report AFOSR-70-2229TR, AD710650, 28 pp.

SINGLETON, R. C., "A method for computing the fast Fourier transform with auxiliary memory and limited high-speed storage," IEEE Trans. Audio and Electroacoustics. Vol. AU-15, pp. 91-98, June 1967.

SINGLETON, R. C., "On computing the fast Fourier transform," Commun. ACM. Vol. 10, pp. 647-654, October 1957.

SINGLETON, R. C., "Algol procedures for the fast Fourier transform," Commun. ACM. Vol. 11, pp. 773-776, Algorithm 338, November 1968.

SINGLETON, R. C., "An Algol procedure for the fast Fourier transform with arbitrary factors," Commun. ACM. Vol. 11, pp. 776-779, Algorithm 339, November 1968.

SINGLETON, R. C., "Remark on Algorithm 339," Commun. ACM. Vol. 12, p. 187, March 1969.

SINGLETON, R. C., An algorithm for computing the mixed radix fast Fourier transform, Research Memo., SRI Project 3857531-132, Stanford Research Inst., Menlo Park, Calif., November 1968.

SINGLETON, R. C., "An Algol convolution procedure based on the fast Fourier transform," Commun. ACM. Vol. 12, pp. 179-184, Algorithm 345, March 1969.

SINGLETON, R. C., "An algorithm for computing the mixed radix fast Fourier transform," IEEE Trans. Audio and Electroacoustics. Vol. AU-17, pp. 93-103, June 1969.

SINGLETON, R. C., and T. C. POULTER, "Spectral analysis of the call of the male killer whale," IEEE Trans. Audio and Electroacoustics. Vol. AU-15, pp. 104-113, June 1967; also Comments by W. A. Watkins and Authors' Reply, Vol. AU-16, p. 523, December 1968.

SLOANE, E. A., An introduction to time-series analysis, Monograph 1: Concept of a data window and time windows and averages; Monograph 2: Fourier series and integrals; Monograph 3: Statistical windows and averages; Monograph 4: Applications, Time/Data Corp., Palo Alto, Calif., 1966, 1967.

SLOANE, E. A., "Comparison of linearly and quadratically modified spectral estimates of Gaussian signals," IEEE Trans. Audio and Electroacoustics. Vol. AU-17, pp. 133-137, June 1969.

SPITZNOGLE, F. R., and A. H. QUAZI, "Representation and analysis of time-limited signal using a complex algorithm (discrete Fourier transform)," Acoustical Society of America Journal. Vol. 47, pp. 1150-1155, May 1970.

STARSHAK, A., Fast Fourier transforms in industrial environment. 5th Great Lakes Regional Meeting of American Chemical Society, Peoria, Ill., 10-11 June 1971.

STOCKHAM, T. G., "High-speed convolution and correlation," AFIPS Proc., Vol. 28, pp. 229-233, 1966 Spring Joint Computer Conf., Washington, D.C.: Spartan, 1966.

STONE, H. C., "Parallel processing with the perfect shuffle," IEEE Trans. on Computers. Vol. C-20, pp. 153-161, February 1971.

STONER, R. R., "A flexible fast Fourier transform algorithm," Report ECOM 6046 (AD696431) CFSTI. 25 pp. August 1969.

STRACHEY, C., "Bitwise operations," Commun. ACM. Vol. 4, p. 146, March 1961.

STUMPFF, K., Tafeln und Aufgaben zur harmonischen Analyse und Periodogrammrechnung, Berlin: Springer, 1939.

SWICK, D. A., Discrete finite Fourier transforms: a tutorial approach. NRL Rept. 6557, Naval Research Labs., Washington, D.C., June 1967.

TAYLOR, A. D., Fast Fourier transforms-real and complex, forward and inverse, Computer Program, Environmental Sciences Services.

THEILHEIMER, F., "A matrix version of the fast Fourier transform," IEEE Trans. Audio and Electroacoustics. Vol. AU-17, pp. 158-161, June 1969.

THOMAS, J. G., "Phasor diagrams simplify Fourier transform," Electron Engineering (Great Britain). Vol. 43, No. 524, pp. 54-57, October 1971.

THOMAS, L. H., "Using a computer to solve problems in physics," Application of Digital Computers. Boston, Mass.: Ginn, 1963.

THOMSON, D. J., "Generation of Gegenbauer pre-whitening filters by iterative fast Fourier transforming," Proc. Symp. on Computer Processing in Communications. New York, pp. 21-35, 8-10 April 1969.

THOMPSON, D. J., "Generation of Gegenbauer pre-whitening filters by fast Fourier transforming," Proc. Symp. on Computer Processing in Communications. Vol. 19, MRI Symposia Ser., New York: Polytechnic, 1969.

TILLOTSON, T. C., and E. O. BRIGHAM, "Simulation with the fast Fourier transform," Instruments and Control Systems. Vol. 42, pp. 169-171, September 1969.

VALLASENOR, A. J., Digital spectral analysis, Tech. Note D-1410, NASA, Washington, D.C., June 1968.

VERNET, J. L., "Real signals fast Fourier transform: storage capacity and step number reduction by means of an odd discrete Fourier transform," Proceedings of the IEEE. Vol. 59, No. 10, pp. 1531-1532, October 1971.

VOELCKER, H. B., "Digital filtering via block recursion," IEEE Trans. Audio and Electroacoustics. Vol. AU-18, pp. 169-176, June 1970.

VO-NGOC, B., and D. POUSSART, An application of the FFT in automatic detection of sleep spindles, Papers and presentation of Digital Equipment Computer Users' Society Spring Symposium, Atlantic City, N.J., pp. 297-300.

WEBB, C., Practical use of the fast Fourier transform (FFT) algorithm in time-series analysis. Report ARL-Tr-7022 (AD-713166), University of Texas, Austin, 205 pp., June 22, 1970.

WEINSTEIN, C. J., "Quantization effects in digital filters," CFSTI. TR-468-ESD-TR-69-348, AD706862, p. 96, November 1969.

WEINSTEIN, C. J., "Roundoff noise in floating point fast Fourier transform computation," IEEE Trans. Audio and Electroacoustics. Vol. AU-17, pp. 209-215, September 1969.

WELCH, L. R., Computation of finite Fourier series, Rept. SPS 37-37, Vol. 4, Jet Propulsion Labs, Pasadena, Calif., 1966; also, A program for finite Fourier transforms. Rept. SPS 37-40, Vol. 3, Jet Propulsion Labs, 1966.

WELCH, P. D., "The use of fast Fourier transform for the estimation of power spectra: a method based on time averaging over short, modified periodograms," IEEE Trans. Audio and Electroacoustics. Vol. AU-15, pp. 70-73, June 1967.

WELCH, P. D., "A fixed-point fast Fourier transform error analysis," IEEE Trans. Audio and Electroacoustics. Vol. AU-17, pp. 151-157, June 1969.

WESLEY, M., "Associative parallel processing for the fast Fourier transform," IEEE Trans. Audio and Electroacoustics. Vol. AU-17, pp. 162-164, June 1969.

WHELCHEL, J. E. W., and D. F. GUINN, The fast Fourier Hadamard transform and its use in signal representation and classification, Electronics and Aerospace Systems Record, pp. 561-573, 1968.

WHELCHEL, J. E., and D. F. GUINN, "FFT organizations for high speed digital filtering," IEEE Trans. Audio and Electroacoustics. Vol. AU-18, pp. 159-168, June 1970.

WHITE, P. H., "Application of the fast Fourier transform to linear distributed system response calculations," Acoustical Society of America Journal. Vol. 46, Pt. 2, pp. 273-274, July 1969.

WILSON, J. C., Computer calculation of discrete Fourier transform using the fast Fourier transform, Center for Naval Analyses, Arlington, Va., OEG Research Contrib. 81, June 1967.

YAVNE, R., "An economical method for calculating the discrete Fourier transform," AFIPS Proc. Vol. 33, Pt. 1, pp. 115-125, 1968 Fall Joint Computer Conf., Washington, D.C.: Thompson, 1968.

YOUNG, R. C., The fast Fourier transform and its application in noise signal analysis. Report THEMIS-UM-69-6 (AD689847). Available from CFSTI.

ZORN, J., "The evaluation of Fourier transforms by the sampling method," Automatica (GB). Vol. 4, pp. 323-335, November 1968.

ZUKIN, A. S., and S. Y. WONG, "Architecture of a real-time fast Fourier radar signal processor," AFIPS Proc. Spring Joint Computer Conference, Vol. 36, pp. 417-435, 1970.

Deutschsprachige Bibliographie

ACHILLES, D., "Die Fourier-Transformation in der Signalverarbeitung", Berlin: Springer-Verlag, 1978.

ACHILLES, D., "Der Überlagerungssatz der diskreten Fourier-Transformation und seine Anwendung auf die schnelle Fourier-Transformation", Arch.Elektr.Übertr. Bd. 25, Nr. 5, 1971, S. 251-254.

ACHILLES, D., "Die diskrete Fourier-Transformation und ihre Anwendungen", Kapitel 4 in: H. W. Schüßler, Digitale Systeme zur Signalverarbeitung. Berlin: Springer-Verlag, 1973.

AZIZI, S. A., "Meßtechnische Anwendung der schnellen Fourier-Transformation", Nachr.techn.Z. Bd. 34, 1981, Nr. 3, S. 152-158, Nr. 4, S. 234-237, Nr. 5, S. 3o6-31o.

BAUER, F. L.; STETTER, H. J., "Zur numerischen Fourier-Transformation", Numer.Math. Bd. 1, 1959, S. 2o8-22o.

BAYER, F., "Fourier-Analyse und -Synthese mit programmierbarem Taschenrechner", Elektronik Bd. 27, Nr. 9, 1978, S. 91-94, 1o1.

BIERHENKE, H.; GOSER, K., "Analyse des Kleinsignalverhaltens von MOS-Transistoren mit der schnellen Fourier-Transformation", Arch.Elektrotechn. Bd. 29, Nr. 1, 1975, S. 2o-23.

BLÖCKER, H. C., "Ein neues Verfahren zur Berechnung der Fourier-Koeffizienten mit Mikrocomputern", Elektrotechn.Z. Bd. 1oo, Nr. 19, 1979, S. 1o36-1o39.

BOURIER, A., "Graphische Fourieranalyse", Elektrotechn.Z. Bd. 85, Nr. 23, 1965, S. 744-75o.

BREMSER, W.; HILL, H. D. W., "Die Technik der Fourier-Transformation in der hochauflösenden Kernresonanzspektroskopie", Messtechn. Bd. 79, Nr. 1, 1971, S. 14-21.

DÄLLENBACH, W., "Verschärftes rechnerisches Verfahren der harmonischen Analyse", Arch.Elektrotechn. Bd. 1o, 1922.

DETLEFSEN, J., "Reflexionsstellenortung an Meßobjekten durch Fourier-Transformation des Reflexionsfaktors", Nachr.techn.Z. Bd. 25, Nr. 6, 1972, S. 269-274.

ECKHARDT, H., "Fourieranalyse der idealen Spannung eines Steuerumrichters", Elektrotechn.Z. Bd. 92, Nr. 2, 1972, S. 7o-73.

ECKHARDT, H.; HOLZMANN, F., "Berechnung des Oberschwingungsgehaltes in der Ausgangsspannung eines Steuerumrichters", Elektrotechn.Z. Bd. 92, Nr. 6, 1972, S. 354-357.

EL-ADAWAY, H., "Auswertung der FOURIER-Integrale von an nicht äquidistanten Stützstellen diskret beschriebenen Funktionen", Nachr.techn.Z.-Archiv Bd. 3, Nr. 2, 1981, S. 35-38.

ENDERLEIN, G., "Beiträge zur Anwendung eines FFT-Prozessors", Dipl.-Arb. Lehrst. f. Nachrichtentechn. Univ. Erlangen, 1978.

FISCHER, S., Bemerkungen zum Beitrag "Einfluß verschiedener numerischer Integrationsverfahren auf die Genauigkeit der diskreten Fourier-Transformation", Regelungstechn. Bd. 25, Nr. 7, 1977, S. 222-224.

FLOGEL, E., "Fourier-Analyse in BASIC", Elektronik Bd. 28, Nr. 23, 1979, S. 56-58.

FÖLLINGER, O., "Laplace- und Fourier-Transformation", AEG-Telefunken, 1977.

FORSTER, U.; UNBEHAUEN, R., "Bemerkungen zur Spektraltransformation", Arch.Elektr.Übertr. Bd. 32, Nr. 1o, 1978, S. 417-42o.

FRICKER, B. R., "Der Mikroprozessor in der zeitechten Fourieranalyse", Elektronik Bd. 28, Nr. 8, 1979, S. 73-76.

GAISSMAIER, B., "Schnelle und genaue Berechnung von Fourierintegralen durch Kombination von Spline-Interpolation und schneller Fourier-Transformation", Nachr.techn.Z. Bd. 24, 1971, S. 6o1-6o5.

GEICK, R., "Fourierspektroskopie", Messtechn. Bd. 82, Nr. 2, 1974, S. 43-51.

GOLD, W., "Fourier-Kernresonanzspektroskopie mit Prozeßrechner", Siemens-Zeitschrift Bd. 46, Nr. 1o, 1972, S. 814-819.

GOPFERT, W., "Signal- und Systemanalyse mit Hilfe der schnellen Fourier-Transformation", Frequenz Bd. 39, Nr. 3, 198o, S. 68-72.

GÜNTHER, G., "Neuere Fortschritte bei der Fourier-Transformation", Elektronische Datenverarbeitung Bd. 11, Nr. 6, 1969, S. 275-28o.

GURTLER, J.; REICHERT, D., "Verfahren und Rechenprogramm zur maschinellen F-Transformation reeller Zeitfunktionen", Nachrichtentechnik Bd. 21, Nr. 4, 1971, S. 142-146, Nr. 6, S. 22o-233.

HARTHMUTH, H., "Verallgemeinerung des Fourier-Integrals und des Begriffs "Frequenz"", Arch.Elektr.Übertr. Bd. 18, Nr. 7, 1964, S. 439-45o.

HÖRING, H. C., "Die schnelle Fourier-Transformation", Frequenz Bd. 25, 1971, S. 267-278.

HUBER, A.; KLETTE, R., "Über die parallele Realisierung der schnellen Fourier-Transformation", Elektron. Informationsverarb. u. Kybern. Bd. 15, Nr. 12, 1980, S. 599-609.

KLEIN, W., "Finite Systemtheorie" (Studienbücher Elektrotechnik), Stuttgart: B.G. Teubner-Verlag, 1976.

KLEIN, W., "Die quantisierte Fourier-Transformation", Arch. Elektr.Übertr. Bd. 23, Nr. 6, 1969, S. 295-300.

KLEMM, R., "Zur rekursiven Berechnung der diskreten Fourier-Transformation", Nachr.techn.Z. Bd. 30, Nr. 2, 1977, S. 159.

KOLB, H. J., "Detailentwürfe und Aufwandsüberlegungen zu einem FFT-Prozessor in verteilter Arithmetik", Stud.-Arbeit, Lehrst. f. Nachrichtentechn., Univ. Erlangen, 1976.

KOLERUS, J., "FFT-Echtzeitanalysatoren - ihre Funktion und Anwendung", Elektronikpraxis, 1978, S. 12-22.

KREMER, H., "Praktische Berechnung des Spektrums mit der schnellen Fourier-Transformation", Elektronische Datenverarbeitung Bd. 11, Nr. 6, 1969, S. 281-284.

KRESS, D., "Grundlagen der schnellen Fourier-Transformation", Nachrichtentechnik Bd. 22, Nr. 11, 1972, S. 387-390.

KRIEN, R., "Die numerische Berechnung der 2-dimensionalen diskreten Transformierten mit Hilfe der schnellen Fourier-Transformation", Nachrichtentechn.Elektron. Bd. 24, Nr. 1, 1974, S. 22-26

LEHNERTZ, D., "Ein Verfahren zur apparativen Fouriertransformation", Elektrotechn. Z. Bd. 85, Nr. 3, 1964, S. 91.

LÖFFLER, H., "Anwendung der Fourier-Transformation zur Parameterbestimmung von Durchflußsystemen", Messen Steuern Regeln Bd. 15, Nr. 11, 1972, S. 410-412.

MARKO, H., "Eine allgemeine Spektraltransformation, die Fourier-Transformation und Laplace-Transformation gleichzeitig umfaßt", Arch.Elektr.Übertr. Bd. 31, Nr. 9, 1977, S. 363-370.

MARKO, H., "Zur Begründung der allgemeinen Spektraltransformation", Arch.Elektr.Übertr. Bd. 32, Nr. 10, 1978, S. 420-424.

MÜLLER, W., "Dynamische Untersuchungen an Werkzeugmaschinen mit digitaler Fourier-Analyse", Industrie-Anzeiger Bd. 94, Nr. 33, S. 740-744.

OBERHETTINGER, F., "Tabellen zur FOURIER-Transformation", Berlin: Springer-Verlag, 1957.

PAULUS, E., "Über den Zusammenhang zwischen dem Spektrum des Videosignals und der zweidimensionalen Fourier-Transformierten der Bildvorlagen", Frequenz Bd. 34, Nr. 12, 1980, S. 330-333.

POLLAK, L. W., "Zur harmonischer Analyse empirischer, durch eine große Zahl gegebener Ordinaten definierter Funktionen", Ann. Hydrograph. u. Maritim. Meteorolog. 1926, S. 311-315, S. 344-349, S. 378-384.

QUADE, W.; COLLTZ, L., "Zur Interpolationstheorie der reellen periodischen Funktionen", Sitzungsberichte der preuß. Akad. der Wissenschaften, phy.-math. Klasse 3o, 1938.

RAKE, H., "Zur Anwendung der diskreten Fourier-Transformation bei der Systemidentifizierung", Regelungstechn. Bd. 23, Nr. 5, 1975, S. 16o-162.

REBEL, B., "Varianten von Fourierprozessoren zur Echtzeitanalyse von Signalen", Nachr.techn.Elektron. Bd. 31, Nr. 3, 1981, S. 117-121.

REINER, R., "Ein Demonstrationsgerät zum Thema Fourierreihe", Elektronik Bd. 2o, Nr. 1, 1971, S. 23-24.

REINSHAGEN, K. P., "Einige Bemerkungen zum Berechnen von Frequenzgängen mit Hilfe der diskreten Fouriertransformation", Angew. Informatik Bd. 18, Nr. 1o, 1976, S. 44o-448.

REINSHAGEN, K. P., "Einfluß verschiedener numerischer Integrationsverfahren auf die Genauigkeit der diskreten Fourier-Transformation", Regelungstechn. Bd. 25, Nr. 1, 1977, S. 19-25.

REINSHAGEN, K. P., "Berechnung von Korrelationsfunktionen mit Hilfe der schnellen Fouriertransformation", Angew. Informatik Bd. 2o, Nr. 3, 1978, S. 112-119.

ROHLING, H.; SCHÜRMANN, J., "Diskrete Fensterfunktionen für die Spektralanalyse", Arch.Elektr.Übertr. Bd. 34, Nr. 1, 198o, S. 7-15.

ROST, H., "Beiträge zu Entwurf, Aufbau und Anwendung eines FFT-Prozessors", Dipl.-Arb. Lehrst. f. Nachrichtentechn., Univ. Erlangen, 1978.

RUNGE, C., "Über die Zerlegung empirisch gegebener periodischer Funktionen in Sinuswellen", Z. Math. u. Phys. Bd. 48, 19o3, S. 443-456.

RUNGE, C., KÖNIG, H., "Vorlesungen über Numerisches Rechnen", Bd. II, Berlin: Springer-Verlag 1924.

SAUER, R.; SZABO, I., "Mathematische Hilfsmittel des Ingenieurs", Bd. III, Berlin: Springer-Verlag, 1968, S. 247 ff.

SPIEGEL, M. R., "Fourier-Analysis. Theorie und Anwendung" (SCHAUM Outlines), McGraw-Hill, 1976.

SCHALLER, W., "Verwendung der schnellen Fourier-Transformation in digitalen Filtern", Nachr.techn.Z. Bd. 27, Nr. 11, 1974, S. 425-431.

SCHMIDT, G., "Schnelle Fourier-Transformation - ein Programm für den ROBOTRON Minicomputer", Wiss. Z. Techn. Hochsch. Otto von Guericke Magdeburg, Bd. 22, Nr. 1, S. 77-8o.

SCHNEIDER, P.; TECH, E., "Fourieranalyse mit der Laplacetransformation", Techn. Rundschau Bd. 6o, Nr. 38, 1968, S. 49-51.

SCHULZE, R., "Ein Mikroprozessorkonzept zur Parallelberechnung der FFT", Nachr.techn.Elektron. Bd. 28, Nr. 12, 198o, S. 493-494.

SCHWARZ, H. R., "Elementare Darstellung der schnellen Fouriertransformation", Computing Bd. 18, Nr. 2, 1977, S. 1o7-116.

SMIRNOW, W. I., "Lehrgang der höheren Mathematik, Teil II, 7. Auf-7. Aufl.", Berlin: Deutscher Verlag der Wissenschaften, 1966.

STAMMLER, W., "Beiträge zu Entwurf und Aufbau eines FFT-Prozessors in verteilter Arithmetik", Dipl.-Arb. Lehrst. f. Nachrichtentechn., Univ. Erlangen, 1977.

WEBER, J., "Ein Fourier-Walsh-Spezialrechner nach dem Prinzip gesplitterter Arbeitsspeicher", Dissertation, TU-Berlin, 1974.

WEBER, J., "FFT-Spezialrechner", DFG-Kolloq. Dig.Syst.Sign. Verarb., Erlangen, 1974.

WEBER, K. D., "Numerische Analyse und Synthese argumentquantisierter Funktionen mit der schnellen Fourier-Transformation", Nachrichtentechnik Bd. 21, Nr. 2, 1971, S. 45-5o.

WEBER, K. D., "Die redundanzfreie schnelle Fourier-Transformation" Nachrichtentechnik Bd. 21, Nr. 9, 1971, S. 3o5-3o8.

WEHRINGER, A., "Grundlagen und Anwendung der FFT", Elektronik-Rundschau Bd. 56, Nr. 1, 198o, S. 18-22.

WERZ, H. J., "Anwendung der schnellen Fourier-Transformation für Filteranalysen", Messen Steuern Regeln Bd. 19, Nr. 12, 1976, S. 412-413.

WERZ, H. J., "Verbesserung und Klassifikation der schnellen Fourier-Transformation", Nachr.techn. Elektronik Bd. 26, Nr. 2, 1976, S. 45-47.

WERZ, H. J., "Ein verbesserter Algorithmus zur Durchführung der schnellen Fourier-Transformation", Messen Steuern Regeln Bd. 18, Nr. 2, 1975, S. 48-49.

WEST, G., "Eine modifizierte Fourier-Analyse nichtperiodischer Funktionen: Das diskrete zeitabhängige Spektrum", Elektron. Inform. Verarb. u. Kybernetik Bd. 16, Nr. 3, 198o, S. 1o1-1o6.

WILLIAMS, W. E., "Fourierreihen und Randwertaufgaben", Verlag Chemie/Physik, 1974.

WOLF, M., "Zur harmonischen Spektralzerlegung fast periodischer Schwingungen", Messen Steuern Regeln Bd. 23, Nr. 9, 198o, S. 495-497.

ZURMÜHL, R., "Praktische Mathematik für Ingenieure und Physiker, 5. Aufl.", Berlin: Springer-Verlag, 1965.

Sachregister

Abtastung
   Frequenzbereichs- 116, 118, 167
   Theorem des Frequenzbereichs- 108
   Theorem der Zeitbereichs- 104
   Zeitbereichs- 100
ALGOL-FFT-Programm 198
Aliasing
   Frequenzbereichs- 104
   Zeitbereichs- 120
Autokorrelation 88

Bandbegrenzung 108
Basis-4-FFT 224
Basis-"4+2"-FFT 227
Basis-2-FFT 208

COOLEY-TUKEY Algorithmus
   Basis-4- 224
   Basis-"4+2"- 227
   Basis-2- 212
   mit gemischter Basis 228
   Drehfaktor- 233

Deltafunktion
   Definition 271
   Faltung 275
   Multiplikation 275
   verallgemeinerte Funktion 275
Dezimierung
   Frequenz- 219
   Zeit- 219

diskrete Faltung
   Beziehung zur kontinuierlichen Faltung 139
   Definition 136
   graphische Herleitung 137
   Theorem der- 145
diskrete FOURIER -Transformation
   Approximation der inversen FOURIER-Transformation 165
   Beziehung zur FOURIER-Reihe 168, 170
   Beziehung zum FOURIER-Integral 123, 162
   Eigenschaften 159
   Formeln der inversen Transformation 122, 152
   graphische Herleitung 113
   Definition 121
diskrete Korrelation
   Definition 146
   graphische Auswertung 147
   Theorem der- 157
duales Knotenpaar
   Abstand 189
   Berechnung 189

Faltung
   diskrete- (siehe diskrete Faltung)
   FFT- (siehe FFT-Faltung)
   Faltungsintegral 68, 73
   graphische Auswertung 68
   Integrationsgrenzen 71
   mit Deltafunktion 75, 275

Sachregister

Rechenverfahren 72
Theorem der Frequenzbereichs- 82, 156
Theorem der Zeitbereichs- 78
FFT-Faltung
  Overlap-add-Methode 258, 264
  Overlapp-save-Methode 254, 263
  recheneffiziente- 264
  Rechengeschwindigkeit 245
  Rechenverfahren 242
  Segmentierung 250
  Signalverschiebung 242
FFT-Algorithmus
  ALGOL-Programm 198
  Basis-4- 224
  Basis-"4+2"- 227
  Basis-2- 208
  mit gemischter Basis 223, 228, 231
  COOLEY-TUKEY- (siehe COOLEY-TUKEY)
  Drehfaktor- 232, 233
  FORTRAN-Programm 198
  für beliebiges N 237
  für lange Wertereihen 238
  für reelle Funktionen 201
  SANDE-TUKEY- 217
Flußgraph (siehe Signalflußgraph)
FORTRAN-FFT-Programm 198
FOURIER-Integral 25
FOURIER-Transformation
  Definition 25
  diskrete- (siehe diskrete FOURIER-Transformation)
  Eigenschaften 63
  Existenz 29
  Interpretation 16
  inverse- 27, 55
  Tabelle 42
  Transformationspaare 42
Frequenzbereichs-Abtasttheorem 108

Frequenzbereichs-Faltungstheorem 82
Frequenzskalierung 50
Frequenzverschiebung 55, 152
Funktion
  Abtast- 101
  bandbegrenzte- 108
  gerade- 57, 153
  HANNING- 175
  komplexe- 61, 155
  ungerade- 58, 154
  verallgemeinerte- 272
  Zerlegung 59, 155

HANNING-Funktion 175

In-place-Rechnung 189
inverse diskrete FOURIER-Transformation 122, 152
inverse FOURIER-Transformation 27, 55

Korrelation
  Vergleich zur Faltung 85
  diskrete- 146 (siehe auch diskrete Faltung)
  FFT- 250
  Rechenverfahren 87
  Theorem der- 86
Kreuzkorrelation 88

LAPLACE-Transformation 40
Leck-Effekt 130, 172
Linearität 47, 151

Matrixbeschreibung der FFT 181

NYQUIST-Abtastrate 105

Overlap-add-Segmentierung 258, 264
Overlap-save-Segmentierung 254, 263

PARSEVALsches Theorem 39, 82, 158

Rand-Effekt 142

SANDE-TUKEY-Algorithmus 217, 231
Segmentierung 250
Seitenzipfel 130, 172
Signalflußgraph
   Basis-4, N=16 226
   Basis-"4+2", N=8 228
   Basis-2, N=4 187
   Basis-2, N=8 212
   Basis-16, N=16 188
   kanonische Formen 216, 218, 220
Skalierung
   Frequenzbereichs- 50
   Zeitbereichs- 49

Spiegelung 69
Symmetrie 49, 151

Testfunktion 273

Überlappungseffekt 140, 242
Übertragungspfad 187
Umordnung 193

Welligkeit 114, 118
W^p-Berechnung 192
W^p-Faktorisierung 209

Zeitskalierung 49
Zeitverschiebung 53, 152

Einführung in die Nachrichtentechnik

Eine Auswahl

Seyed Ali Azizi
Entwurf und Realisierung digitaler Filter
5., verbesserte und erweiterte Auflage 1990. 315 Seiten
ISBN 3-486-21708-9

Ronald N. Bracewell
Schnelle Hartley-Transformation
Eine reellwertige Alternative zur FFT
1990. 257 Seiten, 126 Abbildungen, 17 Tabellen, 86 Übungsaufgaben sowie Programme in BASIC und FORTRAN
ISBN 3-486-21079-3

Kurt Hoffmann
VLSI-Entwurf
Modelle und Schaltungen
2., durchgesehene Auflage 1993. 456 Seiten,
ISBN 3-486-22484-0

John N. Holmes
Sprachsynthese und Spracherkennung
1991. 259 Seiten, 51 Abbildungen, 69 Übungen mit Lösungshinweisen, ISBN 3-486-21372-5

Arild Lacroix
Digitale Filter
Eine Einführung in zeitdiskrete Signale und Systeme
3., verbesserte Auflage 1988. 220 Seiten, 103 Abbildungen,
53 Aufgaben samt Ergebnissen
ISBN 3-486-20734-2

Oldenbourg

Einführung in die Nachrichtentechnik

Eine Auswahl

Otmar Loffeld
Estimationstheorie I
Grundlagen und stochastische Konzepte
1990. 407 Seiten, 52 Abbildungen, ISBN 3-486-21616-3

Estimationstheorie II
Anwendungen - Kalman-Filter
1990. 302 Seiten, 58 Abbildungen, ISBN 3-486-21627-9

Robert Schwarz
Nachrichtenübertragung 1
System- und Informationstheorie
1993. 239 Seiten, 122 Bilder, 38 Aufgaben mit Lösungen,
ISBN 3-486-22323-2

Udo Barabas
Optische Signalübertragung
1993. 367 Seiten, 367 Abbildungen, ISBN 3-486-22237-6

Günther Ruske
Automatische Spracherkennung
Methoden der Klassifikation und Merkmalsextraktion
2., verbesserte und erweiterte Auflage 1994. 208 Seiten,
76 Abbildungen, 6 Tabellen, ISBN 3-486-22794-7

Joachim Schwarz
Digitale Verarbeitung stochastischer Signale
1988. 197 Seiten, 65 Abbildungen, 1 Tabelle, 35 Beispiele
ISBN 3-486-20746-6

Oldenbourg